A

B

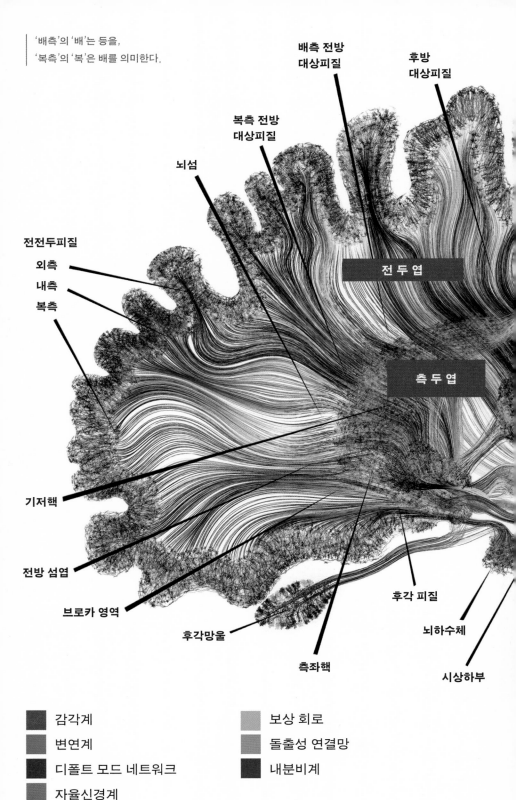

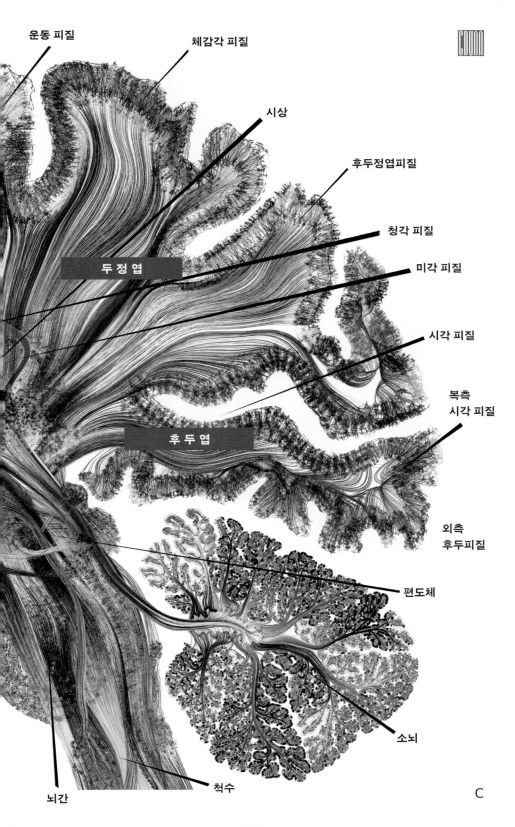

운동 피질

체감각 피질

시상

후두정엽피질

청각 피질

미각 피질

시각 피질

복측
시각 피질

외측
후두피질

편도체

소뇌

두 정 엽

후 두 엽

뇌간

척수

C

D

E

F

G

뇌가 힘들 땐
미술관에
가는 게 좋다

YOUR BRAIN ON ART

# 뇌가 힘들 땐 미술관에 가라

더 아름다운
삶을 위한
예술의 뇌과학

수전 매그새먼
·
아이비 로스 지음

허형은 옮김

윌북

일러두기

▶ 이 책의 참고 문헌과 사진 출처는 윌북 웹 사이트의 SUPPORT/자료실에서 확인할 수 있다
(https://willbookspub.com/data/46).

▶ 공동 집필 책이므로 '우리'라는 호칭을 기본으로 하되, 저자들 개인의 이야기는 각각의
이름으로 표기했다.

번잡하고 상처받은 마음에 미술관만큼 평온과 위로를 건네는 공간
이 또 있을까? 우리는 예술의 거대한 아우라와 대면했을 때 내면의
침묵에 귀 기울이고 타인의 표정에 공감하며 세계의 목소리에 반응
한다. 예술은 이처럼 더없이 성찰적이고 한없이 치유적이다.

　　우리는 어떻게 예술을 통해 정신적 치유와 창조적 성장을 얻
게 되는 걸까? 신경미학의 세계적인 석학 수전 매그새먼과 그 유명
한 구글 글래스를 만든 구글의 디자인 부총괄 아이비 로스는 예술
이 뇌와 몸에 미치는 깊고도 은밀한 영향을 살펴보는 놀라운 책을
출간했다. 두 사람은 21세기 인지신경 과학의 최신 연구를 바탕으
로 예술이 감상이나 창작을 통해 뇌 속 깊은 곳에서 어떤 변화를 일
으키는지, 더 나아가 우리의 감정, 인간관계, 정신적 행복에 얼마나
막대한 영향을 미치는지 명료하게 설명한다.

뇌과학의 객관적인 근거와 예술의 주관적인 상상이 교차하는 지점에서, 우리는 예술이 뇌를 단순히 자극하는 데 그치지 않고 놀랍도록 변화시키고 풍성하게 재구성한다는 사실을 알게 된다. 예술은 그저 '미적 향유의 도구'가 아니라 트라우마로 얼룩진 세상에서 버티고 살아가게 만드는 '생의 의지', 파편화된 오늘의 세상 속에서 우리 모두를 하나로 연결하고 치유하는 '사회적 버팀목'인 것이다. 그런 의미에서 이 책은 예술과 뇌과학을 동시에 사랑하게 만드는 놀라운 힘을 가지고 있다.

정재승 | KAIST 뇌인지과학과 교수, 융합인재학부 학부장

예술의 힘을 펼쳐 보이는 모든 이에게
이 책을 바칩니다.

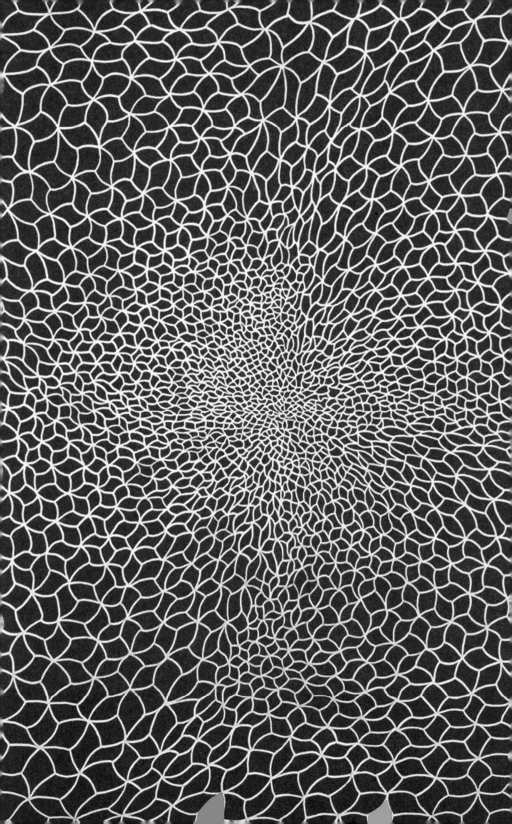

# 인간다움의 언어

예술은 우리가 유일하게 가진 진정한
전 지구적 언어다. 드러내고, 치유하고,
변화시키고자 하는 욕구를 건드리며
일상적 삶을 초월해 실현 가능한 것들을
상상하게 해준다.

리처드 캠러 | 예술가, 활동가

우리는 예술이 지닌 변화의 힘을 알고 있다. 누구나 음악이나 그림,
영화, 연극에 푹 빠져본 적, 내면의 무언가가 꿈틀거리며 변해가는
걸 느껴본 적이 있을 것이다. 어떤 책이 너무 재밌어서 꼭 읽어보라
며 친구 손에 쥐여준다거나, 어떤 노래가 정말 좋아서 그 곡을 듣고
또 들으며 가사를 전부 외운 적도 있을 것이다. 예술은 기쁨과 영감
과 행복을 가져다주며, 세상을 이해하게 해주고, 심지어 어려움과
고통을 이겨낼 수 있게 도와준다. 이런 경험을 말로 설명하는 것이
쉽지 않으면서도 우리는 그것이 진짜이며 진실하다는 것을 언제나
느껴왔고, 알고 있다.

그리고 이제는 예술이 생존 자체에 필수라는 과학적 증거도 나왔다. 우리는 예술이 어떻게 다양한 형태로 몸과 정신을 치유하는지, 어떻게 삶의 질을 증진하고 공동체를 구축하는지 잘 알고 있으며 인생의 순간순간을 이루는 미학적 경험이 기본적인 생명 작용을 어떻게 바꾸는지도 알고 있다.

기술의 진보로 인간의 생리학적 작용을 과거 어느 때보다 더 자세히 연구할 수 있게 된 데다 다양한 분야의 연구자들이 예술과 미학이 우리에게 어떤 영향을 미치는지 깊이 파고들면서, 예술의 힘을 이해하고 전달하는 방식을 급진적으로 변화시키고 있는 학문이 부상 중이다. 바로 '신경미학'이라는 분야다. 더 널리 쓰이는 용어로는 '신경예술'이라고도 한다.

예술과 아름다움은 우리를 변화시키며, 그 결과 인생도 탈바꿈시킨다. 그래서 이 책은 예술, 과학 분야에 종사하는 사람, 예술이나 과학에 대한 경험이 많지 않은 사람 모두를 생각하며 썼다. 우리의 목표는 신경예술의 토대가 되는 요소들을 공유하는 것이며, 여러분과 여러분의 가족, 동료, 지역공동체가 더욱 풍요로워지는 데 영감을 전할 수 있기를 바란다.

한편으로 예술을 그저 엔터테인먼트나 도피 수단으로 여기는 사람도 꽤 많다. 일종의 사치로 취급하는 셈이다. 하지만 예술은 일상을 근본적으로 바꿔놓을 수 있다. 심각한 신체적, 정신적 건강 문제를 다루어 놀라운 결과를 안겨줄 수도 있으며 학습 문제를 비롯한 다양한 삶의 영역에서도 도움이 될 수 있다.

뉴욕에 사는 어느 알츠하이머 환자는 옛날에 즐겨 듣던 곡

들어가며

들로 세심히 짠 플레이리스트를 듣고서 5년 만에 아들을 알아본다. 핀란드의 한 젊은 엄마는 산후 우울증을 빠르게 회복하고자 항우울제의 도움을 받는 한편 갓난아기에게 흥얼흥얼 노래도 불러준다. 버지니아에서 응급 현장 최초 출동자인 의료진, 소방대원, 경찰관은 일선 현장 대응의 트라우마를 해소하기 위해 그림을 그리고, 귀환 병사들은 PTSD를 극복하기 위해 가면 만들기 활동을 한다. 감각 경험을 염두에 두고 설계된 이스라엘의 암 전문 병원은 다른 병원보다 환자들의 회복 속도가 더 빠르기로 유명하다.

세계 곳곳의 의료계 종사자들은 환자에게 미술관과 박물관 방문을 처방하고 있다. 디지털 설계자들은 집중력 장애의 새로운 치료법을 찾고 뇌 건강을 증진하기 위해 인지신경 과학자들과 손을 잡고 연구 중이다. 통증을 경감시키는 가상현실 프로그램도 있다. 또한 감각적으로 풍부한 환경이 더 빠른 학습을 촉진하고 정보를 더 장기간 보유하게 한다는 연구가 발표되어 많은 학교, 일터, 공공 공간이 재해석되고 재설계되고 있다.

전부 신경미학의 진전 덕분에 일어나고 있는 일이다. 20세기 후반에 신경과학 분야가 공식적으로 탄생하며 뇌에 대한 이해를 획기적으로 진전시킨 것과 마찬가지로, 신경예술 분야가 생겨나며 예술을 접한 인간의 뇌에 관한 증거가 유의미한 규모로 쌓이는 중이다. 앞으로는 훨씬 더 많이 쌓일 것이고 말이다.

10쪽에 실린 미술가 노먼 갤런스키의 작품 〈나선 무리Spiral Cluster〉는 예술과 과학 간의 역동적 관계를 상징한다. 인간의 생물학적 작용과 관련된 발견들은 앞으로도 예술 기반의 개인 맞춤 예방과 웰니스 프로그램을 더욱 부상시킬 테고, 임상업계와 보험업계가 예술이 잘 사는 삶과 치유에 정말 도움이 된다는 증거에 확신을 얻으면 점차 주요 의료 서비스와 공중보건의 일부로 자리 잡을 것이다.

단순하고 빠르며 접근 가능한 예술 활동은 삶의 질을 한층 올려준다. 이미 곳곳에서 미학을 극미량 처방하는 추세가 보이기 시작했다. 욕지기를 잠재우는 데 특정 향을 사용하고, 신체 에너지 수준을 조절하기 위해 조명을 미세하게 조정하고, 불안감을 덜기 위해 특정 음조를 사용하는 것이 그 예다. 콜레스테롤을 낮추고 뇌의 세로토닌 분비를 늘리기 위해 운동을 하는 것과 다르지 않게, 딱 20분간 낙서하거나 노래를 흥얼거리면 즉시 신체와 정신 상태가 나아질 수 있다. 예술과 아름다움이 건강에 생리학적 이득을 즉각 제공한다는 것을 증명한 연구가 워낙 많아 이 책의 제목을 『예술 20분의 효과』라고 지을까 잠시 고민하기도 했다.

우리 둘은 이 책을 만화경이라 생각했다. 각각의 이야기와 정보가 형형색색의 오브젝트와 아름다운 패턴, 그리고 그 안의 형체를 만들고 있기 때문이다. 만화경은 아주 조금만 비틀어도 여러 면이 만들어낸 그림의 지각이 변하면서 전에는 보지 못한 무언가가 모습을 드러낸다. 게다가 그 가능성은 무궁무진하다. 관념적이고 지적인 면에서 그렇다는 것이 아니다. 실제적이고 근본적이며 실질적인 면에서 그렇다. 과연 어떻게 그런지는 이제부터 자세히 알려주겠다.

들어가며

## 미학적 사고방식

미학적 사고방식이란 주변의 예술과 아름다움을 알아채는 것, 그리고 그것을 목적의식을 가지고 삶에 들이는 것을 말한다. 미학적 사고방식을 가진 사람은 네 가지 핵심적 특징을 보인다. 첫째는 강한 호기심, 둘째는 정해진 답이 없는 놀이 같은 탐구, 셋째는 예리한 감각적 자각, 넷째는 창작자나 감상자 혹은 그 둘 모두의 입장에서 창의적 활동을 하려는 욕구다.

아일랜드의 시인 존 오도나휴는 이렇게 말했다. "예술은 자각의 정수다." 미학적 사고방식이란 지금 이 순간에 머물면서 주변 환경에 감각을 곤두세우는 것이다. 그러면 자신의 감각 경험과 꾸준히 연결될 수 있으며, 예술을 창조하고 미학적 경험의 가치를 알아보는 문 또한 활짝 열린다. 그리고 그것은 궁극적으로 우리를 변화시킨다.

다음의 간단한 테스트를 해보자. 이 '미학적 사고방식 지표' 테스트는 독일 프랑크푸르트에 있는 막스프랑크 연구소 경험적 미학 연구실의 인지신경 과학자 에드 베셀과 그의 동료들이 개발한 연구 도구 '미학적 민감성 평가the Aesthetic Responsiveness Assessment (줄여서 AReA)'를 모델 삼아 개발한 평가 도구다. 우리는 이 AReA를 약간 변형해 여러분의 미학적 사고방식을, 그리고 미학과 예술이 우리 삶에 어떻게 영향을 주는지를 파악할 추가 문항을 넣었다. 지금 테스트를 한번 하고 이 책에 실린 아이디어 몇 가지를 실생활에서 시도한 다음, 한두 달 뒤에 다시 한번 해본 후 점수가 얼마나 달라졌는지 확인해보기를 권한다. 각 문항을 읽고 아래 척도를 참고하여 자신에게 해당하는 빈도의 숫자에 동그라미 쳐보자.

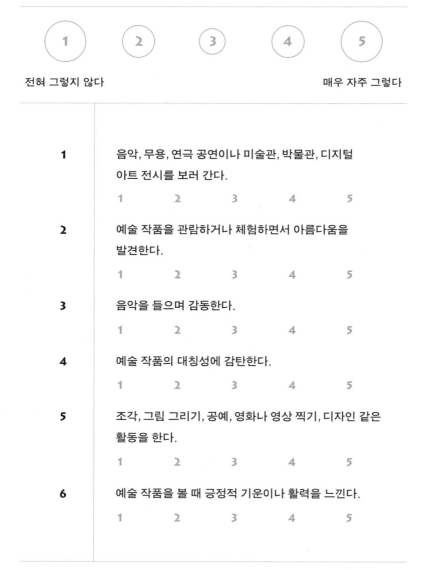

| ① | ② | ③ | ④ | ⑤ |

전혀 그렇지 않다                              매우 자주 그렇다

**1**     음악, 무용, 연극 공연이나 미술관, 박물관, 디지털 아트 전시를 보러 간다.

        1      2      3      4      5

**2**     예술 작품을 관람하거나 체험하면서 아름다움을 발견한다.

        1      2      3      4      5

**3**     음악을 들으며 감동한다.

        1      2      3      4      5

**4**     예술 작품의 대칭성에 감탄한다.

        1      2      3      4      5

**5**     조각, 그림 그리기, 공예, 영화나 영상 찍기, 디자인 같은 활동을 한다.

        1      2      3      4      5

**6**     예술 작품을 볼 때 긍정적 기운이나 활력을 느낀다.

        1      2      3      4      5

들어가며

**7**  시나 노랫말, 논픽션이나 픽션을 쓴다.

1        2        3        4        5

**8**  예술 작품을 보면 심장 박동이 빨라지는 등
신체적 변화가 일어난다.

1        2        3        4        5

**9**  건물이나 실내 공간의 시각적 디자인의
가치를 알아본다.

1        2        3        4        5

**10**  미술, 공예, 글쓰기, 미학 같은 창의적인 활동에
관한 수업을 듣고 있거나 들은 적이 있다.

1        2        3        4        5

**11**  예술 작품을 창작하거나 감상할 때 연결감과
공동체 감각을 느낀다.

1        2        3        4        5

**12**  예술을 체험할 때 우주, 자연, 실재, 신적 존재와
하나가 된 감각, 일체감, 연결감을 느낀다.

1        2        3        4        5

**13**  미술 작품을 볼 때 깊이 감동한다.

1        2        3        4        5

**14**  예술을 창작하거나 감상할 때 기쁨, 정신적 평온
같은 긍정적 감정을 경험한다.

1        2        3        4        5

이제 점수를 매겨보자. 평가 척도는 '미학적 가치판단' '강렬한 미학적 경험' '창의적 행위'라는 세 가지 항목으로 분류된다.

우선 미학적 가치판단은 경험과 환경의 미적 요소에 반응하는 정도를 말한다. 강렬한 미학적 경험은 보통 수준의 수용과 비교했을 때 미학적 경험에 주기적으로 매우 강렬하게 반응하는 정도를 말한다. 창의적 행위는 예술 작품 창작 등 창의적 활동에 참여하는 정도를 의미한다.

다음 단계를 마저 밟아 각 영역에 대한 점수와 총점을 내보자. 여기서 나온 총점은 미학적 민감성에 대한 총체적 단면을 나타낸다. 개별 항목 점수는 각 질문에 대한 점수를 더한 후 질문 수로 나누면 된다.

세 가지 항목과 총점에 비추어 자신의 미학적 민감성이 어느 정도인지 알고 싶다면 가장 마지막 등급표를 참고하면 된다. 예를 들어 미학적 가치판단에서 3점이 나오고, 강렬한 미학적 경험에서 2점, 창의적 행위에서 5점, 총점으로는 4점이 나올 수 있다.

들어가며

# 미학적 사고방식 지표 평가표

**미학적 가치판단**  →   1, 2, 3, 4, 6, 9, 14번 질문

( 일곱 개 질문의 점수 총합 ) ÷ 7 = (          )

**강렬한 미학적 경험**  →   8, 12, 13번 질문

( 세 개 질문의 점수 총합 ) ÷ 3 = (          )

**창의적 행위**  →   5, 7, 10, 11번 질문

( 네 개 질문의 점수 총합 ) ÷ 4 = (          )

**총점**  →   전체 질문에 대한 점수를 전부 합쳐 14로 나누기

( 열네 개 질문의 점수 총합 ) ÷ 14 = (          )

## 등급표

( 1 )          ( 2 )          ( 3 )          ( 4 )          ( 5 )

낮음         평균 이하       평균        평균 이상        높음

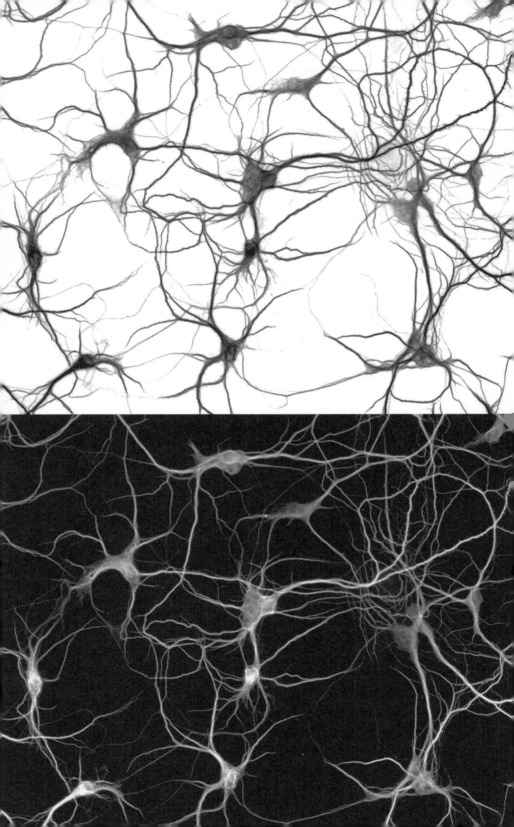

# 예술의 해부

몸을 통해 행동으로 번역되는 생동감, 생명력,
기운, 태동이 있는데 당신은 어느 때고
단 한 사람뿐이기에 그 표현도 유일무이하다.

마사 그레이엄 | 댄서, 안무가

앞서 우리는 대담한 주장을 펼쳤다. 예술 활동과 미적 경험이 사람
을 더 건강하고 행복해지게 하고, 뭔가를 배우거나 잘 살아가게 하
는 능력을 향상시킨다고 말이다. 이제 이 주장이 어떤 면에서 근거
가 있는지 살펴보겠다.

먼저 그 근간이 되는 과학적 사실을 알아보자. 인간의 신체
구조를 간단히 훑어보면 예술을 추구하도록 설계되어 있다는 사실
이 한눈에 확인된다. 우리 몸 안에서 어떤 일이 벌어지는지부터 알
고 나면 다음 장들에 나오는 내용, 곧 예술과 아름다움이 어떤 식으
로 우리 몸과 정신에 영향을 주는지 한층 잘 이해할 수 있을 것이다.

감각이 어떻게 작동하는지 이해하는 건 우리 삶에 영향을 미치는 예술과 미학의 전환적 성질을 이해하는 핵심 열쇠다. 앞장의 미학적 사고방식 테스트를 해본 사람은 자신이 예술을 어떤 식으로 경험하며 주변의 미적 요소에 얼마나 예리하게 신경을 쏟는지 한결 명료히 파악했을 것이다. 거기서 한발 나아가, 지금 당장 느끼는 감각 경험과 연결되는 훈련을 해보자.

우선 어디에 있건 편한 자세를 취해보자. 코로 숨을 들이쉰다. 어떤 냄새가 나는가? 눈을 감고 그 하나의 감각에 집중하자. 아침에 마시려고 타놓은 커피나 레드 와인, 혹은 익숙한 향을 풍기는 양초가 근처에 놓여 있을지 모른다. 계속 호흡하라. 첫 번째 감각 인상 외에 또 무엇을 알아챘는가? 훈련받은 소믈리에나 조향사라면 처음 알아챈 그 냄새가 톱 노트임을 알 것이고, 그 바로 밑의 여러 가지 냄새도 구별할 수 있을 것이다. 어쩌면 여러분은 먼지 앉은 책장의 퀴퀴한 냄새를 알아챘을 수도 있고 열린 창으로 들어오는 독특한 페트리코, 즉 마른 땅을 비가 푹 적시면서 올라오는 기분 좋은 흙냄새를 맡았을 수도 있다.

후각은 인간의 진화에서 가장 오래된 감각 중 하나다. 코는 400여 종의 수용기를 동원해 무려 1조 가지의 냄새를 감지할 수 있으며 30일에서 60일마다 세포가 재생한다. 심지어 어떤 냄새는 개보다 더 잘 맡을 수 있을 정도다.

냄새 맡기는 주변 물질이 방출하는 미세한 분자들이 냄새 수용기를 자극하는 것에서 시작한다. 그 분자들은 코로 들어와 콧구멍에서 비강 쪽으로 몇 센티 올라가면 있는 후각 상피라는 막 안에

1장

서 점액으로 용해된다. 여기서 뇌와 신경 체계의 가장 기본 구성 요소인 뉴런, 즉 신경세포들이 기다란 신경섬유인 축삭돌기를 주요 후각망울에 보낸다. 거기 도달하면 각 냄새의 특징을 감별하는 세포들과 결합하는데, 이 지점에서 흥미로운 일이 벌어진다.

후각 피질은 감정과 기억 전반에 작용하는 측두엽에 자리한다. 냄새가 즉각적이고 강력한 신체적, 정신적 반응을 유발하는 이유가 바로 이 때문이다. 그 예로 신생아에게서 나는 냄새는 뉴로펩티드(신경세포체에서 합성되어 신경전달물질과 신경호르몬 역할을 하는 아미노산 화합물—옮긴이) 옥시토신 분비를 촉발하는데, 옥시토신은 유대감, 공감, 신뢰 형성을 유도한다. 그래서 옥시토신은 '사랑의 마약'이라는 딱 들어맞는 별칭으로 불린다.

그런가 하면 특정 향수나 오드콜로뉴의 냄새를 단 한 번 들이마시는 것으로 오랫동안 잊고 있던 옛 사람이 떠오르기도 한다. 잔디를 깎을 때 분출되는 몇몇 화학 성분은 편도체와 해마를 자극해 코르티솔 분비를 낮춰 스트레스를 완화한다. 이 모든 게 후각 피질과 측두엽의 연결성 때문에 일어나는 현상이다.

미각도 후각처럼 화학적 감각이다. 우리가 먹는 음식은 1만 개가 넘는 미뢰를 자극해 입에서부터 뇌의 미각 피질이라는 영역까지 전달되는 전기 신호를 발생시킨다. 미각 피질도 본능적이고 감정적인 경험을 처리하는 곳으로 간주되는데, 미각이 기억을 암호화해 저장하는 데 가장 효과적인 감각 중 하나인 이유가 이로써 설명된다.

아메리카와 유럽에 사는 이들에게는 육두구, 정향, 계피가 가을과 겨울의 긴 연휴 같은 맛이 나고, 식용 꽃잎이 결혼 예식에 흔히 쓰이는 인도에 사는 이들에게는 잎 모양의 꽃받침이 달린 톡 쏘는 금잔화가 기쁜 일을 기념하는 맛이 나는 것도 그런 이유에서다. 위안이 필요할 때 할머니가 끓여주신 따뜻한 수프 한 그릇이 떠오르는 것도 같은 맥락이다.

눈을 감은 채 이번에는 귀에 신경을 집중해보자. 전자 기기의 웅웅거림, 컴퓨터 팬이 돌아가는 소리, 새들이 재잘대는 소리 같은 게 들릴 것이다. 자동차 소리도 들릴 것이다. 근처에서 무슨 일이 일어나고 있는가? 멀리서는 어떤 소리가 들려오는가? 청각은 뇌의 작용과 감각 기관들, 그리고 음파가 관여하는 복잡한 체계다.

여러분 중 몇몇은 이 장을 읽으며 음악을 듣고 있을지도 모른다. 음악과 소리는 신경미학에서 가장 활발히 연구되는 예술 형식인데, 거기에 대한 흥미로운 연구 결과들은 차차 이야기하겠다. 청각기관은 아주 복잡하고 정밀하다. 일단 외부에서 발생한 소리가 외이도로 들어와 고막을 진동시킨다. 이 음파가 소골을 따라 달팽이관으로 가면 그곳의 액체가 파도처럼 출렁인다. 달팽이관 내부에는 수천 개의 미세한 유모 세포(달팽이관 속 나선기관에 있는 미세한 돌기가 달린 청각 세포—옮긴이)가 있는데, 액체가 움직이면 이 세포들이 활성화되어 청신경에 메시지를 보내고, 청신경은 그 메시지를 다시 뇌로 보낸다. 후각 피질과 마찬가지로 측두엽에 자리한 청각 피질은 귀 바로 뒤에 위치하며 이곳에서 기억과 지각 작용이 이루어진다.

다양한 박자, 언어, 음량은 감정과 정신 활동과 신체 반응에 영향을 준다. 캘리포니아의 스탠퍼드대학교 연구팀은 분당 60비트

1장

의 음악을 틀어놓고 뇌전도 검사 기계로 청자의 뇌파 활동을 측정했고, 뇌의 알파파가 비트와 일치하는 것을 확인했다. 알파파는 긴장 완화와 관련된 파동이다. 이보다 느린 비트는 델타파와 일치해 잠드는 데 도움이 된다.

청신경은 쌍방향으로 작용한다. 귀에 외부 소음을 적당히 차단하고 뇌에 중요한 소리로 인식되는 것에 집중하라고 신호를 보내기도 하는데, 이는 독서에 푹 빠져 있거나 미술 작품을 멍하니 감상하던 사람을 본의 아니게 화들짝 놀라게 하기가 어째서 쉬운지 설명해준다. 누군가 다가오는 소리를 정말 못 들은 것이다.

우리는 소리를 또렷하고 식별 가능한 것으로 여기는 경향이 있다. 주로 좋아하는 노래라든가 연인 목소리의 음색, 자동차 클랙슨 소리 같은 것을 떠올리곤 한다. 하지만 이 책을 읽어나가다 보면 뇌가 주파와 진동과 음조에도 화학적으로 반응하며, 그 화학적 촉발 요인들이 기분이나 지각을 극적으로 바꾸고, 나아가 신경학적 증상과 감정적 증상을 낫게 하기도 한다는 걸 알게 될 것이다.

자, 이제 눈을 떠보면 빛과 색, 시력이 미치는 범위 안의 사물들이 대번에 눈에 들어올 것이다. 시각 장애가 있는 사람 중 색깔, 얼굴, 형체를 식별하지 못하는 경우도 80퍼센트 이상은 밝음과 어둠을 구분할 수 있다고 한다.

인간의 시각은 복잡한 체계를 거쳐 빛을 처리할 수 있어야만 작동한다. 눈은 카메라와 비슷하게 작동하는데, 우리가 눈으로 보는 것들은 광光수용기를 통해 전기신호로 변환된다. 그러면 시신경이 이 신호를 뇌 뒤쪽 후두엽으로 보내 지금 보고 있는 특정 대상으로 변환한다. 바로 여기가 사물을 지각하고 식별하고 감상하는 곳으로, 이 후두엽의 일부인 외측 후두부가 예술의 미적 가치를 이해하고 창조하는 작용에 동원된다는 것이 신경과학 연구로 밝혀지고 있다.

이제 주위의 사물을 만져보는 것으로 감각 여행을 마무리하겠다. 오돌토돌한 의자 커버, 테이블의 매끈한 표면을 만져보자. 야외에 있다면 나무의 서늘한 줄기나 따스한 해변의 까끌까끌한 모래를 만져봐도 좋다. 손과 발, 손가락과 발가락 같은 피부는 유독 예민해서 신체적, 심리적 반응을 촉발하는 아주 미세한 신호도 포착한다. 발 하나당 신체적 감각을 쉬지 않고 수용하는 신경종말이 무려 70만 개 이상이나 있으니 말이다. 피부의 촉각 수용기는 뇌간 꼭대기, 머리통의 정중앙에 자리한 시상까지 가닿는 감각 신경들을 통해 척수의 뉴런과 연결된다.

그다음에는 촉감과 질감에 대한 정보가 두정엽에 있는 체감각 피질까지 전송된다. 체감각 피질은 촉감을 처리하는 데 아주 중요한 기관이다. 뇌에서 촉감을 처리하는 뉴런들은 수용기들이 전달한 다양한 특징에 각각 다르게 반응한다. 거칠다, 보드랍다, 부숭부숭하다, 만질만질하다 등 우리가 질감을 묘사하는 데 얼마나 다양한 형용사를 쓰는지, 촉각이 얼마나 감각적으로 풍성한 경험인지 생각해보자.

촉각은 강력한 인지적 소통 매개 중 하나로, 신체에서 가장 먼저 진화한 감각 체계 중 하나이기도 하다. 우리는 손 잡기나 껴안기 같은 단순한 행동으로 다른 사람과 느낌과 감정을 나눈다. 촉각은 신경전달물질인 옥시토신을 분비해 신경생물 작용과 정신 상태

1장

를 급격히 변화시키는데, 옥시토신은 앞서 말했듯 사랑의 호르몬인 동시에 신뢰감, 관대함, 연민을 자아내고 불안 완화를 유도하는 호르몬이기도 하다. 인간의 촉각을 가지고 실험한 결과, 한 사람의 슬픔이나 행복감, 관심이나 흥분을 표현하려는 의도가 감각수용기를 통해 다른 사람에게 이해되고 거울 반응을 유발할 수 있음이 드러났다. 이렇듯 촉각이 뇌에서 감정 지각을 처리하기 때문에 문자 그대로 우리는 접촉으로 남과 대화할 수 있는 것이다.

　　또 하나 흥미로운 점은 촉각이 다른 감각에 비해 더 강렬하고 오래가는 기억을 만든다는 것이다. 최근 진행된 여러 건의 연구에서 촉감이 체감각 피질을 자극할 뿐 아니라 뇌에서 시각적 신호를 처리하는 영역도 활성화시킨다는 사실이 드러났다. 심지어 눈을 가리고 있을 때도 그렇다. 한 연구는 피험자들에게 눈으로 보지 않고 스푼 같은 일상적 사물을 만지게 했다. 그런 다음 눈가리개를 풀고 피험자들에게 매우 비슷하게 생긴 스푼 두 개를 제시했을 때, 73퍼센트 이상이 자기가 손에 쥐었던 바로 그 스푼을 육안으로 알아맞혔다. 심지어 이 물체 기억은 몇 주 후 다시 테스트할 때까지도 유지되었다.

　　후각, 미각, 시각, 청각, 촉각은 믿기 힘든 속도로 생물학적 반응을 일으킨다. 청각은 약 3밀리세컨드(1초의 1000분의 1—옮긴이) 안에 처리된다. 촉각은 뇌에서 50밀리세컨드 안에 처리된다. 우리는 뇌뿐만 아니라 몸 전체로 세상을 받아들이는데, 이 과정의 많은 부분이 의식 밖에서 이루어진다. 인지신경 과학자들은 인간이 정신 활동의 단 5퍼센트만 의식한다고 본다. 신체적, 감정적, 감각적 경험의 나머지 95퍼센트는 실제 의식하고 있는 것의 수면 밑에 머물러 있다. 뇌는 지금도 끊임없이 자극을 받아들여 스펀지처럼 수백만 개의 감각 신호를 흡수하고 있다.

그렇기에 뇌가 접수하는 정보가 전부 의식까지 가닿지는 않는다. 수많은 자극 가운데 어떤 것이 우리의 감각수용기에 작동 중인지 알아차리는 데는 주의 처리가 큰 역할을 한다는 뜻이다. 방에 들어간 순간 램프가 드리운 빛이라든가 벽의 색깔, 실내 온도, 냄새, 질감처럼 신체가 반응하는 모든 것을 알아채지는 못할 확률이 높다. 우리는 스스로를 독자적으로 움직이는 신체로 여길지 모르나, 사실은 주위의 모든 것과 상호 연결되어 있으며 그것들의 일부이기도 하다.

우리와 우리를 둘러싼 환경은 불가분의 관계다. 감각들은 예술과 미학이 건강과 행복을 극대화할 완벽한 경로를 어떻게, 그리고 왜 제공하는지를 이해하는 기초가 된다. 우리의 감각수용기는 쉬지 않고 작동한다. 그런 자극들이 들어올 때 뇌에서는 실제로 어떤 일이 벌어질지 알아보자.

## 머릿속 세계

사이에 틈이 없는 네 개의 비정형 대륙 형체들을 한쪽에 담고 있는 구체의 지구가 뇌라고 상상해보자. 그리고 그 반대편에도 똑같은 형체들이 달려 있다고 상상해보자. 거울상을 떠올려보라는 이야기다. 이것이 우리의 대뇌다. 대뇌는 두 개의 뇌 반구로 이루어져 있으며 중간에 뇌량이 반구들의 일부를 연결하고 있다. 뇌량은 두 반구가 서로 소통하도록 중간에서 메시지를 전달한다. 우뇌는 몸의 왼쪽을 제어하고 좌뇌는 몸의 오른쪽을 제어한다. 실제 지구의 각기 다른 대륙처럼 뇌의 영역도 각각 특징과 기능이 있다. 대뇌는 앞에서 뒤 순서로 전두엽, 측두엽, 두정엽, 후두엽이라는 네 개의 엽으로 나뉜다.

전두엽은 계획 세우기, 주의 집중, 감정 처리 같은 집행 기능을 책임진다. 해마가 자리한 측두엽은 기억을 만드는 일을 주관한다. 두정엽에는 촉각이나 통증 같은 체감각 정보를 수용하고 해석하는 체감각 피질이 있다. 후두엽은 시각 심상을 처리한다. 후두엽 바로 아래 동그스름한 전구가 있다고 상상해보자. 그 전구가 바로 소뇌다. 소뇌는 균형, 움직임, 신체 부위 간 협응, 습관 형성을 담당한다. 예를 들면 걷기 같은 특정 동작을 몸이 재학습하지 않고도 반복할 수 있게 해주는 일종의 절차 기억을 관장한다는 뜻이다. 물론 어떤 부위도 혼자서는 작동하지 않는다. 모든 기관은 우리가 최선의 기능을 행하도록 서로 협력한다.

뇌엽들 안에는 함께 변연계를 구성하는 여러 구조가 자리한다. 이는 고대의 뇌 네트워크라고도 불리는 체계로, 감정과 행동을 뒷받침한다. '싸우거나 도망치거나 얼어붙기' 본능이 도사린 곳도 바로 여기다. 변연계 역시 신체가 안정된 내적 상태를 유지하게 해주는 조직들로 이루어져 있다. 변연계 안에는 시상하부가 있는데, 시상하부는 심박수와 체온과 혈압을 조절한다. 시상은 후각을 제외한 모든 감각 정보를 뇌 구석구석에 전송한다. 그 아래 아몬드처럼 생긴 부위는 편도체다. 위협적인 자극을 알아채고 즉각 행동하는 것이 편도체의 일이다.

뇌는 뇌간에 연결되어 있고 뇌간은 척수와 소통한다. 자율신경계는 뇌와 척수 내 하위 구조들로 이루어져 있으며, 크게는 교감신경계와 부교감신경계로 나뉜다. 이 둘을 2차선 도로라고 해보자. 교감신경계는 행동을 준비시키는 기관으로, 싸우기나 도망치기 같은 반응을 촉발하며 부교감신경계는 휴식과 소화 같은 복구 기능을 주관한다.

이 책의 맨 앞에는 신경과학자이자 화가인 그레그 던이 그린 뇌 일러스트가 실려 있다. 컬러사진 C를 참고하기 바란다. 그레그의 일러스트에는 앞으로 이야기할 다양한 신경계와 뇌 부위 위치가 알기 쉽게 표시되어 있다. 필요할 때마다 이 페이지를 열어보면 된다.

이제 뇌의 구조를 대강 파악했으니 신경예술 과학의 바탕이 되는, 그리고 이 책을 읽는 내내 반복해서 접하게 될 네 가지 핵심 개념을 소개하고자 한다. 첫 번째 개념은 신경가소성, 즉 우리 뇌가 한 다발로 묶이고 재배선되는 기본 원리다.


## 뇌의 회로를 새롭게 빚어내는
## 신경가소성

앞서 떠올린 구체의 뇌에 일반 도로와 고속도로, 다리 수백만 개가 구석구석 깔려 있고 가로등 수억만 개가 그 도로를 전부 비추고 있다 상상해보자. 어떤 구역은 눈이 부시도록 환하고, 어떤 구역은 빛이 흐릿하다. 어떤 길은 텅 비어 있는데, 어떤 길은 차량으로 꽉 차 있다. 이는 바로 뇌 속 전기신호를 주고받는 신경 연결망이다.

그렇다면 교통량이 엄청난 이 길들, 아니 신경 경로들은 어떻게 형성되며 왜 그리 중요할까? 마침 우리 곁에 이 주제에 관한 전문가가 있다. 바로 수전의 남편 릭 휴개니어다. 존스홉킨스 의과대학교 신경과학과 과장인 릭은 무려 40년 넘게 신경가소성을 연구해왔다. 수전과 데이트를 시작한 지 얼마 안 되었을 무렵, 릭은 집 앞에서 굿나잇 키스를 한 다음 자신의 신경가소성 연구에 대해 이야기했고, 그 키스가 자신의 뇌 신경망을 어떻게 재배선했는지 설명한 사람이다.

릭은 사람들에게 신경가소성이 뭔지 설명하는 데 도가 텄다. 신경가소성은 뇌가 신경 연결을 끊임없이 생성하고 재배치하고, 또 스스로 재배선하는 능력을 말한다. 먼저 릭은 인간의 뇌를 머릿속에 그려보라고 한다. 여러분이 기억에서 어떤 이미지를 집어내 소환할 수 있는 것도 정보를 받아들이고 저장하는 뇌의 놀라운 능력을 증명하는 하나의 소소한 예다.

뇌에는 대략 1000억 개의 뉴런으로 이루어진 상호 연결망이 있다. 그게 얼마큼인지 가늠해보자. 다소 모호하고 부정확하더라도 1000억 개를 상상할 수는 있을 것이다. 뇌가 이렇게 큰 숫자를 개념화할 수 있는 것도 우리가 수를 이해하는 능력을 타고났기 때문이다.

이어서 릭은 이 1000억 개의 뉴런을 확대해 현미경으로 들여다보면 어떤 모양일지 묘사한다. 뉴런이라고 하면 많은 사람이 가지가 서로 겹치고 얽힌 나무를 떠올린다. 나무 같은 자연물에 비유하면 머릿속 이 무한한 체계의 형태와 복잡성을 시각화하는 데 도움이 된다. 왜 그럴까? 뇌가 그럴싸한 은유를 좋아하기 때문이다. 손이 실제 사물을 쥘 수 있는 것과 마찬가지로 뇌도 개념을 그러쥘 수 있다.

각 뉴런에는 나무줄기 중심부에 있는 단단한 심재에 해당하는 세포핵이 하나씩 들어있고, 그 세포핵은 중심부를 보호하는 겉부분 변재와 나무껍질에 해당하는 세포체로 둘러싸여 있다. 수상돌기는 이런 뉴런 나무줄기에서 뻗어나온 가지들로, 다른 뉴런으로부터 신호를 수신한다. 한편 축삭돌기는 나무의 직근처럼 세상을 향해 신호를 발신한다. 이번 장 맨 앞에 실린 20쪽 이미지를 보면 시냅스 연결의 복잡한 구조를 확인할 수 있다. 이 사진은 실제로 릭이 페트리접시 속 뉴런 신경망을 현미경으로 들여다보고 사진으로 담은 것이다.

뉴런은 시냅스 전달 작용으로 정보를 주고받거나 서로 연결되는데, 릭은 이 시냅스 연접이 어떻게 이루어지는지를 평생 연구해왔다. 연구로 드러난 건 뉴런이 매우 사회적인 세포라는 것이다. 뉴런은 살아남기 위해 다른 세포들과 소통해야 한다.

1000억 개의 뉴런은 약 1만 개의 다른 뉴런과 이 시냅스 전달을 통해 연결된다. 1000조 개나 되는 이 시냅스 연결부는 뇌 전체에 걸쳐 무수히 많은 회로를 만들어낸다. 릭은 이 회로들이 몸의 움직임, 감정, 기억, 우리가 하는 모든 행위의 바탕을 이룬다고 설명

1장

한다. 기억을 만들거나 무언가를 배우는 동안 뇌가 어떤 연접은 강화하고 어떤 연접은 약화하는데, 그러면서 새로운 회로를 빚어내고 그 회로가 기억을 암호화한다는 것이다. 그것이 바로 가소성이다.

릭의 설명을 듣다 보면 신경과학자 도널드 O. 헤브가 시냅스 전달 과정을 처음 설명하면서 남겼다는 유명한 말이 떠오른다. "함께 발화fire하는 세포들은 한 다발로 배선wire된다." 신경가소성을 잘 묘사한 학계 신조이자, 뇌가 워낙 운율을 좋아하는 탓에 쉽게 뇌리에 각인되는 단순한 문장이다. 그런데 릭은 이 말이 100퍼센트 정확하지는 않다고 지적한다.

시냅스들은 서로 신호를 주고받을 수는 있지만 한데 합쳐져 연결되려면 다른 무언가가 필요하다. 뉴런이 화학물질로 메시지를 발신해 서로 소통하고, 나아가 한 다발로 배선되어 시냅스 연결을 이룰 만큼 충분한 에너지를 발하게 하려면 충분한 강도의 감각 자극이 받쳐주어야 한다. 이 신경전달물질들의 화학적 수프에서 강력한 시냅스 연결이 이루어지는데, 이는 바로 경험의 돌출성이 만들어지는 기제다.

'돌출'은 이 책에서 반복적으로 접하게 될 단어로, 그 이유는 다음과 같다. 우리는 몸에 들어오는 모든 감각 자극에, 혹은 그 결과로 떠오르는 수많은 감정과 생각에 일일이 신경을 쏟을 수 없다. 뇌는 관련이 없다고 판별한 수용 정보는 걸러내고 중요하다고 판단한 정보에 신경을 집중하는 데 매우 노련하다. 뭐든 돌출된 것은 실질적으로든 감정적으로든 중요하다. 한마디로 다른 것들보다 두드러진다는 것이다.

검은 점이 가득한 페이지에 딱 하나 붉은 점이 있다고 상상해보자. 신경이 어디로 쏠릴까? 이것이 바로 뇌의 돌출성 판단이다. 언젠가 파티에 가거나 왁자지껄 시끄러운 장소에 가게 될 때 이 돌출성을 떠올려보자. 거기서 친한 친구가 나타나 함께 수다를 떨기 시작한 순간 어떤 현상이 일어나는지 관찰하는 것이다. 주변 소음이 아득해지면서 친구가 하는 말이 귀에 쏙쏙 들어오고 집중이 무척 잘될 것이다. 이 현상을 '칵테일파티 효과'라고 한다.

돌출성을 만드는 요인들은 도파민이나 노르에피네프린 같은 신경전달물질을 촉진해 시냅스를 활성화하고 시냅스 가소성을 증진한다. 릭의 말로는 바로 이 작용이 기억 생성을 조절한다. 돌출 경험이 강렬할수록 시냅스의 가소성도 강해지는데, 그 순간 다수의 세포가 활성화되면서 신경전달물질을 잔뜩 분비하고 시냅스 연접을 변화시키기 때문이다. 어떤 연접은 더 단단해지고 어떤 연접은 약해지며 이에 따라 기억 생성을 주관하는 시냅스 회로가 변화해 특정 기억을 더 오래 지속되게 한다. 릭은 수전과의 첫 키스를 영원히 기억할 것이다. 특별한 상대를 찾은 그 순간, 릭이 그것을 알고 또 기억하도록 뉴런들이 신경전달물질을 마구 분비했기 때문이다.

우리 뇌에는 무엇이 돌출성을 띠는지 판단하게 도와주는, 전방 섬엽과 배측 전방 대상피질에 고정된 몇몇 부위가 있다. 바로 '돌출성 연결망'이라 불리는 부위다. 이 책 전반에 걸쳐 예술 활동과 미적 경험은 더 큰 돌출성을 띠기 위한 주요 매개로 등장한다. 예술과 아름다움이 말 그대로 뇌를 재배선할 수 있다는 이야기다. 새로운 시냅스 연접을 생성하게 돕는 주 재료라고도 할 수 있고 말이다.

신경가소성은 더 강력한 시냅스를 만들 수 있지만 시냅스를 약화하거나 아예 제거할 수도 있다. 시냅스 연결 제거를 '가지치기'라고 한다. 뇌가 시냅스 연결을 쳐내는 이유는 조경사가 나무나 덤불의 가지를 쳐내는 이유와 똑같다. 구조를 더 튼튼하고 건강하게 만들어 성장을 촉진하기 위해서다. 우리 뇌는 에너지 낭비를 싫어하기에 어떤 행동을 유도하는 데 더 적은 수의 세포나 시냅스를 쓰는 편이 효율적이다.

가장 좋은 경우의 가지치기는 뇌가 강화된 연결을 만들어 적응하면서 이루어진다. 이때 덜 중요한 연결은 제거된다. 뇌가 새로운 경로를 찾아내 옛 경로가 더는 필요치 않게 된 거라고 보면 된다. 늘 먼 길로 돌아서 집에 오다가 어느 날 그보다 나은 루트를 발견해 더 빠르고 효율적으로 집에 올 수 있게 된 것과 같다. 그러면 옛 루트는 잊어도 된다. 돌출 경험에 동원되고 있지 않은 시냅스를 뇌가 가지치기하는 것이다. 이런 시냅스 연결들은 자극이 결핍되며 위축되고, 그러다 영구히 연결이 끊어진다.

나를 둘러싼 주변 환경이 변하면 뇌의 신경 회로도 변한다. 이는 신경가소성의 기본 원리다. 뇌는 우리가 어떤 환경에 처하든 적응을 돕도록 설계되어 있다. 그 환경에서 우리에게 중요한 자극들은 돌출되고, 이것이 다시 뇌의 시냅스 연결을 바꾼다. 신경예술의 바탕이 되는 두 번째 핵심 개념인 풍부화한 환경(인지적, 신체적 역량을 강화하도록 유도하기 위해 다양한 자극과 활동 요소를 제공하도록 조성한 환경—옮긴이)은 돌출 자극으로 가득하다.

## 풍부화한 환경의 영향력

1960년대 초, 신경과학자 메리언 다이아몬드는 뇌 유연성에 관한 논쟁적 가설의 참과 거짓을 가릴 수 있기를 바라며 모종의 실험을 고안했다. 당시 대부분의 과학자가 인간의 뇌란 불변하며 나이를 먹으며 쇠퇴한다고 믿었다. 하지만 다이아몬드는 관점이 달랐다. 그는 당시 증명되지도 않았던 뇌의 신경가소성을 믿었다. 뇌란 시시각각 변한다는 것이 그의 가설이었고, 변화의 제1자극원은 우리가 사는 환경일 거라 추정했다.

이 가설을 증명하기 위해 다이아몬드는 쥐 무리를 세 종류의 케이지에 나누어 넣었다. 세 케이지 모두 음식과 물을 제공하고 똑같은 조도의 조명을 켜두어 기본적인 조건을 갖추었다. 차이점은 환경이었다. 첫 번째 실험군은 '풍부화한 환경'에 배치되었다. 여기서 풍부화한 환경이란 쥐들이 탐색하고 가지고 놀 장난감이나 천 조각 같은 것들이 있는 케이지를 말한다. 다이아몬드는 참신함과 놀라움이라는 요소를 촉진하기 위해 구성 요소를 주기적으로 교체했다. 두 번째 실험군은 평범한 쳇바퀴 한 대가 있는 표준 케이지에서 지냈고, 쳇바퀴는 한 번도 교체되지 않았다. 세 번째 실험군은 탐험할 어떠한 물체도, 자극도 없는 결핍된 공간으로 설정했다.

몇 주 후 쥐의 뇌를 해부한 다이아몬드는 풍부화한 환경에서 지낸 무리의 대뇌피질, 즉 뇌의 가장 바깥쪽 층이 결핍된 환경에서 지낸 쥐들에 비해 6퍼센트나 두꺼워졌고, 반대로 결핍된 환경에서 지낸 쥐들의 뇌 질량은 감소했다는 사실을 발견했다. 다이아몬드는

1장

"이는 환경 경험을 달리하면 동물의 뇌에 구조적 변화가 일어난다는 게 확인된 최초의 실험"이라고 기록했다.

이로써 메리언 다이아몬드는 뇌의 신경가소성을 관찰로 확인한 최초 과학자 중 한 명이 되었다. 나아가 그의 실험은 환경이 좋게든 나쁘게든 뇌를 극적으로 변화시킬 잠재적 힘을 지녔다는 걸 증명했다. 다이아몬드는 재실험으로 결론을 굳힌 후, 연구 결과를 「풍부화한 환경이 대뇌피질 조직 구조에 미치는 영향Effect of Enriched Environments on the Histology of the Cerebral Cortex」이라는 논문으로 1964년에 발표했다.

다이아몬드의 발견 이후 주로 남성 과학자들의 분노 어린 반박이 터져나왔다. 한 신경과학자는 분에 차서 이렇게 말했다고 한다. "아가씨, 뇌는 변할 수가 없다고!" 그래도 다이아몬드는 굴하지 않았고 2017년에 90세로 생을 마칠 때까지 뇌 신경가소성 연구를 이어갔다. 오늘날 그는 현대 신경과학의 시조 중 한 명으로 꼽힌다. 그의 선견적인 통찰과 끈기 덕에 우리는 인간의 뇌가 평생 동안 환경 자극에 반응해 스스로를 물리적으로 재배선하고 새로운 신경 경로를 생성할 수 있다는 걸 알게 되었다.

이후 연구자들은 환경이 어떤 식의 누적 효과가 있는지 확인했다. 전적으로 자연적이지 않은, 인간이 설계한 곳을 뜻하는 인공적 환경 상태는 시간이 흐르면서 개인과 공동체 모두에게 영향을 준다. 그 영향은 학습, 건강, 인간관계의 개선된 결과로 확인된다. 신경과학계와 생물학계는 다이아몬드가 확인한 바를 거듭 재확인하고 또 발전시키고 있다. 풍부화한 공간에서 긍정적 결과가 나온다는 것, 그리고 결핍된 환경이 건강과 행복을 서서히 침식하며 영향을 미친다는 것을 말이다.

궁극의 풍부한 환경은 자연이다. 인간 태초의 집인 자연이야말로 가장 미적인 장소다. 이 책에서 자연은 신경과학자들이 줄곧 연구해온 미학적 경험이자 그 세계를 모방한 색, 형태, 냄새, 패턴, 촉감, 시각을 이용해 감각을 활성화하는 하나의 방법으로, 앞으로도 줄곧 언급될 예정이다. 건축과 인테리어, 사물 디자인에도 자연의 요소를 녹여내는 경향이 점점 더 눈에 띄고 있다.

양육되는 환경, 살아가고 일하고 노는 곳이 매우 중요한 이유도 이 때문이다. 우리를 둘러싼 아름다움과 그것이 촉발하는 생리학적 감각들이 경험의 핵심적 토대가 된다. 그리고 이는 신경미학의 세 번째 핵심 개념인 미의 3요소로 연결된다.

## 미적 순간을 만들어내는 미의 3요소

미학적 경험을 할 때 뇌와 신체에는 어떤 일이 벌어질까? 이 의문은 오랫동안 안잔 채터지의 머릿속에 똬리를 틀고 있었다. 펜실베이니아대학교 신경과학과, 정신과학과, 건축학과 교수인 안잔은 이 대학에 신경과학과 미학 연구를 위한 세계 최초의 연구소인 펜신경미학 센터를 창설한 장본인이다. 2014년경 안잔은 동료들과 함께 '미의 3요소'라는 이론 모델을 세웠다. 미의 3요소란 감각운동계, 보상계, 인지적 지식 및 의미 부여라는 세 요소가 어떻게 결합해 미적인 순간을 만들어내는지를 설명하는 모델이다.

동그라미 세 개를 서로 겹친 벤다이어그램으로 표현할 수 있는 이 모델은 각자가 아름다움을 인식하는 작용의 상호 역학적 성질을 보여준다. 우리는 이 장 첫머리에서 신체와 뇌가 감각운동 체계를 통해 어떻게 정보를 수용하는지 살펴보았다. 이는 미의 3요소 중 첫 번째 원에 해당한다.

두 번째 원은 뇌의 보상 체계다. 보상계는 행복감이나 쾌락을 느낄 때 활성화되는 신경 회로다. 보상계의 스위치가 켜지면 그렇게 만든 사건의 직전 행위를 반복할 확률이 높아진다. 일반적으로 보상계를 활성화하는 행동은 음식이나 물 섭취, 수면처럼 뇌가 생존을 유지하는 데 도움이 되거나 번식 행위처럼 뇌가 종족을 유지하는 데 도움이 되는 행동이다. 예를 들어 사랑을 인지하거나 끝내주는 요리가 주는 쾌락을 알아차리는 부위도 바로 여기다. 안잔은 이렇게 설명했다. "우리가 각자 즐기는 쾌락에 대해 이야기할 때면 음식이나 섹스 같은 아주 원초적인 쾌락을 취할 때 동원되는 전반적인 보상계가 활성화됩니다. 어떤 예술 작품을 보고 아름답다고 생각할 때 느끼는 쾌락도 똑같은 원초적 반응을 촉발하지요."

미적 경험이 고도로 맥락화되는 건 '의미 부여'라는 세 번째 동그라미에서다. 문화, 개인사, 사는 시대와 장소 같은 것은 전부 대상을 어떻게 지각하고 반응할지를 좌우한다. 세 교점의 한가운데에 바로 우리가 미적이라고 인식하는 경험이 들어간다. 그 경험은 자기 자신, 생리학적 작용, 자신의 상황에 따라 고유한 성질을 띠는 동시에 모두가 미적으로 끌리는 보편적 자질도 포함된다.

우리는 종종 '미'와 '미적 경험'을 같은 것으로 혼동하곤 한다.

그러니 안잔에게 아름다움이 무엇인지 정의를 내려달라 해보자. 아름다움에 정의 내리기란 사랑의 본질을 정의하려는 것과 크게 다르지 않다. 하지만 안잔은 주저하지 않았다. 그는 아름다움과 그에 대한 우리의 인식을, 그 모두에 우선하는 세 범주인 '사람'과 '장소'와 '사물'로 나누는 것에서 출발했다.

　　사람과 장소에 한해서는 보통 비슷하게 가중치를 두는 요소들이 존재한다. 예를 들어 어느 나라에 살든 사람들이 지각하는 아름다운 얼굴은 서로 비슷하다. 다양한 얼굴을 보여주면 우리는 대칭성이라든가 보는 이가 지각하는 다정함 등 얼굴의 아름다움에 기여하는 비슷비슷한 속성에 눈길을 준다. 이런 반응은 즉각적이고 자동적이다. 풍경도 마찬가지다. 보통은 수평선에 걸린 해 같은 특정 요소를 보기 좋다고 느끼는 것처럼 말이다. 안잔과 동료 과학자들은 우리가 어떤 얼굴이나 장소가 아름답다고 판단할 때, 복내측전전두피질이 활성화되는 것을 실험으로 확인했다. 안잔의 말에 따르면 얼굴과 풍경의 경우, 그 둘을 잘 파악하도록 인간이 수천 년에 걸쳐 진화했기 때문에 뇌의 반응이 비교적 일관된다고 한다.

　　그런데 사물에 대해서는 뇌의 반응이 좀 더 다채롭다. 안잔은 이렇게 설명한다. "인공물은 그림이든 건물이든 그 형태 그대로 고작 몇천 년 존재해온 데 반해, 뇌의 진화는 홍적세(신생대제 4기의 전반기로, 인류가 발생해 진화한 시기―옮긴이)라는 기나긴 시간에 걸쳐 이루어졌거든요."

　　예술에 있어서는 지각적 일관성이라 할 만한 것이 충분히 존재하지 않는다. A라는 사람은 잭슨 폴록을 좋아하고 B라는 사람은 에드워드 호퍼를 좋아한다고 해보자. 두 사람 다 미적 경험을 하고 있는 건 맞지만, 그 미적 경험을 촉발하는 주체가 사뭇 다를 수 있는 것이다. 즉 아름다움은 언제나, 그리고 오직 그것을 느끼는 사람의 주관에 달렸다는 이야기다.

색을 예로 들어보자. 애도의 색이 검정인 미국 같은 국가와 달리 안잔의 모국인 인도에서 애도의 전통적 상징은 흰색이다. 안 잔은 이렇게 덧붙였다. "인도에서 입는 사리 색상이 얼마나 다채로 운지 아세요? 그런데 하양은 색의 부재죠. 부재를 슬퍼하는 것. 애 도란 그런 의미입니다."

이런 문화적 선호는 안잔이 말하는 미의 3요소 중 의미 부여 로 설명된다. 모국, 양육 방식, 살면서 축적된 고유한 경험은 무엇을 아름답다고 지각하는지에 영향을 준다. 안잔은 이렇게 말했다. "여 기서 의미는 이를테면 개인적 배경처럼 예술 작품에 감상지가 덧입 히는 요소뿐만 아니라 감상 경험이 강렬했는지, 또 그 경험이 이후 의 삶에서 의미를 해석하고 부여하는 방식을 바꿔놓았는지 여부에 도 좌우됩니다."

예술과 미학은 아름다움을 넘어 훨씬 큰 것을 아우르며, 인 간이 하는 다양한 경험에 감정적 연결 고리가 되어준다. "예술은 혀 에 단 설탕 이상의 무언가가 될 수 있습니다. 어떤 예술 작품에 도전 적인 요소가 담겨 있을 때 마음이 불편해지기도 하는데, 그 불편함 은 자세히 들여다볼 의향이 있다면 어떤 변화와 탈바꿈의 가능성을 제공하죠. 그건 굉장히 강렬한 미적 경험이 될 수 있어요."

이처럼 예술은 다른 식으로 제시되었더라면 어렵고 불편했을 생각이나 개념을 한바탕 곱씹는 매개가 된다. 피카소가 1937년에 역작 〈게르니카〉를 선보였을 때, 그 그림이 포착한 전쟁의 본질적 참혹함과 잔혹성은 나치의 유럽 침공이 불러온 범인류적 고통을 세계가 곱씹어볼 계기를 던져주었다. 로레인 한스베리가 쓴 희곡 『태양 속의 건포도』는 인종주의와 차별에 맞서며 아메리칸드림을 좇는 이들의 강렬한 서사와 함께, 가족에 헌신하는 삶의 감동까지 안겨준다.

앞으로 반복해서 이야기하게 되겠지만, 예술은 호르몬과 엔도르핀처럼 감정 표출을 돕는 신경화학물질의 분비를 촉진한다. 몇 가지만 예를 들자면 가상현실을 체험할 때, 시와 소설을 읽을 때, 영화를 볼 때, 음악을 들을 때, 몸을 움직여 춤을 출 때 우리는 생물학적으로 변화한다. 이럴 때 아리스토텔레스가 카타르시스라 칭한 감정의 분출을 촉발하는 신경화학물질의 교환이 일어나며, 우리는 자기 자신뿐만 아니라 남들과도 더 연결된 느낌을 받는다. 이 책은 전반에 걸쳐 특정 형태의 예술이 어떻게 호르몬과 신경화학물질 분비를 촉진해 생리적 현상과 행동에 영향을 주는지 여러 연구를 들여다보며 함께 살펴보고자 한다.

이렇듯 예술은 안잔이 '동시적으로 발생하는 감정들의 결합적 속성'이라 부르는 것을 끌어낸다. 예술과 미적 경험은 한 번에 한 가지 이상의 감정 요소를 불러일으킨다. 안잔은 이렇게 말한다. "좋은 오렌지도 그저 달기만 하면 풍미가 심심하게 느껴진다. 신맛이 약간은 나야 정말 맛있다고 느껴진다. 예술도 똑같은데, 다만 좀 복잡한 방식으로 그럴 뿐이다." 여러 가지 감정을 유발하는 예술은 돌출성을 띠게 되고 이는 다시 신경 경로를 재배선한다.

    자신이 무엇을 좋아하고 좋아하지 않는지 의식하고, 예술 경험을 통해 어떻게 영향을 받고 정보를 흡수하고 변화하는지 더 깊이 이해하면 어느새 삶의 거의 모든 면에 자신의 감각적 선호를 적용할 수 있게 된다. 이렇듯 맞춤화한 예술의 활용은 마지막 네 번째 핵심 개념인 디폴트 모드 네트워크DMN(멍한 상태일 때나 몽상에 빠질 때 활성화되는 뇌 영역—옮긴이) 작용으로 더욱 큰 힘을 갖는다.


## 깊숙한 내면의 영역,
## 디폴트 모드 네트워크

예술 작품과 아름다움에 대한 우리의 반응은 눈 결정의 기하학적 구조만큼 제각각이다. 모차르트의 소나타나 포르투갈 전통 민요 장르인 파두 연주를 듣고 다른 세상에 간 듯한 경험을 하는 사람이 있는가 하면, 14세기 티무르의 서예가인 미르 알리 타브리지의 페르시아 전통 서예를 감상하거나 헤나의 잉크 냄새를 맡고 정신이 고양되는 사람도 있다. 영화를 보거나 시를 읽으며 몰입 상태에 빠지는 사람도 있고 말이다. 어떤 사람에게는 소음인 것이 누군가에겐 교향곡일 수 있다. 나의 감각 지각이 곧 나의 현실인 것이다.

    각자의 예술과 미적 경험은 유일무이한데, 이는 뇌 연결성 패턴이 저마다 고유하기 때문이다. 미적 경험을 하면 뇌에서 새로운 시냅스가 수억 개 생성되며, 이 전달 경로들이 저장된 지식과 반응의 지문만큼이나 독특한 보관소를 짓는다. 남과 똑같은 뇌를 가진 사람은 지구상에 단 한 명도 없다.

　　디폴트 모드 네트워크는 오늘날 자기 의식의 신경학적 기반이 자리한 곳으로 여겨진다. 신경과학자들이 뇌를 지도화하는 매핑 과정에서 주목하는 점은 서로 다른 뇌 영역들이 특정한 종류의 활동을 뒷받침하기 위해 협력하는 것처럼 보인다는 것이다. 과학자들은 다양한 신경망들이 어떻게 작동하며 무엇을 목적으로 움직이는지 차차 밝혀내고 있다. 도로 비유를 다시 가져오자면, 이 신경망들은 우리를 정해진 목적지에 데려다주기 위해 뇌 구석구석을 가로지르는 초고속도로인 셈이다.

　　DMN은 그런 망 중 하나다. 전전두엽과 두정엽 모두에 걸쳐 있으며, DMN이 작동하는 모습은 뇌의 혈행 변화를 보여주는 기능적 자기공명 영상법인 fMRI로 관찰할 수 있다. 뇌 영역들을 상호 연결하는 DMN은 우리가 외부 세계에 신경을 끊고 내부에 신경을 쏟을 때 작동한다. 자극받지 않을 때의 자기 자신이라고 할 수 있다. DMN은 기억들, 즉 자신과 관련된 사건과 지식의 총체가 저장된 곳이다. 딴생각, 꿈, 공상이 자리한 곳으로도 알려져 있다. 무엇을 기억하고 무엇을 잊을지 최적화하는 작업을 돕기도 한다. 또 미래를 그리는 데도 한몫한다. 탐구의 촉발제이며 딱히 목적 없는 일들에 대해 골똘히 생각하는 영역이기도 하다. 예술 작품을 만들 때 자신을 표현하는 방식이 이 신경망에서 일부 결정된다. DMN은 어떤 것이 아름답고 어떤 것이 아름답지 않은지, 어떤 것이 기억할 만하고 또 그렇지 않은지, 어떤 것이 의미 있고 무의미한지를 판단할 때 필터 노릇을 하며, 예술과 아름다움을 매우 개인적인 경험으로 만드는 기능을 한다.

미학적 사고방식 테스트를 만드는 데 도움을 준 에드 베셀은 DMN를 오래도록 연구해왔다. 에드는 이런 질문을 던졌다. "왜 어떤 이미지는 보는 순간 '우와! 굉장한데?'라고 내뱉게 되는데, 어떤 이미지는 심드렁하게 반응하게 될까요?" 에드가 알아낸 바에 의하면 이는 예술과 아름다움이 우리가 의미를 부여하고, 취향을 키우고, 판단을 내리는 일을 어떻게 돕는가에 달려 있다. 뇌는 흩어진 점들을 연결하고 패턴을 찾아내 이해한 다음, 거기에 맞춰 신경 연결 경로를 설계한다는 점에서 의미 부여 기계라 할 수 있다.

에드는 이렇게 설명한다. "우리가 어떤 예술 작품과 소통할 때 혹은 어떤 대상에 미적으로 끌릴 때 일어나는 현상의 큰 부분은 자신이 세상을 새로운 관점에서 보게 되었음을 깨닫는 각성의 순간이 차지한다. 아니면 작품의 창작자로서 전에는 표현하지 못했던 것들을 예술 덕분에 표현할 수 있게 되었기에, 어떤 문제를 새로운 시각에서 보게 되었다는 걸 깨닫는 순간일 수도 있다." 이런 의미 부여가 바로 DMN에서 일어나는 작용이다. 그러니 DMN은 어떤 그림이나 음악 작품이나 자연 풍경이 자신에게 의미가 있을 때 그것을 처리하게 해주는 신경 저장소라고 볼 수 있다.

2019년 봄, 우리 둘은 이런 신경미학 연구를 종합해서 감각 지각이 신체에 미치는 영향, 풍부화한 환경이 작용하는 방식, 각자가 자신을 둘러싼 세상을 받아들이는 고유한 방식을 실시간으로 시각화할 기회를 얻었다. 그야말로 신경미학의 과학적 토대와 이론을 사상 최초로 전 세계 청중에게 선보인 것이다.

## 그저 존재하기 위한 공간

적어도 팬데믹 발발 이전에는 그래 왔는데, 매년 봄이면 연례 국제 디자인 박람회인 '살로네 델 모빌레'를 즐기러 170개국에서 40만여 명이 이탈리아 밀라노에 집결한다. 2019년에는 구글 하드웨어 디자인 그룹이 일반 대중이 신경미학의 개념을 체험해볼 수 있는 전시 부스를 만들었다. 아이비가 이끄는 하드웨어 설계팀은 색, 소재, 형태, 소리가 갖는 힘을 익히 알고 있었고, 행사에서 그 힘을 생생히 구현하고자 했다.

아이비의 팀은 구글의 첨단 기술 개발팀과 손잡고 프로젝트에 필요한 소프트웨어를 개발했고 우리는 전시의 기본 바탕이 될 신경미학 원리를 정립했다. 또 뉴욕에서 활동하는 건축가 수치 레디와 가구 디자인 회사 '무토'와 파트너십을 맺고 다양한 감각 환경에 대한 신체 반응을 시각화하는 몰입형 체험 장치 '그저 존재하는 공간A Space for Being'을 제작했다. 컬러사진 B를 참고하자. 오직 공간과 생리학적 상호작용을 관찰하기 위해 설계한 환경에서 기본 생리 활동을 보여주는 신체 지표인 생체 지표를 이렇게 대규모로 분석한 시도는 그때가 처음이었다.

수치 레디는 우리와 협력해 신경미학 원리를 적용한 세 개의 방을 디자인했다. '본질의 방' '활력의 방' '변모의 방'이라고 이름 붙인 이 방들은 가구, 그림, 색, 질감, 조명, 소리, 냄새 같은 각각의 고유한 감각적 특징을 디자인적 요소와 결합해 보여주었다. 수치는 "형식은 느낌을 따른다"는 말을 자주 하는데, 우리가 '그저 존재하는 공간'으로 연출하고자 한 게 바로 그것이었다.

전시장에 들어온 관람객들은 구글 하드웨어 개발팀이 심박, 호흡, 체온 변화 같은 생체 반응을 측정하기 위해 만든 손목 밴드를 하나씩 배부받았다. 뇌 스캔만큼 생생하지는 않지만 대신 훨씬 실용적이다. 관람객들은 들어가서 가만히 앉아 있거나 이것저것 만져보거나 구석구석 돌아다니면서 마음껏 세 방을 체험했다.

우리는 곧 관람객들이 세 방을 탐험하며 만족스러워한다는 걸 알아챘다. 사람들은 잡담이나 주의력을 앗아갈 거리에서 벗어나 공간과 시간을 선물받았다. 그곳은 호기심을 충족하고 감각의 경이로움으로 채울, 그저 '존재하는' 공간이었다.

관람을 마친 후에는 실시간 생체 피드백을 기반으로 각자가 가장 편하게 느낀 공간이 어디인지를 알려주는 시각 데이터를 제공받았다. 그런데 여기서 예상치 못한 결과가 나왔다. 많은 이가 자신의 생체 작용이 말해주는 바와 가장 편하게 느낀다고 생각한 방이 불일치한다는 사실에 놀란 것이다. 불일치의 이유는 눈이 번쩍 뜨이는 통찰을 제공한다. 바로 우리가 인지적으로 생각하는 것과 생물학적으로 느끼는 것이 항상 일치하지는 않는다는 것이다.

신경과학자들이 생각이 촉발하는 뇌의 신경 에너지를 영상 촬영으로 추적할 수 있게 된 지는 꽤 되었는데, 이 과정에서 누가 특정 단어를 반복해서 말하라고 시키는 등 모종의 자극을 가했을 때 전전두피질이 어떻게 뇌를 작동시켜 인지 과정과 반응을 유도하는지 매핑할 수 있었다. 이와 달리 감정은 뇌 깊숙이 자리한 변연계가 처리하며 우리가 항상 의식적으로 처리하지는 못한다. 때로는 전전두피질이 지금 일어나는 일을 맥락화하는 것보다 뇌의 운동 영역들이 더 빠르게 활성화된다. 멍청해 보이는 게 두려워서 뇌가 따라잡기 전에 냉큼 말부터 뱉게 되는 것도 그런 이유에서다.

어떤 경우에는 의식적 생각들이 생물학적 진실과 정확히 대립한다. 디자인 저널리스트 라브 메시나는 전시 체험 중 떠오른 의식적 생각들과 나중에 생체 데이터가 말해준 정보가 놀랍도록 불일치한 경험을 기사화했다. 메시나는 세련된 고급 디자인이라 생각한 첫 번째 방과 마지막 방에 매료된 반면, 화려한 색과 책으로 장식된 가운데 방은 한시바삐 벗어나고 싶었다. 그런데 기록된 바이오 피드백은 가운데 방에 있었을 때가 토를 달 여지 없이 가장 편안했음을 보여주었다. 그는 기사에 이렇게 썼다. "내 몸은 왜 비선호를 편안함과 등치시킨 걸까?"

메시나는 그것이 인종, 계급과 관련된 의식 깊이 자리한 감정들과 연관이 있다는 걸 깨달았다. "포스트식민주의가 버젓이 잔존하는" 라틴아메리카에서 나고 자란 메시나는 다인종 여성으로서 "짙은 색 피부를 가진 이들이 근사하게 꾸며진 특정 공간에서 쇼핑하거나 편히 앉아 쉬거나 음식을 먹는 것, 혹은 그저 존재하는 것조차 가로막는 보이지 않는 선"을 줄곧 느껴왔다고 고백했다. 우아하다고 여겨지는 공간은 "백인 엘리트들이 속한 곳"이기에 편히 느끼지 못하도록 조건화된 것이다. 디자인 저널리스트인 메시나는 그런 감정들을 묻어둔 채 의식적인 자신감으로 무장하고 하이 디자인의 세계에 뚜벅뚜벅 걸어 들어갔다. 그럼에도 몸은 자신이 가장 덜 고급스러운 디자인이라 여긴 방에서 차분함을 느꼈다. "내가 어디에 속하는지 스스로에게 거짓말할 수는 있어도 데이터는 거짓말을 하지 않았다."

'그저 존재하는 공간'은 전시 체험자들에게 우리 모두 자신이 무엇과 교류하고 무엇을 주변에 둘지 선택할 주체적 권한이 있다는 것, 또 그것이 건강 전반을 증진시킬 수 있다는 것을 일깨워주었다. 또 우리 둘에게는 풍부화한 환경이 인간에게 생리학적으로 얼마나 큰 영향을 미치는지, 또 과거 경험 중 얼마만큼이 오늘의 현실을 좌우하는지를 재확인시켜주었다.

이 교훈은 여러분도 각자 삶에 적용할 수 있다. 우선 자기 자신에게 주의를 기울이는 것이 출발점이다. 하루를 시작하면서 주변 풍경의 변화가 신체 감각에 어떤 식으로 미묘하게 영향을 주는지 관찰해보자. 어떤 방에 들어가면 기운이 나고 어떤 방에 들어가면 초조해지는지 같은 것 말이다. 자꾸만 다시 가보고픈 길목이나 건물이나 풍경이 있을 수도 있고, 반대로 극구 피하고픈 곳도 있을 것이다. 미학적 사고방식을 여러분의 세계에 적용해 무엇이 자신에게 영향을 주는지 호기심을 가지고 살펴보자. 구체적으로 좁혀봐도 좋다. 냄새일 수도, 색깔일 수도, 어쩌면 방의 형태일 수도 있다. 어떤 장소에서 특정한 느낌을 받는다면 메시나가 그랬던 것처럼 자신에게 물어보자. 그 환경의 미감이 나의 어떤 선입관이나 편견, 오래도록 고수한 믿음을 건드리는 걸까? 자신의 심미안이 감정을 어떻게 좌우하는지 잘 살피면 그동안 몰랐던 나의 많은 부분을 이해할 수 있다.

다음 장들에서는 예술과 미학이 어떤 식으로 정신적 행복을 뒷받침하는지, 또 어떤 식으로 건강과 학습력을 개선하며 잘 살아가는 역량과 공동체를 성장시키는지 알아보려 한다. 뒤에는 이번 장에서 소개한 핵심 개념들이 반복해서 등장할 예정이다. 헷갈릴 때는 다시 이 장을 들춰보며 명확히 이해하고 넘어가면 된다.

예술과 아름다움을 접한 뇌가 그것을 어떻게 받아들이고 변하는지를 설명하는 생물학적 기반을 다지는 데 지금껏 큰 진전이 있었다. 앞으로 밝혀낼 것이 많이 남아 있지만 남은 장에서는 이미 판을 바꾼 획기적인 연구들을 소개하고자 한다. 무엇보다 예술에 관한 이 새로운 과학이 우리가 사는 방식을 근본적으로 바꿔놓으리라는 걸 이해하게 될 것이다.

1장

# 감각으로 느끼는 예술

우리가 찾아 헤매는 건 살아 있다는
경험인 것 같다. 순전히 물리적인 차원에서
접하는 삶의 경험들이 우리의 가장
내밀한 부분과 현실에서 울림을 갖도록.
살아 있다는 희열을 실제로 느끼도록.

조지프 캠벨 | 작가, 교수

정신적으로 휴식이 필요한 순간을 대비해 사무실에 컬러링북 두어 권을 구비해두는 성공한 변호사 친구가 있다. 어느 대학 상담사는 힘들어하는 학생들에게 스트레스 해소용으로 도예를 해보라고 권한다. 뜨개질하기, 텃밭 가꾸기, 콜라주 만들기…. 흔들리지 않는 마음을 유지하고 스스로의 감정을 면밀히 들여다보기 위해 택할 수 있는 방법이다. 가방에 소리굽쇠를 넣어 다닐 수도 있다. 소리굽쇠가 내는 다장조 C음과 사장조 G음이 어우러진 소리가 공명하면서 스트레스로 곤두선 신경을 가라앉혀주기 때문이다.

누구나 사는 게 너무 버거운 순간, 불안과 번아웃에 짓눌리는 순간이 있다. 음식을 먹고 물을 마시고 잠을 자는 것 못지않게 스트레스를 해소하는 것은 무척 중요하다. 이때 예술과 아름다움을 어떻게 활용할지 알면 큰 변화를 불러올 수 있다. 예술을 신체의 생명 작용과 감정 상태를 변화시키고 정신적 행복을 증진하는 활동으로 생각해보자.

영양 상태를 개선하거나 운동량을 늘리거나 수면을 확보하기 위한 활동처럼 예술 활동이 규칙적인 일상으로 자리 잡으면 내면 세계의 부침을 헤쳐갈 본래의 도구를 해방시킨 것과 같다. 더 좋은 건 그 이로움을 누리기 위해 예술 창작에 뛰어날 필요도, 심지어 그럭저럭 잘할 필요도 없다는 것이다.

드렉셀대학교 특수연구사업부 부학장이자 창의적 미술 치료 프로그램 담당 부교수인 기리자 카이말은 예술 활동을 적게는 45분만 해도, 솜씨가 어느 정도이건 경험이 얼마나 많건 간에 스트레스 호르몬인 코르티솔 분비가 감소한다는 것을 연구로 확인했다. 예술 창작 행위 자체는 생리학적으로 차분히 가라앉히는 효과가 있다. 기리자는 이렇게 설명한다. "이 연구는 참여자가 진솔하게 자기 표현을 할 수 있도록 도와줄 미술 치료사가 동석한 상태에서 진행했습니다. 창작물에 대한 비판이나 기대는 일체 배제했고, 참여자들이 안전한 기분을 느끼면서 과정에 집중하도록 유도해 스트레스와 불안은 덜어주었습니다." 기리자는 누구든 가치 판단 없이 창작한다면 집에서도 얼마든지 간단한 재료로 해볼 수 있다고 다시금 강조했다.

예술은 개인이 겪는 정신 건강 문제에 효과적이고 다양한 치료를 제공할 뿐 아니라, 우리가 집단으로 품고 있는 시대적 정서에도 치료제가 되어준다. 한층 강화된 자기효능감, 적응 수단, 감정 조절 수단을 제공해 정신 상태가 개선되는 것이다. 또 스트레스 호르몬 반응을 낮추고 면역 기능을 강화하며 순환계 반응성을 높여 생리적 상태도 향상해준다. 하지만 이 정도는 시작에 불과하다.

지난 20년간 이루어진 수천 건의 연구가 내놓은 결과는 창작자로 참여하든 감상자로 참여하든 예술 활동이 정신 상태를 개선한다는 수많은 근거를 제시했다. 그 예로 데이지 팬코트의 연구를 들여다보자. 런던대학교 정신생물학 교수이자 전염병학 연구 교수인 팬코트는 예술이 건강에 미치는 영향을 줄곧 연구해왔는데, 2020년 영국에서 수만 명을 대상으로 진행한 연구로 아예 학계의 판도를 바꿔놓았다. 팬코트와 두 명의 연구자는 생활양식과 관련된 다중 변수를 적용한 정교한 통계법을 사용했고, 그 결과 예술 활동에 주 1회 이상 참여하거나 문화 이벤트에 연간 최소 1, 2회 이상 참여한 사람이 그러지 않은 사람보다 삶에 대한 만족도가 현저히 높음을 확인했다. 이는 사회경제적 수준을 막론하고 똑같았다. 예술 활동에 참여하는 사람은 정신적 괴로움을 덜 느끼고, 정신적으로 더 잘 기능하며, 삶의 질이 향상된 것으로 나타났다. 왜 그럴까?

많은 이가 자신이 생각하면서 감정도 느끼는 존재라 여기지만, 신경해부학자 질 테일러가 온당히 지적했듯 사실 우리는 생각하는 감정적 존재다. 외부적, 내부적 트리거에 대한 복잡한 신경화학 반응으로 나타나는 다양한 감정의 파도에 늘 휘둘리지 않는가. 물론 자신이 어떻게 느끼고 싶은지는 안다. 다른 이들과 연결되고, 흔들림 없고, 평온하고, 행복하고, 안전하기를 바랄 것이다. 우리는 긍정적이고, 마음이 열려 있고, 어떤 일이 닥치든 담담히 맞설 감정적 능력을 갖추고자 애쓴다. 세계보건기구WHO는 이런 바람을 잘 포착해 '정신 건강'을 정의했다. "개인이 자신의 능력을 정확히 알고, 삶의 보통 정도의 스트레스에 대처할 수 있으며, 생산적이고 보람차게 일하고, 자신이 속한 공동체에 기여할 수 있는 행복한 상태."

하지만 바라는 수준의 정신 건강을 항상 실현하거나 유지하지는 못한다. 우리만 그런 건 아니다. 세계적으로 대략 10억 명 정도가 정신 건강상의 문제로 힘들어한다. 우울증은 정신장애의 주된 원인으로 꼽힌다. 불안, 외로움, 독성 스트레스(견디기 힘들 만큼 지속적으로 가해져 정신적, 신체적 악영향을 미치는 스트레스—옮긴이)도 원인으로 떠오르고 있으며 이는 신체 건강에도 해를 미친다. 무려 한 세대에 걸친 청소년과 청년이 풍토병 수준의 정신적 고통을 겪고 있다.

정신 건강 통계가 도출되기 시작한 이래 처음으로 정신 질환이 신체 질병보다 빠른 속도로 증가하고 있다. 무단 장기 결석과 결근 증가, 이혼율 증가 등 가시적인 파급효과도 뒤따르고 있다. 여기에 더해 경종을 울릴 정도의 집단적 절망과 점점 커지는 무망無望감도 있다. 약물과 알코올 남용, 알코올에 의한 간 손상과 자살 등 '절망으로 인한 질병'으로 불리는 현상도 증가 추세다.

대부분은 정신 상태 때문에 주저앉는 순간을 겪는다. 아무 것도 이해되지 않는 나날이 있다. 그럴 때는 자욱한 안개 속에 갇힌 기분이다. 기진맥진하다. 쉽게 화가 나거나 괜히 속상해지기도 한다. 어떤 느낌인지 이야기하고 싶지 않고 어느새 남들과 단절된 채 지내게 되기도 한다. 어쩌면 친구와 사이가 틀어졌다든가 하는 속상한 사건 때문에 스트레스를 받아 불안감을 느끼기 시작한 순간을 정확히 짚을 수도 있을 것이다. 반대로 기분이 왜 안 좋아졌는지 당최 짚이는 게 없을 수도 있다. 마치 몸과 마음을 누군가에게 뺏긴 것 같다. 체중이 줄었다 늘었다 한다. 모든 게 너무 버겁다. 때로는 이런 느낌이 단단히 뿌리내려 어떻게 해도 벗어날 수 없을 것만 같다.

"나는 거대하고, 여러 세계를 품고 있다." 월트 휘트먼이 쓴 이 시구는 농담이 아니었다. 우리는 신체에서 일어나는 다양한 감정 반응을 감당하도록 진화했고, 그 덕분에 지금까지 생존할 수 있었다. 심리학자들 사이에서 인간이 정확히 몇 가지 감정을 느끼는지를 두고 논의가 오갔는데, 몇몇은 인간이 3만 4000가지에 달하는 서로 구별되는 감정을 느낀다고 주장했다.

흥미롭게도 우리가 겪는 무수히 많은 감정은 생리학적 요구로 조절된다. 미국의 심리학자 로버트 플루치크는 인간에게 기쁨, 슬픔, 수용, 혐오, 두려움, 노여움, 놀람, 기대라는 여덟 가지 근원적 감정이 있으며, 이 여덟 가지가 다시 수천 가지 다양한 감정으로 세분화된다고 보았다. 예를 들어 노여움은 미미한 짜증부터 격분까지 다양하게 감지되고, 그 사이사이에 또 뚜렷이 구별되는 세밀한 감정선들이 존재하는 것이다.

살면서 종종 부모님, 선생님, 직장 동료에게, 그리고 사회 전반에서 복합적이고 다면적인 자신을 외면하라는 가르침을 받곤 한다. 우리는 살아가며 감정이 피하거나 담아두거나 통제해야 하는 것이라 배운다. 하지만 이는 위장에게 음식을 소화하지 말라고 하는 것과 비슷하다. 심장이 박동하고 폐가 흡입한 공기에서 산소를 빨아들이듯, 감정은 어떻게든 우리 안에서 발생하게 되어 있다. 내면에서 일어나는 수만 가지 인간적 감정은 막을 수가 없다. 그건 생리학적으로 불가능하며 목표로 해서도 안 된다.

게다가 감정 자체는 문제가 아니다. 감정은 수천 년에 걸쳐 생존에 도움이 되도록 우리와 함께 진화해온 유용한 생물학적 정보 전달자다. 문제가 생기는 건 감정에 얽매일 때다. 그렇다면 목표는 감정이 덮쳤다 물러가는 과정이 좀 더 수월해지도록 조절하는 쪽으로 수정하는 것이 맞다. 정신적 온전함이란 감당하기 힘든 감정이 덮칠 때도 일상의 파도를 헤쳐나가는 내적 여력과 수완을 갖추는 걸 의미한다.

느낌과 감정을 이해하려는 욕심은 수많은 이론과 논쟁을 불러왔고, 덕분에 오늘날 그 주제에 대한 다수의 심리학적 견해가 존재한다. 감정적 행동에 대한 견해 차이는 상당 부분이 인간이건 동물이건 그 기저의 신경학적 토대를 연구하기 어렵다는 데 기인한다. 그래도 뇌를 시각화하는 신기술들이 점점 발전하고 정교해진 게 도움이 된 것은 사실이다.

예술이 어째서 감정적 웰니스를 이루는 효과적 도구인지 이해하려면 우선 감정과 느낌을 구분할 줄 알아야 한다. 서던캘리포니아대학교 신경과학과 교수인 안토니오와 해나 다마시오 부부는 오래도록 감정과 느낌의 신경생물학적 기반을 연구해왔고, 메리언

2장

다이아몬드처럼 환경 자극에 대한 반응으로 우리 몸 안에서 자동적인 생물학적 변화가 일어나는 기전을 밝혀냈다.

감정은 환경 자극, 내적 요구, 추동에 대한 반응이 가장 먼저 표출된 것이며 느낌은 신체가 경험하는 것에 대한 지각이다. 종종 감정과 그와 관련한 행동이 뇌와 몸에서 먼저 일어나고, 뒤이어 감정 상태에 대한 주관적 의식이 느낌을 반영한 채로 나타나거나 아예 나타나지 않기도 한다. 연구자들이 수십 년에 걸쳐 알아낸 사실은 신경생물학적 관점에서 인간이 세상과 교류할 때 신체와 뇌에서 다중의 체계가 함께 작동하며 인간의 생은 입력되는 데이터를 본능적, 무의식적, 그리고 의식적 수준에서 끊임없이 처리하는 작용이라는 것이다. 감정은 어떤 느낌을 의식적으로 알아채기에 앞서 발생하며, 그 감정 상태는 의식적 알아챔 바깥에 존재할 때가 많다.

느낌과 느낌을 발생시키는 메커니즘은 인간과 여타 동물들 간에 공통일지라도, 인간은 자기 관계적 세계와 대인 관계적 세계에서 더 수준 높은 추상적 표현을 뒷받침할 수 있을 만큼 훨씬 복잡한 대뇌피질을 가지고 있다. 그래서 외적 트리거에 대한 신체 반응, 즉 우리가 받는 느낌들의 의식적 지각이 더 섬세하고 미묘한 층위로 이루어지는 것이다.

저녁거리를 사러 슈퍼마켓에 갔다고 해보자. 이때 어릴 적 유행하던 노래가 스피커에서 흘러나오면 상품 진열대를 훑는 사이에 우리 내부에서는 다른 일이 벌어진다. 우선 뇌가 즉시 활성화되고 신체 곳곳으로 향하는 혈류가 증가한다. 곧 보상 체계가 반응하고 도파민을 비롯해 기분이 좋아지는 신경화학물질이 분비된다. 어느 순간 우리는 오렌지 진열대 옆에 우뚝 선 채로 중학교 때 단짝 친구를, 그 친구와 목이 터지도록 이 노래를 따라 부른 순간을 떠올리고 있음을 퍼뜩 깨닫는다. 얼굴에 미소가 슬며시 번지면서 포근하고 긍정적인 느낌이 들 것이다. 이때 느끼는 건 기쁨과 연관된 복잡한 감정, 바로 향수다. 그저 노래 한 곡이 기분을 확 바꿔놓은 것이다.

　살다 보면 감각에 영향을 주고 정신 상태를 바꿔놓는 경험을 끊임없이 하게 된다. 감각들은 제각각 떠들어대면서 세상에 대한 고유의 인상과 느낌을 형성한다. 그런데 예술은 본질적으로 다중의 체계를 동원하는 강렬한 감각 수용 활동이므로 감정을 처리하고, 느낌에 이름을 붙이고, 표출하고, 나아가 무의식에 접근하게 해주는 상호 연결적 신경 전달 경로들에 독특한 방식으로 접근할 수 있다.

　살면서 감정적 소용돌이를 만나는 건 불가피하기에 예술의 이런 측면은 매우 유용하며, 잘만 이용하면 기쁨이나 행복 같은 긍정적 감정을 극대화해 삶의 충족감도 얻을 수 있다. 그리고 예술은 일상의 내적, 외적 트리거에 대한 지각을 왜곡시키는 경향이 있는 스트레스를 해소하는 데도 도움이 된다.


## 소리로 스트레스 완화하기

1990년대 후반에 아이비는 미국의 장난감 제조사 마텔에서 상무로 재직하며 여아 장난감 디자인과 상품 개발 총괄 임무를 맡고 있었다. 어느 날 아이비와 회사 연구팀, 동료 직원들은 한데 모여 5세 아동들이 인형을 가지고 노는 모습을 관찰했다. 몇 달째 어떻게 장난감으로 아이들의 마음을 사로잡을까 고민해온 연구팀에게 진실이 밝혀질 순간이었다. 그런데 아이들의 반응은 잘 봐줘야 심드렁한 수준이었다. 아니, 아예 인형을 가지고 놀수록 흥미가 식는 게 보였다. 서성대던 한 동료는 긴장으로 더 굳어갔고 점점 스트레스가 쌓이는 게 역력했다.

지켜보던 아이비는 가방에서 소리굽쇠 두 개와 하키용 퍽을 꺼냈다. 장난감 회사에 다니니 가방에서 하키 퍽이 나와도 전혀 이상할 게 없었다. 동료는 아이비가 소리굽쇠 두 개로 두꺼운 고무 퍽을 두드려 깊은 울림을 내는 모습을 어리둥절한 얼굴로 쳐다보았다. 아이비는 굴하지 않고 계속해서 진동하는 소리굽쇠를 동료의 양쪽 귀 옆에 하나씩 가져다 댔다. 그러자 동료는 30초도 지나지 않아 긴 숨을 토해냈다. "와, 고마워요." 그가 말했다. "대단하다. 조금 전보다 훨씬 나아졌어요. 어떻게 한 거예요?"

아이비가 동료의 스트레스를 덜어주려고 사용한 방법은 소리 테라피의 일종이다. 스트레스는 느낌이나 감정이 아니고, 실제로는 감정에 대한 생리학적 반응이다. 스트레스 요인은 생리적인 것일 수도, 심리적인 것일 수도 있다. 호랑이를 예로 든다면 "호랑이다!"처럼 실재하는 것일 수도 있고, '저 그림자, 꼭 호랑이 같잖아!'처럼 상상한 것일 수도 있다. 스트레스는 실질적 위험에서 살아남게 도와주고자 진화한 영리한 생물물리학적 전략이지만 오작동하기 쉽다.

아이비의 동료는 새 장난감이 실패작이라는 생각에 강렬한 감정적 반응을 일으켰다. 그러다 보니 상상의 시나리오가 스트레스를 촉발했다. 이 한 건의 샘플 테스트가 어떤 결과를 불러올지 아직 모르는데도 부정적 결과를 가져오는 건 아닐까 우려한 것이다. 그것이 스트레스 요인이었고 거기에 신체가 반응했다.

스트레스의 첫 번째 단계는 '소스라친 놀람'이다. 동료의 신체는 위험한 일이 닥칠 거라는 두려운 감정을 감지했다. 신경생물학적으로 설명하자면 이 감정이 시상하부와 뇌하수체와 부신을 통해 자율신경계를 활성화했고, 몸에 싸우거나 도망치거나 얼어붙기 반응을 촉발했다. 곧 코르티솔과 아드레날린 같은 호르몬이 솟구쳤고 혈압과 더불어 심박이 올라갔다. 도망치기 같은 행동에 대비하고자 혈당도 치솟았을 터다. 하지만 그는 도망갈 수 없었기에 방에 그대로 있었고 불편감이 점점 심해졌다. 이 모든 건 눈 한 번 깜빡할 새에, 스스로가 반응하고 있음을 의식적으로 깨닫기도 전에 일어난 현상이다.

이 스트레스를 그대로 집에 가져가 주말 동안 묵혀두며 신속히 해소하지 않으면 두 번째 단계인 '적응'으로 넘어간다. 적응 단계에서는 신체가 스트레스 호르몬을 계속 분비해 장기전에 대비하고 이는 불면, 근육통, 소화불량, 심지어 알레르기나 약한 감기를 유발하기도 한다. 그러면 집중하는 게 어려워지고 참을성이 약해지거나 쉽게 짜증이 나게 된다. 반대로 신체가 스트레스 요인을 극복하고 항상성을 되찾을 수만 있다면 세 번째 단계인 '회복'은 매우 빠르게 이루어진다.

신체는 스트레스 요인이 실제적이건 상상 속에 존재하건 매우 영리하고 능숙하게 스트레스 반응을 겪어내기 때문에 이 세 단계를 빠르고 효율적으로 거쳐 빠져나올 수 있다. 스트레스는 일상 속 압력에 대한 자연스러운 반응이고, 그렇기에 정상적이다. 그러나 스트레스가 고조되고 오래 지속되면 건강에 해를 끼친다. 스트레스 상황에 갇혀버리면 신체는 자기 자원을 갉아먹고, 그러다 보면 피곤하고 소진된 느낌이 들며 때로는 우울해지기까지 한다.

이런 상황에서 벗어나기 위해 흡연, 음주, 폭식 같은 건강하지 않은 다른 회피 기제가 발생하기도 한다. 하지만 이는 전부 니코틴이나 알코올, 아니면 엔도르핀같이 기분 좋아지는 화학물질로, 그도 아니면 도파민, 세로토닌처럼 초콜릿을 먹을 때 분비되는 기분 좋아지는 신경호르몬으로 뇌의 화학적 상태를 바꿔 기분을 나아지게 하려는 무용한 발버둥이다. 단기적으로 스트레스를 해소할 수는 있지만 건강에 해로운 영향을 끼치니 말이다.

스트레스 반응 주기에서 빠져나오지 못한 채 갇히는 사람이 점점 늘고 있다. 미국에서 가장 최근에 발표된 스트레스 관련 보고에서는 미국 심리학회가 전 연령대에 영향을 끼치는 "엄청난 규모의 정신 건강 위기"를 알리며 경종을 울렸다. 가장 우려되는 연구 결과 중 하나는 젊은 세대에 일어나고 있는 현상이다. 보고에 따르면 13~17세를 일컫는 Z세대 10대 청소년과 18~23세를 일컫는 Z세대 성인은 지정학과 경제의 변동성, 기후변화의 위협, 전 세계를 덮친 전염병, 사회 체계의 폭력, 성 정체성, 인종주의까지 일반적이지 않은 삶의 불확실성을 마주하고 있으며 끊임없이 염려한 결과로 고조된 스트레스를 겪는다. 이미 그들 가운데 다수가 장기적 스트레스와 불안의 증후들을 호소하고 있다.

극단적 스트레스는 번아웃도 불러온다. 번아웃이란 만성적 스트레스에 대한 장기적 반응 후 나타나는 심리적 증후군으로, 번아웃이 오면 기진맥진해지고 만사에 관심이 없어지며 냉소적인 상태가 된다. 보통은 일과 연관 짓지만 양육, 돌봄, 심지어 봉사 활동 등 삶의 어떤 부분도 원인이 될 수 있다. 아프거나 노쇠한 가족을 보살피는 경우를 포함해 건강관리업계 종사자 수백만 명에게서 특히 극심하게 나타난다. 미국 은퇴자협회와 국립요양협회가 내놓은 2020년 보고서에 따르면 가족 돌봄을 맡은 사람은 단 5년 만에 정신적, 신체적 건강이 심각하게 악화한 것으로 드러났다. 코로나19의 여파가 파악되기도 전의 보고서다. WHO에 따르면 돌봄에 의존하는 사람으로 분류되는 인구는 무려 3억 4900만 명에 이른다.

소리가 스트레스 경감과 완화에 비교적 효과가 좋은 미학 경험 중 하나라는 이야기는 처음 들으면 다소 의아할 수 있다. 하지만 소리가 신체 내에서 어떤 작용을 하는지 알면 충분히 이해될 것이다. 소리를 듣는 건 세 요소가 있어야 가능하다. 바로 물체, 공기 중의 분자, 그리고 고막이다. 어떤 물체가 소리를 발생시키면 공기 분자들이 서로 부딪쳐 진동하면서 음파를 만든다. 초당 몇 회의 진동은 주파를 생성하고, 그렇게 만들어진 음파를 우리가 듣는 것이다. 인간은 20Hz 내지 2만Hz의 주파수를 포착할 수 있다. 예를 들어 공기가 밀리는 소리는 주파수가 너무 낮기 때문에 들을 수 없다. 그러니 손을 흔들어 인사할 때 아무 소리도 들리지 않는 것이다.

우리가 듣는 소리는 고막이 움직여 나는 것으로, 고막의 움직임은 내이內耳 속 액체를 움직이게 한다. 그래서 귀마개를 쓰거나

2장

그냥 귀를 꽉 막기만 해도 청음력이 떨어진다. 움직이는 공기 분자가 고막에 가닿을 수 없기 때문이다. 내이 속 액체는 세포의 미세모를 휘게 하고, 이는 다시 신경충격으로 전환되어 뇌까지 가닿는다. 이 신경충격은 강렬한 감정과 기억을 소환하는 신경망을 통해 뇌 구석구석으로 퍼지고 기분과 행동을 즉각적으로 변화시킨다.

소리 진동은 신체를 항상성 상태로 되돌려 싸우거나 도망치거나 얼어붙기 반응에서 빠져나오게 하는 힘이 있다. 소리굽쇠를 사용한 것도 말하자면 신체의 생리작용을 건드려 스트레스 주기를 단절시킨 것이다. 그래서 동료는 더 차분하고 마음이 열린 상태로 돌아와 해결 과제를 직시하고 신제품을 변형하거나 제고할 필요가 있다고 판단할 수 있었다.

아이비는 정신 건강을 위한 소리 치료 분야의 개척자 존 볼리외와 함께 일하면서 이 테크닉을 배웠다. 심리학자일 뿐만 아니라 음악가로도 교육받은 존은 40여 년 전 뉴욕벨뷰정신병원에서 중증 정신 질환자들을 돌보며 소리의 감정 상태 개선 효과를 처음으로 목격했다. 오늘날 그는 전통적인 상담 기법에 소리 치료를 결합해 고객들을 돕고 있다.

"사람들은 제게 찾아와 가슴 속 분노와 스트레스를 없애고 싶다고, 슬픔을 느끼고 싶지 않다고 호소하곤 했어요. 그럴 때마다 저는 이렇게 말했습니다. 살면서 감정 영역을 골고루 느끼지 않을 도리는 없고 스트레스도 항상 받을 거라고요. 그건 우리 모두가 똑같고, 그저 변화에 적응할 줄 알면 된다고요."

감정은 움직이는 에너지며 모든 감정은 각각의 주파를 띤다.

심리학에서는 이 주파를 '느낌의 정조'라고 한다. 그날 아이비가 소리굽쇠로 낸 C음과 G음은 지구의 핵이 내는 주파와 공명하는 소리로, 마음을 가라앉히는 진동이라 알려져 있다. 이 주파들은 음 간의 비율이나 간격이 보편적인 조화감을 자아내기에 전 세계에서 두루 짝지어 사용된다.

소리는 스트레스를 조절하는 훌륭한 도구다. 무의식에서 작동하며 항상성을 회복하려고 혼신의 노력을 다하지 않아도 된다는 점에서 그렇다. 소리의 주파는 무의식적 자각 아래의 층을 즉각 건드려 문자 그대로 우리 몸의 진동을 바꿔놓는다. 언뜻 이해가 안 될 수도 있는데, 이렇게 생각하면 쉽다. 세상은, 그리고 세상의 모든 것은 끊임없이 움직이는 진동이다. 물리학자인 니콜라 테슬라는 친구에게 이렇게 설명했다고 한다. "우주의 비밀을 알고 싶으면 모든 걸 에너지, 주파수, 진동의 개념으로 생각해보게." 알베르트 아인슈타인은 이를 물리학의 근본 명제로 응축했다. "$E=mc^2$. 모든 것은 에너지다."

아인슈타인의 방정식은 보편적 현실을 이야기한다. 세상 모든 게 에너지라는 것이다. 우리는 한순간도 정체해 있지 않다. 우리를 관통하는, 주위에 흐르는 에너지와 진동에 반응해 계속 변화하며 세포 수준에서 몸 구석구석에 전달되는 울림에 반응한다. 심장의 전기 자극을 측정하는 심전도 기록이나 뇌파의 에너지를 가시화해 보여주는 뇌파검사 기록을 보자. 우리는 측정 가능한 에너지다.

내담자를 치료하면서 존은 소리굽쇠, 드럼, 손으로 만든 현악기 등 다양한 도구가 내는 소리 에너지를 이용하지만, 그 소리가 음악이 되지 않도록 주의한다. "소리는 진동이고 주파예요. 음악도 그렇긴 하지만, 대신 체계적이고 인위적으로 구성된 소리예요. 형식에 따라 식별되고 분류되는 소리죠. 게다가 음악은 마트에서 듣고 향수에 젖는 현상 같은 자전적 연관 짓기 성향이 강해요."

이제 전 세계에서 사용되는 소리 치료 중 진동음향치료VAT는 신체적 통증과 정신적 고통 모두에 사용된다. VAT는 스피커에 내장된 장치를 이용해 가장 단순한 형태의 진동인 저주파 정현파를 발생시켜 신체에 쏜다. 미국식품의약국이 통증 완화, 혈류와 거동성 개선을 위한 치료법으로 승인했을 정도로 효과적이다.

핀란드에서 이루어진 한 연구는 만성 통증 환자의 스트레스 완화에 이용된 VAT 치료를 자세히 들여다보았다. 연구 보고에 따르면 스트레스가 고통 지각에 영향을 미치며, 그렇기에 신체적 불편감을 지속적으로 겪으면 통증에 대한 걱정과 두려움이 실제 통증의 강도를 높인다고 한다. 몸이 더 아플 뿐 아니라 스트레스 반응에 갇혀버려 불안과 우울까지 유발할 수 있다는 것이다. 그런데 이런 환자들이 VAT를 받은 후 비교적 몸이 편안해졌고 기분도 개선되었다. 신체 통증은 그대로 남아 있을지 모르나 통증을 감정적으로 받아들이는 방식이 바뀌었다. 감정적 회복탄력성이 더 강해진 것이다.

현재 소리 주파가 몸의 자연적인 산화질소 생성을 증가시킨다는 과학적 가설이 연구되고 있는데, 덕분에 소리가 스트레스를 완화하는 생물학적 메커니즘이 어느 정도 밝혀졌다. 1998년, 산화질소가 심혈관계에서 주요 신호 전달 분자로 작용한다는 것을 밝혀낸 세 연구자가 노벨생리학상을 수상했다. 이 분자는 세포 안에서 만들어지는데, 분자들이 분비되면 혈관이 확장되어 혈류가 원활해진다. 산화질소는 세포의 활력과 혈행을 증진하며 신체 긴장을 완화하는 작용도 한다. 소리굽쇠나 하다못해 콧노래로 발생하는 소리 주파도 세포 내 산화질소 분비를 유발한다는 것이 몇몇 소규모 연구에서 증명되었다.

그런가 하면 오늘날 비로소 한층 깊이 이해되고 있는 중요한 일화적이고 실질적인 경험도 있다. 소리는 인류 초기부터 기분을 개선하거나 바꾸는 데 이용되었다. 그 예로 호주 원주민 부족들은 수천 년간 치유 의식에서 디저리두(긴 피리처럼 생긴 호주 민속 목관악기—옮긴이)를 연주했다. 불교 수도승들도 수천 년간 집중도를 높이고 정신 상태를 바꾸는 데 티베탄 싱잉 볼을 사용해왔다.

다양한 크기의 철제 티베탄 싱잉 볼을 나무망치로 두드리면 종처럼 울려 퍼지는 소리가 나는데, 각기 다른 주파로 울리는 싱잉 볼이 불안, 피로, 스트레스를 덜어주며 집중력을 개선시킨다는 것을 오늘날 과학이 증명해준다. 티베탄 싱잉 볼을 이용한 명상이 정신 건강에 미치는 효과를 살펴본 한 연구에서 피험자들은 명상 한 세션을 마친 뒤 불안과 피로가 감소했고 심지어 화도 가라앉았다고 보고했으며, 실험이 끝날 무렵에는 더 행복해진 느낌마저 든다고 했다.

다양한 치료 환경에서 징, 타악기나 관악기, 티베탄 싱잉 볼, 수정 볼 같은 도구를 이용하는 소리 치료사가 부쩍 늘고 있다. 로라 인세라는 세계적으로 찾는 이가 가장 많은 소리 치료사다. 음악과 여러 민족에 전승된 고대 풍습을 결합한 치료법을 사용하는데,

로라는 이 치료법을 '메타 음악 치유'라 부른다. 많은 고객이 극심한 스트레스나 불안을 해결해달라고 찾아오면 로라는 "음악을 이용해 비언어적인 것들을 표면에 떠오르게 해서 그들이 미처 모르던 것을 깨닫게 유도한다."

로라는 디저리두나 피리, 북 같은 고대 악기가 언어로는 불가능한 방식으로 내면의 경험에 접근한다고 믿는다. 무의식에 깊이 몰입시키는 이 소리 치료에 고객이 보이는 반응은 다양하다. 어떤 이는 감정이 터지면서 곧바로 눈물을 보이고, 기억과 몸에 들러붙어 자신을 힘들게 한 경험을 끄집어내 쏟아놓는 이도 있으며, 생생하고 창의적인 환각을 경험하는 사람도 있다.

로라는 "인간의 몸은 오케스트라와 비슷해요"라고 부연한다. "몸의 모든 세포가 각자의 주파에 맞춰 진동하면서 다른 세포들과 합주하거든요. 그러다가 모든 구성 요소가 공존하는 조화의 순간이 오고, 어떤 때는 몇몇 요소가 곡조에서 벗어나기도 하죠. 불협화음과 무질서가 발생하는 겁니다. 정신의 건강은 온전한 상태, 즉 전체적인 행복에서 옵니다. 감정적인 신체를 생리학적이고 영적인 신체에서 떼어낼 수 없기 때문이죠."

로라는 이완하지 못해 잠 못 이루는 고객을 많이 만나 보았다. 그는 사람들이 각기 다른 욕구를 가지고 있으며 활력 경험도 저마다 다르다고 지적한다. 티베탄 싱잉 볼이 종종 긴장 완화 반응을 촉발하는 것처럼 소리가 때로 여러 사람에게서 비슷한 반응을 불러일으키기는 하지만, 앞 장에서도 얘기했듯 미학적 경험은 모두에게 똑같이 통하는 만능 치료제가 아니다. 로라는 이렇게 주장한다. "우리의 생체 활동, 개인사와 감정적 트라우마 같은 것들이 어떤 소리가 최선의 효과를 낼지를 결정합니다. 게다가 그 욕구들은 몸처럼 나날이 변합니다. 이런 내면의 감정과 변화를 의식하면 신체 작용이 필요할 때, 그 필요에 맞춰 조절을 더 잘할 수 있습니다."

로라는 고객의 필요에 맞춰 치료 방법을 조정한다. "예를 들어 어떤 사람에게는 티베탄 싱잉 볼이 몸과 마음을 차분히 가라앉혀 숙면을 취하게 해주지만, 억눌린 감정이나 분출되어야 할 정체된 기운을 그대로 가지고 있는 사람도 있거든요. 그런 사람에게는 북을 치면서 몸을 흔들어보라고 해요. 그 문제 때문에 잠을 못 자는 게 분명히 보이거든요."

소리는 우리가 받는 느낌에 지대한 영향을 미친다. 개가 짖는 소리, 자동차 도난 방지 경보음, 문이 쾅 닫히는 소리를 떠올려보자. 또 이번에는 아기의 웃음소리, 백사장에 부딪히는 파도, 나뭇가지를 흔드는 바람, 사랑하는 사람이 내 이름을 부르는 소리를 떠올려보자. 이처럼 소리가 온종일 기분과 감정에 말할 수 없이 큰 영향을 미친다는 것을 알면 기운을 북돋는 소리, 즐겁거나 차분하게 해주는 소리를 의도적으로 삶에 들일 수 있다.

이런저런 소리로 실험을 해봐도 좋다. 여러 가지 소리로 플레이리스트를 만들어 보는 것도 좋겠다. 아니면 소리굽쇠든 카추피리(사람 목소리를 변형하거나 증폭시켜 소리를 내는, 플라스틱이나 금속 재질의 짧은 관 모양 악기—옮긴이)든 북이든 자신과 공명하는 악기의 소리로 사방을 채워 정신을 건강하게 해주는 맞춤형 소리의 향연을 만들어도 좋다.

---

2장

각자가 지닌 독특한 소리 진동과 주파를 이해하는 데 도움이 되도록, 이 장의 첫 페이지에 우리의 목소리에서 딴 'DNA 음성 서명'을 실었다. 이 이미지(상단은 아이비, 하단은 수전의 음성)는 음향 물리학자 존 스튜어트 리드가 발명한 장치 '사이마스코프'로 만들었다. 물을 매개로 하는 이 장치를 이용해 우리의 음성을 아름다운 시각적 이미지로 변환한 것이다.

## 불안의 날을 뭉툭하게 하는 방법

불안은 누구나 경험하는 또 하나의 핵심적 인간 감정이다. 고조된 두려움이라 할 수 있고, 본질적으로 감정의 일종이며, 스트레스 반응을 촉발하는 원인이 된다. 신체의 긴장, 혈압 상승, 끊임없이 떠오르는 걱정 등이 불안의 속성이다. 불안은 자칫 병이 될 수 있고 심하면 어떤 생각이나 걱정이 반복적으로 불쑥 떠오르는 만성질환으로 발전한다.

만성 불안증은 강박장애부터 공황장애까지 다양한 형태로 발현되는데, 현재 가장 빠르게 퍼지고 있는 정신병적 문제는 범불안장애다. 지나친 걱정 때문에 일상에서 하나 이상의 영역에 영향을 받는 상태를 말한다. 종류를 막론하고 모든 불안은 한 가지 공통의 속성을 바탕으로 한다. 바로 인생의 모호성과 불확실성에 대한 두려움이다. 한의학에서 불안이 일으키는 내적 혼돈을 표현하는 아름다운 표현이 있다. 바로 '내면의 바람'이다. 우리가 원하는 건 산들바람인데, 종종 강풍이 휘몰아치니 말이다.

불안 해소에 도움이 되는 예술 활동은 매우 다양하며 진동을 이용해 기분을 개선하는 미학적 경험은 소리에만 국한되지 않는다. 색도 에너지이기에 소리와 마찬가지로 진동이며 생물학적, 생리학적 효과를 낸다. 인간의 눈은 약 1000만 가지 이상의 색을 구별할 수 있다. 이때 색상, 채도, 명도라는 세 가지 추가적인 속성이 뇌에서 색을 어떻게 처리하느냐에 영향을 준다. 또 시력이 있는 사람들을 대상으로 진행한 색 신경과학 초기 연구들을 보면 우리는 특정 색상을 선호하는 경향이 있다.

　　색을 지각하는 일은 후두엽에 자리한 시각 피질이 담당한다. 색은 우리에게 생물학적 영향을 준다. 예를 들어 땀샘이 반응하는 정도인 전기 피부 반응은 빨간색이 초록색이나 파란색보다 훨씬 강하게 일으키는 것으로 나타났다. 한 실험은 특정 피험자 집단을 다양한 색깔로 칠한 방에, 다른 집단을 회색으로 칠한 방에 나누어 넣었더니 회색 방에 들어가 있던 사람들이 심박이 오르고 불안감을 더 느꼈다고 보고했다. 색은 호흡과 혈압, 심지어 체온까지 변화시킬 수 있다. 그 예로 파란색은 생리적 반응을 가라앉히고 더 시원한 느낌이 들게 하는 경향이 있다.

　　하지만 색에 대한 반응은 어디에 사는지, 어디서 자랐는지, 그 색을 어떤 맥락에서 경험하는지에도 크게 좌우된다. 중국에서 붉은색은 행운과 부를 상징하지만 미국에서는 위험을 상징해서 경고나 멈춤의 의미로 해석된다. 그러니 중국인이 붉은색 방에 들어가면 운이 좋다고 느끼겠지만 미국 사람은 공격받거나 신경이 곤두선 느낌이 들 수 있다.

2장

색에 관해 평생 학습하는 것들도 우리의 경험을 바꿔놓고 지각에 영향을 준다. 수도꼭지를 떠올려보자. 빨강은 뜨거운 물, 파랑은 찬물을 의미한다. 2014년에 이루어진 굉장히 흥미로운 연구를 살펴보자. 연구진은 피험자들에게 빨간색이나 파란색 표면에 손을 얹고 그 표면이 따뜻하게 느껴지면 말하라고 했다. 그런데 신기하게도 참가자들은 빨간색 쪽을 더 오랫동안 시원하게 느꼈고, 그쪽을 파란색 쪽보다 0.5도 높게 조절한 후에야 따뜻함을 감지했다. 왜일까? 우리가 빨간 물체는 이미 따뜻할 거라고 기대하기에 온도를 더 높여야만 그 온기를 지각하는 것이다.

색채 치료는 가시적 색 스펙트럼이 기분을 개선한다는 이론에 기초해 이루어진다. 색은 각기 다른 주파와 진동으로 전달되므로 치료사는 어떤 색의 특정 속성을 이용해 몸 안의 에너지와 주파를 바꾼다. 보라색은 모든 색 중 파장이 가장 짧고 빨간색은 파장이 가장 길다. 한 연구는 색상을 적당히 조절한 파란색과 초록색 파장이 일터에서 사람들의 마음을 차분히 가라앉혀 스트레스를 완화하고 창의성을 배양한다고 결론 내렸다. 이 연구에서는 노란색이 주의력과 집중력을 강화한다는 결론도 나왔다. 한편 어떤 이들에게는 빨간색이 매우 자극적으로 느껴지기도 한다.

색칠하는 행위는 그 자체로 불안을 경감시킨다. 2015년에는 『스트레스를 완화하는 패턴Stress Relieving Patterns』이라는 제목의 컬러링북이 뉴욕타임스 베스트셀러가 되었다. 그해 1200만 종 이상의 컬러링북이 팔렸고, 구매자 중 다수는 스트레스와 불안을 덜고자 하는 성인이었다. 20분 정도 채색하는 단순한 행위가 불안과 스트레스를 덜어주고, 더 만족스럽고 차분한 기분이 들게 한다는 것이 실은 과학에 바탕을 두고 있다는 걸 사람들이 귀신같이 안 것이다.

어째서 이런 기초적인 활동이 스트레스를 덜어주는지 이해하고자, 최근 몇 년간 색칠하기에 대한 심도 있는 연구가 이루어졌다. 몇 가지 이유는 뻔하다. 색칠하기는 삶의 혼돈에 질서를 부여하는 체계적인 활동이다. 수행이 쉽고 장소에 구애받지 않는다. 색칠하기를 비롯한 창의적 활동의 정신적 면면을 연구한 뉴질랜드의 심리학자 탬린 코너는 이를 '소소한 창의성 발휘 행위'라 부른다. 대단한 예술로 쳐주지는 않지만 우울 증상과 불안을 덜어주는 소소한 활동이라는 뜻이다.

색칠하기가 외부 소음을 줄이고 집중을 가능하게 해주므로 뇌에서 명상과 비슷한 생리학적 반응을 일으킨다는 것이 다수의 연구에서 증명되었다. 한 연구는 그림 그리기와 색칠하기 활동 전후로 불안도를 측정했는데, 실험이 이루어지는 내내 피험자의 심박수, 호흡, 피부 전도성을 측정하는 방법을 사용했다. 그 결과 색칠을 하는 동안 모든 생리학적 불안 지표와 불안 지각이 낮아지는 것이 확인되었다. 이는 신경생물학적 관점에서도 말이 되는데, 색칠하기가 편도체 활동을 감소시키기 때문이다.

신경과학자들은 색칠할 때처럼 색을 가까이서 접할 때 뇌에서 어떤 현상이 일어나는지 더 잘 이해하기 위해 오랜 연구를 해왔다. 최근 연구에서는 뉴런이 신호를 발할 때 전기현상을 자기磁氣 센서로 감지하는 자기뇌파검사기MEG를 동원해 실험이 진행되었고,

일부 연구팀이 MEG로 특정 색을 처리하는 뇌 부위를 매핑하는 데 성공했다. 예를 들어 한 연구에서는 피험자들에게 색상을 조금씩 달리한 파란색, 갈색, 노란색을 보여줬는데, 연파랑이나 진파랑 같은 차가운 계열의 색을 보여줬을 때는 뇌가 아무런 변화를 보이지 않은 반면 노랑이나 갈색 같은 온색을 보여줬을 때는 비슷한 뇌 활동을 보였다. 이 결과는 서로 다른 색이 어떤 식으로 특정한 뇌파 활동을 유발하는지에 대한 단서를 준다.

이번에는 만다라에 대해, 그리고 불안에 따른 스트레스를 색칠하기와 그리기로 해소할 때 만다라가 하는 기능에 대해 이야기해 보려 한다. 칼 융이 문을 활짝 연 만다라, 시각적 심상과 상징에 관한 연구는 그간 많은 성과를 축적했다. 1938년, 스위스 출신의 이 정신분석학자는 인도 다르질링 외곽에 있는 한 티베트 불교 사원에 찾아가 그곳의 승려에게 당시 강렬히 매료되어 있던 주제에 관한 지혜를 구했다. 그 주제란 티베트인들이 '믹빠'라고 부르는 만다라('원圓'의 산스크리트어)였다. 만다라는 티베트 문화에서 성스러운 기하학 형태로 간주되는 둥근 모양을 뜻하는데, 고대부터 능동적인 시각화 명상법으로 영적 수행에 이용되었다.

만다라는 여러 문화에서 온전함, 곧 삼라만상 일체와 그 경계 안에 있는 자신을 상징한다. 융이 전하기를, 그 승려는 만다라가 무의식의 작용으로 완성되는 심상이라 했다고 한다. 승려는 만다라를 잘 활용하면 정신세계에 깊이 묻혀 있는 지혜를 끄집어내 감정적 평정 상태에 이를 수 있다고도 했다.

유럽으로 돌아온 융은 동양의 영적 수행에 관한 연구를 계속

했고, 만다라를 자신과 환자들의 무의식적 사고 패턴과 감정에 접근하는 도구로 사용한 실험을 진행했다. 그는 환자들에게 떠오르는 대로 패턴과 상징을 덧입혀가며 즉흥적으로 원을 채워보라고 했다. 융은 환자들이 이 단순한 활동을 하면서 모든 것이 만나는 구심점을 구축해 감정의 중심을 되찾는 데 도움을 받은 것 같다고 했다.

《아트 테라피》에 실린 한 연구는 융이 만다라 실험에서 발견한 것을 재확인해주었다. 20분간 만다라를 색칠했더니 빈 종이에 자유롭게 그림을 그렸을 때보다 눈에 띄게 불안 정도가 내려간 것이다. 연구진은 만다라가 마음을 차분히 가라앉히는 구조와 지시를 제공하는 동시에 적당히 복잡하기도 해서 불안하고 산만한 생각으로부터 주의를 돌리기 때문이라는 가설을 내놓았다.

이 미술 형식을 한 단계 발전시켜 자신만의 만다라를 창조하면 융이 알아낸 바처럼 무의식에 접근할 수 있다. 융은 이런 식으로 종이에 즉흥적으로 심상과 상징과 형태를 그리는 것이 그 사람의 정신세계에 대한 심오한 통찰을 안겨줄 수 있으며, 극심한 스트레스와 불안을 겪는 사람도 깊이 묻어둔 감정을 메타 의식(자신이 의식하는 것을 의식하는 것—옮긴이)으로, 그리고 이어서 그냥 의식으로 끌어내는 데 만다라가 특히 뛰어나다고 보았다.

융의 실험은 '마음챙김을 기반으로 한 미술 치료MBAT'의 한 예인데, 스트레스와 불안에 대한 적응 반응을 개선하기 위한 즉흥적 그리기도 MBAT에 해당한다. 즉흥적으로 그림을 그릴 때 떠오르는 심상들은 무의식의 언어로 감정 상태를 보여준다. 융은 이런 그림이 우리가 목소리를 내지 못할 때 대신 말을 해주며, 특히 불안과

2장

스트레스를 다룰 때 뇌에 저장된 신체 경험과 관련된 심상들을 끄집어내는 작업이 엄청난 효과를 낸다고 밝혔다.


## 보이는 것과 믿는 것

심리 치료사 재클린 서스먼은 자신이 '직관적 심상 치료'라 명명한 치료법의 핵심 도구로 미적 심상을 사용한다. 뉴욕에 기반을 두고 활동하는 재클린은 고도의 직무 수행 능력이 필요한 직업군에 종사하는 다양한 사람을 상담하는데, 내담자 중에는 종종 심신이 쇠약해질 정도의 반복적 스트레스와 불안을 겪는 이들도 있다.

그중 한 명인 40대의 건축가 아드리아나는 친밀한 관계에서 오래도록 자신을 괴롭혀온 문제들을 해결하고 싶어 했다. 아드리아나는 언어폭력을 퍼붓는 남성에게만 끌리는 듯했다. 그는 재클린에게 평소에 겪는 불안에 대해 털어놓으면서, 이 문제가 아무래도 자라온 환경에 기인하는 것 같다고 했다.

아드리아나가 자란 그리스의 작은 마을은 전통적 가치관 때문에 여성이 할 수 있는 일이 제한되는 곳이었다. 부모는 줄곧 매우 엄격했다. 남자 형제들은 얼른 여자 친구를 사귀라며 부추김을 받았지만 아드리아나는 절대 혼전 성관계를 해서는 안 된다는 설교를 들으며 자랐다. 결국 그는 아버지와 비슷한 남성과 결혼했다. 아드리아나는 재클린에게 속마음을 털어놓았다. "남편은 제 외모, 체형, 지능을 조롱하곤 했어요. 이제는 저만의 목소리를 내고 제 여성성과 관능을 발굴하고 싶어요."

상담 과정에서 재클린은 아드리아나에게 특정 심상을 떠올리게 유도하는 질문들을 던졌다. "우리는 평생 날마다 끊임없이 시각, 청각, 촉각, 감정의 홍수를 경험합니다. 뇌는 이런 일들을 수용하고 처리해서 개인적 의미를 띠는 풍성하고 생생한 심상의 형태로 저장해둡니다. 직관적 심상은 실제 삶에서 겪는 의미 있는 경험들에 반응해 즉각적으로 생성되는 세세한 시각적, 신체적, 감정적 스냅숏인데요. 우리 마음에 새겨진 실제 사건에 대한 구체적 각인이라는 점에서 기억이나 꿈, 유도된 시각화나 상징적 심상과는 다릅니다."

연구자들은 심상이 구체적 사건과 결과에 매여 있지 않다는 점에서 기억과 직관적 심상이 다르다고 보며, 지어낸 게 아니라는 점에서 상상의 산물도 아니라고 본다. 직관적 심상은 유년기에서 나온 것일 수도, 혹은 몇 시간 전의 사건에서 온 것일 수도 있다. 예를 들어 어릴 적 살던 집을 떠올려보라는 이야기를 들으면 각자 머릿속에 어떤 심상이 떠오를 것이다. 그런데 '별이 가득한 밤'을 떠올리라고 하면 어릴 때 갔던 캠핑을 떠올릴 수도 있고, 예전에 본 반고흐의 유명한 그림을 떠올릴 수도 있다. 직관적 심상은 특정 상황이나 일련의 사건을 회상한 게 아니라는 점에서 기억과 다르다. 그보다는 어떤 감정적 상태를 반영한 마음속 장면을 그려보는 것에 가깝다.

심상을 이용해 정신세계에 접근하는 방법의 역사는 20세기 초 부흥했던 정신요법까지 거슬러간다. 직관 요법은 1970년대에, 특히 심리학자 아크터 아센의 연구를 발판 삼아 비약적인 부흥을 맞았다. 아셴은 치료사가 내담자에게 특정 심상을 불러일으킬 법한 질문들을 던져 치료 도구로 이용할 직관적 심상을 유도하는 방법을 개발했다. 이때 치료사는 내담자 본인이 그 심상에 보이는 신체적, 감정적 반응을 이해하고 거기 담긴 의미를 해석하도록 돕는다.

직관적 심상은 세 가지 주 요소로 구성된다. 떠오르는 심상은 마음의 눈에 비친 장면이다. 신체 반응은 그 심상에 수반하는 신체적 혹은 감정적 감각으로 시각, 청각, 후각 같은 감각 정보를 포함한 모든 형태의 정보가 포함된다. 그리고 심상이 전달하는 의미는 그것이 머릿속에 그런 식으로 저장된 이유를 알려준다.

아셴은 미의 3요소 정의가 정립되기도 전에 사실상 이 개념을 사용하고 있었다. 바로 '우리가 심상을 처리하는 방식' '개인적 경험에 의거해 심상에 의미를 부여하는 방식' '그것이 우리가 세상을 보는 관점에 영향을 주는 방식'이다. 직관적 심상은 고도로 감각적이다. 애초에 감각 체계를 통해 들어왔고 뇌뿐 아니라 신체에도 기억을 저장해둔다. 그렇기에 우리는 어떤 심상을 떠올리라는 요청을 받으면 정확히 그 느낌을 시각화해줄 신체 경험에 접근해서 그 심상과 함께 저장해둔 생리학적 감각 정보를 꺼낼 수 있는 것이다.

어느 날 재클린은 상담 중 아드리아나에게 과거든 현재든 관능미로 감탄하게 만든 여성이 있는지 물었고, 그는 발표회에서 플라멩코를 춘 롤라라는 스페인 친구를 떠올렸다.

"발표회에서 춤추는 롤라의 심상을 떠올려보세요. 뭐가 보이죠?" 아드리아나가 눈을 감은 채 입가에 설핏 미소를 띠고 대답했다. "롤라가 춤에 완전히 몰입했어요. 생명력이 몸에 충만히 깃든 것 같아요. 춤을 얼마나 사랑하는지 알겠어요. 마음껏 여성스러움을 뽐내면서 여성성을 표출하고 있거든요." "롤라를 보면 어떤 느낌이 들어요?" "기쁨이 느껴져요. 저도 롤라처럼 되고 싶어요."

재클린이 심상에서 뽑아낸 질문을 몇 개 더 던진 끝에 아드리아나는 롤라의 여성성이 있는 그대로 표출된 것을 보며 자신이 기쁨을 느꼈다는 걸 깨달았다. 그날 상담이 끝날 때쯤 아드리아나는 마침내 자신의 관능성에 어떻게 접근하고 싶은지 분명히 말할 수 있게 되었다.

직관적 심상을 유도하는 재클린의 요법은 내담자들이 자기 몸에 줄곧 가둬둔 신체적 경험도 오롯이 느끼게 해준다. 그 심상들을 시각화하고 이해하면 불안을 완화하고 해묵은 감정 패턴을 바로잡아 더 권능감 있는 정체성을 정립하는 데 도움이 된다. 재클린은 이렇게 설명한다. "이 심상들은 복잡한 신경화학물질 반응을 촉발하기 때문에 표면에 떠오른 감정들을 해석하고 분석하면 그 밑에 숨어 있던 패턴과 트리거 요인이 드러날 수 있거든요. 자신의 심상 저장고를 잘 들여다보면 신경 회로를 재배선해 습관적이고 자동적인 마음의 반응을 해체할 수 있다는 이야기죠."

## 자연이 주는 정신적 영향력

미학이 예술을 통해 구현되는 건 맞지만, 앞서 이야기했듯 우리는 일상에서 늘 미학적 경험을 하고 있다. 방의 조명, 주위의 소리나 냄새 같은 것은 모두 피카소나 로스코 작품만큼 영향력 있는 미학이다. 색과 질감과 온도는 우리가 받아들이는 미적 감각 정보에 더해지는 날것의 재료다. 또 앞서 이야기한 궁극의 미적 경험인 자연도 있다.

자연은 부교감 신경계에 지대한 영향을 미친다. 부교감 신경계는 신체 에너지 보존 기능을 담당하는 자율신경계의 일부로, 휴식하고 소화하는 체계라고도 불린다. 식물, 초목, 물을 비롯한 다른 자연적 요소와 접촉하면 우리는 즉각 아드레날린 분비가 줄고 혈압과 심박수가 떨어진다. 오늘날에는 특히 숲이나 산속, 물가 같은 자연환경이 정신 건강에 어떤 영향을 미치는지에 대한 연구가 점점 활발해지고 있다.

《프론티어스 오브 사이콜로지》에 실린 2019년 연구는 자연이나 땅과 연결된 느낌이 드는 장소에 단 20분만 있어도 스트레스 호르몬인 코르티솔 분비가 눈에 띄게 감소한다는 사실을 증명했다. 오늘날 의료인들은 야외에서 보내는 시간이 생리 체계를 조절하는 데 눈에 띄는 효과를 낸다는 연구 결과들을 근거로 '자연'이라는 약처방을 내리고 있다. 시선을 자연으로 옮기기만 해도 신체 반응이 달라질 정도다. 스탠퍼드대학교 신경과학 교수 앤드루 휴버먼은 지평선이나 광활한 경치에 시선을 던지면 주변 환경을 바라보고 지각하는 관점이 변하게 되고, 뇌간에서 불안과 스트레스 반응을 완화하는 기제가 발동한다고 설명한다.

디자인계에 가장 널리 퍼진 개념 중 하나가 바로 자연에서 영감을 얻은 공간이다. 건축가들과 인테리어 디자이너들 사이에 흔히 도는 격언이 바로 '야외를 실내로 가져오라'다. 실내용 식물과 식물 그림 벽지부터 자연 경치가 내다보이는 창까지, 오래전부터 우리는 자연 요소를 실내에 들이려고 애써왔다.

생물학자 에드워드 O. 윌슨은 타계하기 전인 2021년에, 인간에게는 자연 혹은 다른 형태의 생명과 연결되고자 하는 타고난 진화적 욕구가 있으며 그 욕구는 우리가 밖에 나가 자연을 찾도록, 그리고 자연을 실내로 들여오도록 충동질한다고 했다. 저명한 건축가 프랭크 로이드 라이트도 이렇게 말한 적이 있다. "나는 설계에 필요한 영감을 얻으러 매일 자연으로 간다. 자연이 제 영역에 적용한 원칙들을 나도 건축에 적용하려 한다." 자연과 집이 만난 콘셉트로 '폭포수'라는 이름이 붙은 그의 대표적 건축물에 들어가 있으면 마음이 평온해지면서 감탄이 절로 나온다.

오늘날에는 새로운 종류의 설계가 부상하고 있다. 정확히는 신경미학 연구를 이용해 사회적 병폐를 다루고 인간을 보살피는 것을 목적으로 한 공간이다. 미국 덴버에서는 트라우마에 대한 이해를 기반으로 한 공공 주택 프로젝트가 몇 건 추진되었다. 그중 한 곳인 아로요 빌리지는 홈리스 보호소인 동시에 1인 가구와 다인 가족을 위한 저소득층 주택과 적정 가격 주택까지 제공하고 있다.

숍웍스 아키텍처 건축 사무소는 아로요 빌리지 내부를 설계했을 당시 향후 입주자들이 안전하고 안락한 기분을 느낄 수 있는 방향으로 실내와 조경 옵션을 정했다. 풍부한 자연 채광, 비교적 넓은 복도, 아파트 내부의 소음 차단 등은 전부 홈리스 생활, 학대, 인종차별 트라우마를 경험한 사람의 감각적 요구를 염두에 두고 설계된 부분이다.

2장

한편 상점, 미술관, 도서관, 주거용 집 설계를 비롯해 전 세계적으로 곡선을 이용한 안식용 공간을 만드는 추세도 눈에 띈다. 카타르 국립미술관의 나무판 4만 개로 조형한 아치형 천장과 무정형 내부 공간은 꼭 고치에 들어가 있는 느낌을 준다. 베이징에 본부를 둔 MAD 아키텍트는 눈 덮인 듯 하얀 콘크리트와 채광창을 설계에 넣은 도서관을 선보였는데, 거기 있으면 마치 백화한 해변의 조개 껍데기 안에 포근히 감싸인 느낌이 든다. 지난 몇 년간 이루어진 곡선에 대한 신경미학적 연구는 이런 둥근 형태에 대한 인간의 보편적 선호가 단지 문화적이나 개인적인 선호가 아닌, 감각 운동 체계에 추동된 생물학적 현상임을 밝혔다.

신경과학자 에드 코너는 존스홉킨스대학교의 잔빌크리거 마음과 뇌 연구소 소장이다. 뇌의 시각적 대상 처리에 관한 코너의 연구는 각 뉴런이 우리 눈에 보이는 3차원적 단편들의 표상을 어떻게 만드는지 밝혀냈다. 단편 지각과 연관된 이 뉴런들 대부분은 날카로운 돌기나 뾰족한 끝보다 넓은 표면의 만곡형에 더 반응한다. 에드는 뇌가 환경에서 중요한 물체, 특히 형태가 매끈한 곡선이 특징인 식물과 동물을 알아차리도록 진화했다는 이론을 제시했다. 이런 곡선에 대한 강조는 예술과 디자인에서 점점 더 많이 구현되고 있다.

더불어 너무 많은 공공의 장소가 불안과 불확실성의 공간으로 전락한 안타까운 현실을 상쇄하기 위해 새로 설계되는 야외 공간에도 이런 특징이 반영된 것을 볼 수 있다. 건축에 신경예술 원리를 적용하는 데 선봉에 선 조경 설계사들이 있는데, 이들은 정신적 행복을 위해 자연에서 영감을 얻은 경험을 공공장소에 재현하는 최신 트렌드를 이끌고 있다. 가령 나무숲이 폭발적으로 증가했다거나 일상적이고도 뜻밖의 장소에 조각상, 공원 벤치, 자연 산책로가 부활한 것을 보면 그렇다. 런던에 본부를 둔 헤더위크 스튜디오가 설계하여 2021년 뉴욕의 오래된 부두에 개장한 '리틀 아일랜드'가 그 놀라운 사례다. 컬러사진 D를 보면 이 공간을 조금이나마 엿볼 수 있다.

새로 생긴 이 공원은 공간의 기반을 이루는 132개의 튤립 모양 콘크리트 구조물이 허드슨강에서 솟아오른 것처럼 보인다. 흙과 잔디밭을 지탱하도록 설계된 각기 다른 모양의 튤립들이 강을 굽어보고 있고, 6만 6000개가 넘는 구근과 114그루의 나무가 심어져 있다. 350여 종의 꽃과 나무와 관목의 한복판에는 반원형 극장이 자리하고 있다.

작가 리처드 루브는 『자연에서 멀어진 아이들』에서 너무 많은 사람이, 특히 어린이들이 인간에게 절실한 자연에서 보내는 시간을 박탈당하고 있음을 강력히 환기했다. 리처드는 이렇게 썼다. "우리가 자연 세계와 맺은 관계가 얼마나 심하게 변했는지 섬찟할 정도다. … 신세대에게 자연은 현실보다 추상에 가깝다."

아이들은 학교 수업을 듣는 동안 자연에서의 시간을 거의 허락받지 못한다. 그런데 세상이 도시화되면서 자연적 환경의 생기를 발하는 야외 공간에 접근할 기회는 더욱 줄고 있다. 리처드는 자연으로부터 점점 동떨어지는 이 현상을 '자연 결핍 장애'라고 명명했다. "그러나 어린이들과 자연 세계 간의 결속이 끊어지고 있는 이 순간에도 자연과 우리의 정신적, 신체적, 영적 건강이 긍정적인 유대 관계를 맺고 있다는 연구 결과가 점점 쌓이고 있다."

리처드와 함께 그의 최신 업적과 연구에 관해 대화를 나누다 알게 된 건, 자연이 교육에서 받은 취급을 예술도 똑같이 받게 되었다는 데 우리 셋의 의견이 일치한다는 것이었다. 리처드가 말했다. "학교에서 미술 과목을 없앴을 무렵, 휴식 시간도 없어지고 아예 창문 없는 학교가 설계되고 있었어요. 어째서 아이들을 밖으로 더 내보내 자연에서 학습하는 데서 오는 그 모든 이득을, 그 모든 신경학적 혜택을 얻게 하지 않는 거죠?"

그렇지만 다행히 전 세계에서 긍정적인 움직임이 일고 있다. 자연이 예술과 만나는 공원과 공간이 부쩍 많이 생겨나고 있기 때문이다. 일본에서는 정신적 행복을 위해 자연에 둘러싸이는 것을 '신린요쿠', 즉 '삼림욕'이라고 한다. 2015년에 시작된 초기 연구들에 따르면 자연에 둘러싸이는 것이 불안을 누그러뜨리고 긍정적 인생관을 함양시켜준다고 한다. 한 연구팀은 다음과 같은 결론을 내렸다. "인간이 현대적 환경에 산 기간이 인류 역사의 0.01퍼센트에도 못 미치고, 나머지 99.99퍼센트는 야생에서 살았다는 점을 고려해보자. 그러면 일부 사람이 인간의 생리학적, 심리학적 기능이 탄생하고 자연적으로 뒷받침되던 곳으로 돌아가기를 열망하는 것도, 또 그런 장소에 끌리는 것도 놀랄 일은 아니다."

한국인들은 '멍 때리기'를 한다. '멍'이란 정신이 아득해진 상태를 일컫는 말이다. 한국인은 팬데믹 기간 동안 긴장 완화와 현실도피를 염두에 두고 설계된 자연 체험을 하며 적극적으로 멍 때리기를 했다. 구름을 뚫고, 혹은 구름 위에서 나는 경험을 하려고 돈을 내고 극장에 가서 힐링 콘텐츠이자 조종 시뮬레이션 영화인 〈비행〉을 관람한 이들도 있었다. 또 한가로운 숲에서 쉬며 가장 낮은 심박수에 도달하는 사람이 우승하는 멍 때리기 대회가 개최되기도 했다.

도무지 야외로 나갈 수 없을 때도 있다. 하지만 발상만 잘하면 야외를 매우 실감 나게 실내에 재현할 수 있다. 자연이 스며든 공간을 창조하는 데 누구보다 뛰어난 사람이 바로 건축가 타이 패로우다. 캐나다 토론토에서 사무소를 운영하는 타이는 신경예술을 적용한 설계를 활용해 삶을 윤택하게 하는 인공 환경을 잘 살리는 것으로 널리 인정받은 건축가이자, 그러한 설계 콘셉트의 가장 열렬한 옹호자다. 타이는 설계사들과 연구자들이 2002년에 창설한 '건축을 위한 신경과학 아카데미'의 일원이기도 하다. 이들의 목표는 더 나은 건조 환경(자연환경에 대비해 인위적으로 만든 환경—옮긴이)을 위해 신경과학과 인지과학의 최신 연구 결과를 적용하는 것이다.

타이는 우리가 더 건강해지고 환경과 더 화합하는, 이른바 그가 '슈퍼 비타민'이라 부르는 일곱 가지 건축 요소를 꼽았다. 자연광, 천연 재료, 자연의 형태를 따온 구조 등이 그것인데, 이 중 몇 가지는 자연에서 그대로 가져온 것이다. 타이는 자신의 프로젝트에 과학적 연구에서 나온 증거를 기반으로 한 설계를 적용한다. 실제로 자연에서 영감을 얻은 요소가 가미된 환경이 혈압과 심박을 낮추고 근육 긴장을 완화하는 등 여러 가지 효과가 있다는 사실이 과학으로 증명되었다. 자연적 요소를 효과적으로 결합한 환경이 불안을 덜고 감정적 회복탄력성과 행복감을 증진한다는 것도 밝혀졌다. 이는 곧 인간이 자연 요소에 둘러싸였을 때 더 잘 기능하도록 생물학적으로 설계되어 있다는 뜻이다.

　　병원 환경에 희망의 건축을 결합하면 어떤 모습일까? 매기 케직 젠크스가 1993년에 유방암이 재발한 걸 알았을 때 떠올린 의문이 바로 이것이다. 매기와 그의 남편 찰스 젠크스는 스코틀랜드 에든버러에 있는 모 병원의 창 없는 복도에서 비보를 전해 들었다. 작가이자 조경사이자 디자이너인 매기는 자기 같은 환자들과 그 가족들이 더 나은 공간에서 암 진단 소식을 듣고 충격을 소화할 수 있어야 한다고 생각했다. 충격적 소식을 들은 후 마음을 가다듬을 수 있게 프라이버시가 보장된 조용한 곳. 자연광, 식물, 예술에 둘러싸여 마음이 편안한 공간이어야 했다. 원한다면 온 가족이 편히 앉아 차를 한잔하며 앞으로 어떤 선택을 내릴지 의논할 수 있는, 건축물과 푸릇푸릇한 식물이 마음의 쓰림을 달래는 연고가 되어주는 곳이어야 했다. 매기는 종종 이렇게 말했다. "무엇보다 죽음의 공포 때문에 삶의 기쁨을 잃지 않는 게 중요해요."

　　그렇게 매기스 센터 1호가 1996년에 문을 열었고, 오늘날 영국에만 스무개가 넘는 매기스 센터가 있다. 앞서 언급한 리틀 아일랜드 공원을 설계한 헤더위크 스튜디오는 영국 요크셔주의 중부 도시인 리즈의 세인트제임스 대학병원 부지에 매기스 센터를 지어달라는 의뢰를 받았다. 이들이 당면한 어려움 중 하나는 환경적 제약이었다. 세인트제임스 대학병원은 녹지가 거의 없고 병동 건물만

다닥다닥 붙어 있는 식이었다. 그래서 이들은 녹지를 건물 안으로 들여오기로 했다. 수만 개의 꽃 구근과 화초를 심은 거대한 실내용 화분을 동원해 구역을 조성하자 환자와 가족이 한숨 돌릴 수 있는 사적이고 아늑한 공간이 마련되었다.

또 헤더위크 스튜디오는 자연 자체를 실내에 그대로 들여오는 것에 신경을 썼다. 지속 가능한 숲에서 채벌한 가문비나무를 조립해 지은 건물의 내부로 들어가면 높다란 나무 천장 덕에 실내 공간이 시원하게 트여 있어 둥글게 굽어 머리를 맞댄 나무들이 만든 아치 통로에 들어선 느낌이 든다. 고리버들로 짠 화분에 담긴 식물들은 쭉쭉 뻗어 늘어져 있고, 창밖으로는 정원이 내다보인다.

헤더위크 스튜디오의 임원이자 본부장인 리사 핀레이는 그들이 떠올린 리즈 매기스 센터란 "감정을 살피는 설계를 지향하는 인간의 본능과 건축물이 갖는 힘을 명확히 파악해 결합한 건물"이었다고 이야기했다. 리사네 팀은 리즈 매기스 센터를 위한 프로젝트 사전 자료를 보고 진심으로 감탄했다. "방금 암 진단을 받은 사람이 건물에 들어갈 때 어떤 기분일지 상상해보라고 했어요. 그 안에 막 들어선 사람에게 뭐가 필요할까? 진단 소식을 어떻게 단계별로 받아들일까? 어떤 기분이 들까? 리즈 매기스 센터는 진정한 희망의 건축이에요."

헤더위크 스튜디오의 창립자인 토머스 헤더위크는 센터가 준공되었을 때 이렇게 말했다. "리즈 매기스 센터는 저와 저희 팀에게 굉장히 특별한 프로젝트였습니다. 저희는 저희가 받는 느낌에 지대한 영향을 미치는 장소들을 더 친절하게, 대상을 더 배려해 설

2장

계할 방법이 있다고 믿거든요. 이건 의료 시설 설계에서 특히 중요한 지점인데, 간과될 때가 너무 많아요."

또 다른 주요 불안 유발 장소는 병원이다. 병원이란 몇 시간이고 하염없이 대기해야 하는 곳인데, 그러다 보면 스트레스가 하늘을 찌른다. 너무 큰 명운이 걸려 있는 것도 한몫한다. 그렇지만 기본적인 자연의 미감에 뿌리를 두고 의도적으로 공간을 창조하면 스트레스 증상을 어느 정도 완화할 수 있다.

2020년, 코로나19가 발발해 중태에 빠져 죽어가는 수만 명의 환자로 전 세계 병원이 마비되었을 때, 이 이론을 대규모로 테스트할 필요가 절실해졌다. 뉴욕의 마운트시나이 병원은 사용하지 않는 연구실 전부를 의료진의 재충전을 위한 가상현실 공간으로 바꾸었다. 데이터를 기반으로 디자인과 테크놀로지를 활용해 뇌와 신체의 연결성을 탐구하는 회사인 스튜디오 엘스웨어가 자연적인 환경과 스트레스 감소의 연관성에 대한 연구를 토대로 설계한 방이다.

마운트시나이 의료진은 가만히 있기만 해도 신체의 생리학적 작용이 변하도록 설계된 몰입형 다중감각 체험실에 들어갔다. 병원의 무균 환경을 유지하기 위해 실제 대신 들여놓은 인공 식물들이 고치 같은 공간을 채우고 있어서 마치 숲속에 들어온 듯한 느낌을 주었다. 테이블과 카운터 위에는 배터리로 작동하는 초들이 놓여 있었고 벽에는 캠핑용 모닥불이나 폭포 같은 다양한 자연 속 경관의 고해상도 이미지를 투사해놓았다.

여기에다 청각 경험을 강화하기 위해 스트레스 감소 효과가 있다는 특정 박자와 음색을 이용해 만든 곡들도 틀어놓았다. 그리고 아로마 테라피를 위해 숲속 흙과 풀 향, 바다 내음 등 자연의 냄새도 재현했다. 설계팀이 의료진에게 바이오 피드백 장치를 착용해 달라 요구하지는 않았지만, 그 대신 출구 조사에서 방에 15분 있다 나오는 것만으로도 큰 안도감과 고마운 마음을 느꼈다는 이야기를 들을 수 있었다. 이 연구는 자연에서 얻은 영감을 반영한 공간에 잠깐 머무르는 것만으로 스트레스 호르몬과 심박수가 떨어진다는, 아까 소개한 연구 결과와도 궤를 같이한다. 나중에 의료진은 푹 쉰 듯 개운하고 생각이 차분해진 느낌도 들었다고 말했다. 이렇듯 자연의 효험은 매우 강력해서 모의 상황으로 연상만 해도 생리적 메커니즘을 변화시킨다.

## 뇌를 흥분시키는 언어

1929년, 시인 T.S. 엘리엇은 단테의 『신곡』을 포함해 여러 편의 시를 분석했다. 독자가 자신처럼 주어진 언어에 능통하지 않을 때도 (이 경우 이탈리아어) 시의 언어가 어찌 그리 심금을 울릴 수 있는지 이해하고 싶었기 때문이다. 이 연구는 자신이 '시적 감정'이라 칭한 것을 이해하려는 노력의 일환이었고, 결국 그는 '진정한 시는 이해되기 전에 전달한다'고 결론지었다.

　　엘리엇이 제대로 짚었다. 시는 최소 4300년 전까지 거슬러 올라가는 가장 오래된 형태의 기록문학으로, 인류사에 남은 기록물들보다 훨씬 오래되었을 것으로 추정된다. 그 전까지 시란 세계 다양한 문명에서 발생한 구전 전통이었고 세대를 거듭해 전승되었다.

고대 그리스 때까지 거슬러 올라가면 시는 약으로도 처방되었다. 그리스인들은 다른 의료적 개입과 병행해 시를 처방했다. 시는 결혼식 같은 사적인 축하 자리부터 미국 대통령 취임식 같은 정치적, 시민적 행사까지 가장 중대한 기념의 순간에 빈번히 등장한다. 시는 하나의 예술 형태로서 인류의 시초부터 함께해왔다. 오늘날 언어는 슬램 포에트리(쓰기는 물론이고 경연, 청중 참여까지 퍼포먼스 요소를 가미한 시의 형태—옮긴이)와 스포큰 워드 포에트리(시 읽기를 낭송 퍼포먼스로 전환한 형태—옮긴이)를 비롯해 생동감 넘치는 퍼포먼스 아트 형태로 더욱 다채롭게 사용되고 있다.

최근 진행된 연구들 덕분에 이 오래된 언어 예술의 생물학적, 심리학적 효과가 재조명받고 있다. 대략 2015년부터 전 세계 연구자들이 fMRI나 다른 비침습 방식의 측정 기구를 이용해 시 언어가 뇌에 일으키는 효과를 밝혀내기 시작했다.

독일의 실험심리학자이자 실험심리학, 신경인지심리학 교수인 아르투어 M. 야콥스는 시의 신경학적 기반을 조사하기 위해 당시 사용되던 방법론과 연구 모델을 들여다보았다. 이 새로운 연구들이 밝혀낸 바는 뇌가 우리 내면과 주변 세계를 얼마나 정밀하게 구축하는지를 다른 어떤 문학 형식보다 시가 효과적으로 보여준다는 것이다. 왜냐하면 시가 생각과 언어, 음악과 심상을 명료하고 수용 가능한 방식으로 놀이, 쾌락, 감정과 통합하기 때문이다.

2017년, 독일 막스플랑크 연구소의 심리학자, 생물학자, 언어학자들이 이를 이해하고자 시의 생리학적 효과를 연구했다. 먼저 절정에 이른 감정 반응을 관찰하기 위해 오한이나 소름 같은 감정

고조와 생리학적 흥분 상태를 보여주는 신체 현상인 피부 변이도를 측정했다. 연구팀은 피험자들에게 한 번도 읽어본 적 없는 시 여러 편을 주고 마음에 드는 몇 편을 직접 고르게 했다. 결과는 이견의 여지가 없었다. 참가자 모두 오한을 느꼈고, 개중 40퍼센트는 실험 내내 진행된 비디오 모니터링에서 소름이 돋은 모습이 관찰되었다.

이어서 연구팀은 그런 감정 고조가 일어날 때 뇌에서 어떤 현상이 일어나는지 알아내기 위해 피험자들을 fMRI 기계로 촬영했다. 이번에는 시를 처음 읽는 순간의 효과를 확인하고자 연구팀이 시를 골랐다. 그러자 기본 보상계의 하부 피질 영역이 활성화되었다. 시를 읽으면 음악을 들을 때와 똑같은 뇌 영역이 활성화된다. 시읽기의 친숙한 리듬이 우리 안의 아주 오래된 어떤 것을 건드리는 것이다. 그러니 시는 단어의 나열이지만 언어를 초월한다고 할 수 있다. 연구팀은 이 일련의 연구가 정신생리학, 뇌 영상, 행동 분석 분야에 걸친 양적 자료를 제공하여 "시가 주요 보상과 관련된 뇌 영역을 활성화할 만큼 강력한 감정적 자극임을 종합적으로 증명하고 있다"고 기록했다.

뇌는 시의 운율과 각운에 반응하도록 설계되어 있어서 시를 읽거나 들으면 우뇌에 불이 켜진다. 깊은 공명을 자아내는 시는 의미 부여와 현실 해석을 담당하는 뇌 영역을 자극해 신경학적 수준에서 뇌를 활성화하며 인지적 단계에서 세상을 이해하고, 세상 속 자신의 위치를 파악하게 도와주기도 한다.

시는 감당하기 힘든 감정을 소화할 안전한 수단을 쥐여주기도 한다. 예를 들어 W.H. 오든이 친애하는 친구에게 바친 애절한 시

〈모든 시계를 멈추라 stop all the clocks 〉를 읽고 그의 마음을 헤아릴 수 있는 건 어째서이며, 슬픔에 빠졌을 때 이 시를 찾는 건 또 왜일까? 막스플랑크 연구팀은 이런 식으로 비통한 감정을 품을 수 있는 건 시가 강렬한 정서적 개입을 유도해 주의 집중 상태를 유지하고, 기억 저장성을 높이는 데 유독 효과적이기 때문이라 말했다. 그리고 무엇보다 이 모든 효과는 감상자에게 안전한 위치에서 일어나기 때문임을 덧붙였다. 감상자는 자신의 현실과 가상현실 간의 차이뿐만 아니라, 언제든 미적 자극에서 물러날 수 있다는 사실도 줄곧 의식하고 있다는 이야기다.

우리는 언제든지 책을 덮거나 낭독 재생을 중지하거나 시 낭송회장에서 나갈 수 있다. 필요할 때 적절한 방식으로 시를 이용할 수 있는 것이다. 운율과 각운은 신경전달물질 단계에서 감정을 극대화한다고 밝혀졌는데, 이는 시가 후방 대상피질과 내측두엽 같은, DMN이나 깊은 사색과 연관된 뇌 부위를 활성화하는 것과 관계가 있다.

시 읽기는 긴장도를 낮추고 자신을 객관화하는 데도 도움이 된다. 엑서터대학교에서 이루어진 시 연구에서 시를 읽자 휴식 상태와 관련된 뇌 영역이 활성화되는 것이 fMRI 영상으로 확인되었다. 뇌는 시를 산문과 다르게 처리한다. 운문을 읽다 보면 신경과학자들이 '오한 직전'이라고 칭하는 상태가 오는데, 차분한 감정이 서서히 최고조를 향해 가는 느낌을 말한다. 그러니까 안정이 되지 않거나 잠이 오지 않을 때 시를 몇 편 읽으면 이완되고 새로운 관점이나 통찰을 얻는 데 도움이 된다는 뜻이다.

시를 쓰고 읽는 일은 뇌가 새로운 서사로 주의를 옮겨 똑같은 부정적 생각이 반복되는 것을 막아 뇌의 신경가소성을 가동하는 작용도 한다. 시뿐만 아니라 다른 형태의 서술도 자아 성찰을 유도한다고 밝혀졌다. 인지심리학자 키스 홀리오크는 저서 『거미줄The Spider's Thread』에서 시가 유추와 개념 결합이라는 두 가지 심리학적 기제를 이용해 어떤 식으로 은유를 만드는지 자세히 설명했다.

플리처상 수상 시인 메리 올리버는 2015년에 인기 팟캐스트 〈온 빙On Being〉에 출연해 진행자 크리스타 티페트와 대담을 나누었다. 2019년에 세상을 뜬 올리버는 생전에 인터뷰를 거의 하지 않았지만, 이 자리에서는 오하이오에서 보낸 힘겨웠던 유년 시절을 언급하면서 틈만 나면 작은 공책과 연필 한 자루만 들고 자연으로 도망치곤 했다고 털어놓았다. 올리버는 이렇게 표현했다. "저는 시로 구원받았어요. 세상의 아름다움에도 구원받았고요. 시는 다른 경로로는 접근하기 힘든 우리 안의 야생적이고 보드라운 속살을 건드립니다." 올리버는 자연 세계의 상징과 은유로 생의 찬란한 경이로움을 포착하는 데 누구보다 뛰어났다. 그는 그날 방송에서 널리 사랑받은 시 「기러기Wild Geese」를 낭독했다.

적절한 언어는 우리가 세상과 맺는 관계를 근본적으로 변화시킨다는 이유로 티페트는 자신의 팟캐스트 채널에 종종 시인을 초대한다. 그는 이렇게 표현했다. "우리는 감정적 질곡을 건널 때, 인생이 앞으로 나아가려면 나를 먼저 관통해야 하는 것들을 마주할 때 치유로 안내하는 시의 중요성을 비로소 깨닫습니다. 그건 일종의 감각 경험이고 스스로를 다독이는 한 방법이죠. 어떻게 버티며

2장

살아야 할까? 어떻게 몇 번이고 정신을 다잡을까? 시는 몸을 분명히 의식하게 해줍니다. 생각으로 떠오른 것뿐 아니라 실제로 경험한 것들에도 우리를 단단히 붙들어 매주죠. 그렇게 우리는 온전한 한 사람이 되어갑니다."

## 나에게 딱 맞는 예술 처방

보스턴의 소아과 전문의 마이클 요그먼은 어린 환자들에게 예술과 놀이라는 새로운 종류의 처방을 내린다. 하버드 의대 소아의학과 임상 조교수이기도 한 요그만은 환자들에게 보호자나 친구와 함께 춤추기, 그림 그리기, 시늉 놀이 등 평소에 하던 재미난 활동을 하도록 처방한다. 그는 각 아동의 필요와 기호에 맞춰 처방을 내리고, 즐거운 행위를 하는 것이 얼마나 중요한지 강조한다. "아이들은 각기 다른 걸 필요로 해요. 발달단계와 감정 몰입 정도에 따라 선호하거나 싫어하는 게 다르거든요. 저희는 각 아이에게 즐거운 발견을 극대화하는 최선의 처방을 내리려고 노력합니다."

마이클이 목표로 삼은 건 환자들이 자신의 감정을 충분히 이해하고 처리해서 미래에 필요한 기술을 갖추고 스트레스, 외로움, 불안을 최대한 피하게 돕는 것이다. 아동 환자들이 부모, 친구와 안전하고 안정적인 관계를 구축하도록 조력하여 회복탄력성을 촉진하는 것도 하나의 목표다. 마이클이 처방하는 활동은 어린 환자들이 감정을 조절하는 데 도움이 되며, 아이들은 얼마 안 가 그런 활동을 일상에 자연스레 결합시킨다. 그리고 시간이 흐르면서 지식과 자신감을 얻고 스트레스로부터 자신을 보호하는 법을 배우게 된다.

이런 사회적 처방은 영국, 캐나다, 미국에서 이미 이루어지고 있다. 내과 의사, 심리 상담사, 사회복지사, 그 외 수많은 전문가가 스트레스에는 노래 교실을, 불안에는 미술관 방문과 콘서트 관람을, 번아웃에는 자연 속 산책을 처방한다. 예방과 의료를 동시에 제공하는 것이다. 사회적 처방은 예술을 일종의 몰입형 정밀 의료(환자마다 다른 유전체 정보, 환경 요인, 생활 습관 등을 분자 수준에서 종합적으로 분석해 최적의 치료법을 제공하는 의료 서비스—옮긴이)로 활용하여 대상 환자의 필요에 따라 문화 활동을 맞춤 제시한다. 그렇다고 꼭 시간이나 비용이 많이 들어야만 일상에 통합이 가능한 건 아니다.

모닝커피를 마시며 스마트폰 화면을 보는 대신 20분간 낙서 일기를 그리거나 나만의 만다라를 그려보면 어떨까? 신문의 단어들을 까맣게 칠해 발명 시를 짓거나, 레고 브릭으로 아무거나 만들어보거나, 클레이 지점토로 뭔가 새로운 것을 창조해봐도 좋다. 오래된 옷으로 추억 담요를 만들어도 좋다. 하루 중 아무 때나 하던 일을 멈추고 일상에 예술과 아름다움을 한 조각씩 더하기를 반복하면서 그 활동이 기분을 어떻게 변화시키는지 관찰해보자. 할 수 있는 활동은 무한정이고 결과는 즉각적이다.

여러 신기술 덕에 정신 건강을 위해 다양한 예술과 미학적 경험에 접근하는 것이 나날이 수월해지고 있다. 존 레전드를 비롯해 유명한 세계적 뮤지션들은 마음챙김 앱 '헤드스페이스'와 협력해 마음챙김 수련에 음악을 더하기도 했다. 웹 사이트 '웨이브패스

Wavepaths'는 최첨단 과학기술을 동원하여 경우에 따라서는 환각 요법(식물이나 합성 물질로 환각을 일으켜 우울증이나 PTSD 같은 정신 질환을 치료하는 요법—옮긴이)을 결합한 맞춤 음원을 치료 방편으로 제공한다.

UCLA의 신경심리학자 로버트 바일더는 국립예술기금 연구소와 연계해 획기적이고 조작도 쉬운 행복 측정 애플리케이션을 개발했다. 이 애플리케이션은 심리측정학으로 예술 활동의 효과를 실시간 측정할 수 있다. 현재 시범 단계에 있는 이 측정 시스템을 이용해 앞으로 전 세계 과학자들이 예술 활동의 이로움에 관한 표준화 데이터를 수집할 수 있을 것으로 보인다. 추후 대량의 데이터 세트가 구축되면 정신 건강과 행복을 한층 깊이 이해하고 관련 문제들에 대한 접근법을 더 정밀화할 수 있을 것으로 전망한다.

우주에는 무한한 에너지와 진동이 존재하며 예술이 행복을 다지는 데 도움이 될 방편도 무한하다. 예술 활동은 인생의 불확실성과 예측 불가능성을 극복하고 복잡한 감정과 느낌의 파도를 뛰어넘게 도와준다. 어째서 그런지를 신경예술 과학자들이 더 파고들고 있기에 향후 흥미로운 통찰을 더 얻을 수 있을 것이다. 자, 이제 연필, 펜, 붓, 소리굽쇠, 하모니카, 드럼, 털실, 아니면 화분용 흙 한 봉지와 식물을 준비해놓고 예술과 아름다움이 주는 혜택을 일상에 들여보자.

# 마음의 상처 회복하기

**자기 안의 침묵과 연결되는 법을 배우고
이 생의 모든 것에 목적이 있음을 알아야 한다.**

엘리자베스 퀴블러로스 | 정신의학자

아론 밀러는 10년 넘게 근무한 버지니아주 페어팩스 카운티 소방서에 응급 출동 요청이 들어온 어느 날을 아직도 기억한다. 타운 하우스에 불이 났다고 했다. 아론의 팀은 즉시 소방차에 올라타 사이렌을 울리며 마을을 가로질렀다. 아론은 곤경에 처했을 때 제일 먼저 와주었으면 하는 사람이다. 능력도 있지만 온정이 넘치고 친절해서 곁에 있는 것만으로 최악의 상황을 맞은 이에게 안정감을 주기 때문이다. 소방차가 무섭게 타오르는 건물 앞에 도착했을 때, 아론은 이곳에 와본 적 있다는 소름 끼치는 느낌이 들었다. 소방관이 되고 얼마 되지 않아 나간 출동 현장과 너무나 비슷했기 때문이다.

과거의 그날, 화재의 규모는 어마어마했다. 집주인이 산소 탱크를 달고 지냈는데, 작은 불씨가 그 탱크의 산소를 먹으면서 지옥의 불길로 번진 탓에 진압이 극도로 어려웠다. 휠체어에서 몸을 일으킬 수 없었던 집주인은 2층에 갇혀버렸고, 결국 구조대가 도착하기 한참 전에 사망했다. "거기서 목격한 것들을 머리에 차곡차곡 넣었어요. 그때는 제가 본 것들을 붙들고 있다는 걸 알아채지 못했죠."

몇 년 후 출동에 나선 아론은 지난 사건을 자기도 모르게 머릿속에서 재생하고 있었다. 맥박이 요동치면서 호흡이 가빠졌고, 손은 차갑게 식으면서 땀이 배어났다. 소근육 운동 기능의 통제력도 상실했다. 뇌가 그를 속이고 있었다. 그는 출동 당시를 묘사했다. "타운 하우스 2층에 남자가 갇혀 있다고 믿었어요. 제가 진실이라고 알고 있는 것에 비추면 전혀 말도 안 되는 생각이었는데, 오래전 목격한 이미지를 새로운 현장에 투사해서 그랬던 거예요." 몸이 과거의 비극적 화재를 본능 차원에서 재경험하면서 뇌가 아론을 과거로 데려간 것이다. 그는 혼란에 빠지고 공포에 질렸다.

얼마 후 아론은 공인된 표현예술 치료사이자 직설적이지만 마음은 너른 교육자 캐시 설리번을 만났다. 소방관 수백 명을 설득해 미술 치료 수업을 받게 할 정도로 끈질긴 캐시는 누구든 힘들 때 내 편이기를 바랄 법한 사람이다.

2017년, 캐시는 '벅'이라는 별명으로 불리는 전 행동보건관 윌리엄 베스트와 손잡고 '애쉬스투아트Ashes2Art'라는 비영리 단체를 공동 창립했다. 애쉬스투아트는 응급 현장 최초 출동자들과 그 가족들을 위해 마련된 미국 최초이자 유일한 창의적 예술 웰니스

3장

프로그램이다. 트라우마 치료를 염두에 둔 프로그램이라기보다는 자기 발견과 행복에 초점을 맞춘 실험적이고 열려 있는 창의적 예술 공간을 지향한다.

캐시는 낙서와 만다라 그리기부터 조각, 제철, 퓨즈드 글라스(여러 개의 유리 조각을 녹여 하나로 만드는 기법―옮긴이) 미술까지 온갖 형태의 활동을 동원해 다양한 예술 체험을 제공한다. 어느 날 그는 낙서에 흥미를 보이는 한 응급 구조대원에게 마커 세트를 선물하면서 일터에서 틈날 때마다 마음껏 낙서를 해보라고 했다.

이제 그 대원은 캐시에게 종종 자신의 작품을 보내곤 하는데, 힘든 구조 작업을 머릿속에서 소화하려고 그린 그림들이다. 그러면 긴장이 풀리고 집중도 더 잘 된다고 한다. 연구자들은 낙서, 색칠하기, 프리 드로잉 모두 전전두피질을 활성화한다는 사실을 기능적근적외선분광법fNIRS으로 알아냈다. 전전두피질은 집중을 돕고 감각 정보에서 의미를 찾게 도와주는 뇌 영역이다. 이 연구로 단순히 낙서하는 행위가 혈행을 촉진하고 쾌락과 보상의 느낌도 촉발한다는 사실이 밝혀졌다. 낙서를 하는 사람은 하지 않는 사람보다 더 분석적이고 정보를 더 효과적으로 저장하며 집중도 더 잘하는 것으로 드러났다.

아론은 곧바로 캐시의 수업에 푹 빠졌다. 그는 대학 때 그래픽 디자인 수업을 들었지만 소방관이 된 후 미술로 돈을 벌 것도 아니니 별 필요 없다고 생각해 그만둔 참이었다. 어느 날 오전, 버지니아에 위치한 그의 집에서 만난 우리에게 아론은 이렇게 이야기했다. "뇌에 항시 스위치가 켜져 있고, 소방 업무나 관련된 것들에 대해 끊임없이 생각해요." 아론이 키우는 오스트레일리안 셰퍼드 덱스터가 그의 발치에서 졸고 있었고 그의 등 뒤 벽에는 최근 주로 작업하는 빈티지 트럭 세밀화들이 걸려 있었다. 아론은 세밀화 작업을 할 때 엄청난 주의력과 집중이 필요하기에 일에서 오는 스트레스에서 벗어날 수 있다고 했다.

그는 출동했다가 실패할 때 얼마나 힘든지를 털어놓았다. 자신의 역할을 생명을 구하거나 잃거나 둘 중 하나, 문제를 해결하거나 그러지 못하거나 둘 중 하나로 생각할 때가 많은 듯했다. 모 아니면 도고 중간이 없다. "저는 이긴 것만 쳐주는 타입이거든요." 그런데 캐시의 미술 수업을 들으면서 그런 관점이 180도 달라졌다고 한다. "미술 작업을 할 때는 제가 '저가동 모드'라고 부르는 상태에 들어가요. 평소와 다른 뇌 영역이 작동하죠. 늘 팽팽 돌아가는 부위는 스위치가 꺼지고요. 스위치가 꺼지면 제 감정이나 다른 것들, 아니 그 어떤 것과도 더 수월하게 소통할 수 있어요. 대화하기 쉬운 상대가 되죠."

아론은 단지 그림 그리기로 두 아이에게 더 나은 아빠가, 아내에게는 더 나은 남편이 되었다고 했다. 신경화학적으로 보았을 때 그리는 행위는 더 관대하고 열린 태도를 유도하는 세로토닌과 엔도르핀을 분비하는 것으로 밝혀졌다. 시각예술 창작과 기분에 관한 더 심도 있는 연구에서는 그리는 행위가 뇌파 활동을 변화시키고, 전두엽 부위들의 혈행을 촉진해 심리적 회복탄력성에 긍정적 효과를 주는 것으로 드러났다.

아론은 그동안 마음 깊이 눌러둔 경험에 접근하고 이를 표출할 수 있게 되었다. 그림 그리기라는 단순한 행위가 빗장을 열어준 것이다. 그는 이제 예술 활동이 온전하고 행복한 사람, 마음이 건강한 사람이 되는 데 도움이 된다는 걸 안다.

## 트라우마에 따르는 문제

트라우마, 외상 후 스트레스 장애PTSD, 독성 스트레스. 이 용어들은 종종 비슷한 뜻으로 사용되지만 사실 의미가 다르다. 트라우마와 PTSD의 주요 차이점을 아는 것은 매우 중요하다. 트라우마적 사건은 시간을 바탕으로 한 개념이다. 자동차 사고를 당했다고 해보자. 이때 우리는 싸우거나 도망치거나 얼어붙기라는 정상적인 생리 주기를 겪는다. 그러다 시간이 지나면 몸이 스스로 조정해 항상성 상태로 돌아오고, 다시 일상으로 복귀하게 된다.

　　　그러나 PTSD가 생기면 계속 플래시백을 겪으며 트라우마적 사건을 마치 지금 이 순간 일어나고 있는 양 재경험하는 장기적 상태에 빠진다. 차를 탈 때마다 타이어 마찰음이 들리고, 타운 하우스 화재 현장에 나갔던 아론처럼 충돌을 온몸으로 다시 경험하는 것이다. 독성 스트레스와 만성 트라우마는 때로 굉장히 비슷해 보이고 또 그렇게 느껴질 수 있지만 그 둘은 생리학적으로 엄연히 다르다. 독성 스트레스는 자율신경계의 과민성 반응이나 과다 자극 반응으로 발생하지만, 트라우마는 뇌에 저장된 채 자꾸만 되살게 만드는 사건 기억과 관련이 있다. 스트레스 반응을 유발하는 상황에 재차 처해서 몸이 회복할 틈이 없으면 독성 스트레스가 생긴다. 만성적 방치, 경제적 어려움, 취업 준비 상태, 식량에 대한 불안 등이 독성 스트레스를 부르는 상황의 예다.

레스마 메나켐은 무엇이 트라우마에 해당하고 무엇이 해당하지 않는지, 트라우마가 몸에 어떤 현상을 유발하는지 성인이 된 이래 평생 연구한 신체 요법 치료사다. 신체 요법은 신체적 테크닉을 이용해 우리 안에 정체된 감정과 경험을 움직이게 유도하는 신체 중심의 심리 요법이다. 대화 요법이나 인지 요법에 국한되는 대신 신체 요법은 우리 몸이 트라우마를 붙잡고 있을 수 있으며, 그렇기에 몸이 회복에 주요 수단이 될 수 있음을 인정한다. 레스마는 이렇게 설명했다. "나쁜 일은 누구에게나 일어나지만 꼭 트라우마가 되는 건 아닙니다. 그런데 트라우마가 생기면 우리 안의 무언가가 닫혀버리죠."

그는 이어서 덧붙였다. "트라우마는 두 가지 요소로 구체화됩니다. 첫째는 헤어나지 못하는 것이고 둘째는 그와 동시에 위급함을 느끼는 것입니다. 뭐든 너무 버거운 일이 너무 빠르게, 너무 이르게, 혹은 너무 장기간, 복구될 틈도 없이 일어나면 트라우마가 됩니다."

트라우마는 받아들이기 힘든 사건이 아니다. 그보다는 뇌와 신체에 어떤 사건이 남긴 흔적이라고 하는 게 정확하다. 조절할 수 없는 강렬한 감정 반응을 보일 때 나타나는 현상인 것이다. 그리고 그것은 어떤 형태로든 나타날 수 있다. 우리는 트라우마가 전쟁이나 학대처럼 참혹한 일을 겪은 후에만 일어난다고 생각하는 경향이 있지만 실제로는 어떤 방식으로든 모두에게 생길 수 있다. 별거 아닌 것 같은 순간, 예를 들면 친구와의 말다툼 같은 상황이라도 몸은

3장

그 사건을 붙들고 있을 수 있다.

"많은 사람이 생각하는 것과 달리 트라우마는 감정적 반응이 주된 요소가 아닙니다. 더 심한, 혹은 추후의 잠재적 피해를 막거나 회피하기 위해 신체가 동원하는 즉흥적 보호 기제죠. 트라우마는 결점도 취약점도 아니며, 안전과 생존을 보장하는 매우 효과적인 도구입니다. 다만 트라우마는 몸에 고착되며 어떻게든 처치하기 전까지 그대로 들러붙어 있죠."

전쟁에서 돌아온 귀환병에게 만연한 증상들을 연구하기 시작한 것은 1980년대에 들어서였다. 이 연구는 왜 어떤 사람은 PTSD가 생기는데 어떤 사람은 그렇지 않은가에 초점을 맞추었다. 트라우마적 경험을 머릿속에서 재생하는 병사들의 뇌를 스캔하면 사건이 꼭 지금 일어나고 있는 것처럼 신체적으로 반응하는 것이 보인다. 이런 종류의 외상 후 후유증은 그 사람을 과거의 특정 순간에 가두어 현재를 강탈하고 과거에서 벗어나지 못하게 한다. 실제 사건은 시작과 중간과 끝이 있을 터인데, 사건에 관한 기억과 신체 반응은 그렇지 않다. 결말이 없는 것이다.

정신과 전문의 베셀 반 데어 콜크는 엄청난 반향을 불러온 그의 저서 『몸은 기억한다』에서 이렇게 설명한다. "'저 바깥에서' 시작된 트라우마가 이제는 자기 몸이라는 전장에서 재생되고 있는 셈이다. 보통은 당시 일어난 일과 지금 내 안에서 일어나고 있는 현상을 의식적으로 연결 짓지도 못한 채 그렇게 된다." 그러면 더는 항상성이나 신체적 균형을 회복하기 위해 자연적인 스트레스 반응 주기를 거치지도 못하게 된다.

이런 상황에서는 신체의 생리적 작용을 조절하기도 어렵다. 무더위가 한창인 한여름에 갑자기 건물의 창과 문이 전부 활짝 열린다고 생각해보자. 밀려드는 뜨겁고 습한 공기에 실내 온도를 조절하려 헛되이 애쓰느라 에어컨이 미친듯이 돌기 시작할 것이다. 트라우마가 덮쳤을 때 우리 몸이 딱 그런 상태다.

1장에서 설명한 변연계에는 아론의 소방서에 설치되어 있는 경보기와 크게 다르지 않은 내장 경보기가 있다. 강렬한 감각이 입력되거나 감정이 감지되면 이 장치가 활성화된다. 특히 그중에서도 어떤 대상을 위협으로 인식할 때 즉각 행동에 나서는 기관인 편도체가 활성화된다. 길을 건너던 도중에 갑자기 차가 달려든 상황을 상상해보자. 이때 편도체는 경보를 울려 스트레스 호르몬 시스템과 자율신경계를 최대치로 가동했을 것이다. 그러면 코르티솔과 아드레날린이 한껏 분비되고 심박수와 호흡수가 올라간다. 온몸이 스트레스 반응을 보이면서 싸우거나 도망치거나 얼어붙기 상태를 촉발했을 것이다. 빠른 속도로 다가오는 차를 피해 옆으로 휙 몸을 날렸을 수도 있다. 이건 도망치기 반응이다. 어쩌면 자동차 헤드라이트에 비친 사슴처럼 꼼짝 못 하고 서 있었을 수도 있다. 그랬다면 얼어붙기 반응을 보인 것이다.

레스마는 이렇게 설명한다. "트라우마적 경험의 순간에는 어마어마한 양의 에너지가 생성되고 가둬집니다. 이 에너지는 신진대사로 연소되어야 해요. 우리를 자유롭게 하는 데 연료로 사용될 에너지거든요. 생존하는 데 필요한 에너지요."

아론과 소방대원 동료들은 각자의 스트레스 반응이 정상적

3장

으로 작동해야 응급 상황에 민첩하게 행동할 수 있다. 아론은 이렇게 말했다. "출동 요청에 응하는 순간 아드레날린이 솟고 신경이 집중되고 에너지가 솟구쳐줘야 합니다." 그러나 자극원들이 과해지면, 즉 감정적 한계를 넘으면 트라우마적 사건이 된다. "모의 훈련에서 정신을 놓는 경우를 많이 봤어요. 실제 화재가 발생한 것도 아니고 위험도 없는데, 회상 지각이 발동돼서 정상적으로 기능을 못 하게 되는 거예요. 게다가 그 잠재적 회상은 여차하면 발동하려고 늘 도사리고 있죠." 트라우마가 생기면 생존 기제가 행복에 반하는 쪽으로 작동하고 마는 것이다.

레스마는 트라우마를 설명하기 위해 머리글자만 딴 'HIPP'이라는 용어를 만들었다. "트라우마는 역사적historical 성격을 띨 수 있고, 세대를 거쳐intergenerational 전해질 수 있으며, 끈질기고 제도적으로persistent and institutional 일어나기도 하고, 개인적personal인 성격을 띠기도 합니다." 트라우마는 언제, 어디서, 어떤 방식으로든 일어날 수 있으며 종류도 여러 가지다. 집단 트라우마는 한 무리가 다 같이 트라우마적 사건을 겪을 때 생긴다. 세대 간 트라우마는 한 가족 내에서 다음 세대로 이어지거나 후성유전(DNA 염기 서열 변화 없이 나타나는 유전자 기능 변화가 유전되는 것—옮긴이)으로 대물림된다. 급성 트라우마는 단일 사건으로 발생하며 만성 트라우마는 반복적이고 지속적인 것이 특징이다.

어떤 종류의 트라우마건, 어디서 어떻게 촉발되었건 레스마는 예술이 치유에 엄청난 역할을 한다고 말한다. "트라우마는 우리가 기쁨, 감동, 경이로움을 추구하면서 품는 핵심적 감정들과 욕구들을 가로막습니다. 그리고 우리를 서로에게서도 단절시키죠. 그런데 예술은 이러한 인적 자원들을 총동원해 비로소 치유가 시작되게합니다."

레스마도 캐시처럼 예술과 미학적 기법을 신체 요법에 결합한다. 이 이야기는 이번 장의 뒷부분에서 자세히 다룰 예정이다. 그는 이렇게 설명한다. "예술은 속도를 늦추고 이것저것 시도하거나탐구하도록 이끌거든요. 예술은 트라우마의 경직된 경계들을 조금씩 밀어내 무너뜨리는 부드러운 수단이 될 수 있습니다. 우리를 무장해제시키고 방어 기제를 비집고 들어오죠."

예술이 만성적이고 트라우마적인 스트레스에 효과적인 약으로 작용하는 이유 중 하나는 명상과 유사한 상태를 유도해 신체의 생리 작용을 조절하게 해주기 때문이다. 흔히 명상이라고 하면차분하고 이완된 마음 상태에 이르기 위해 요가 매트에 앉아서 하는 고요한 수행을 떠올린다. 그러나 불교 명상법을 책으로 펴내고가르치는 샤론 샐즈버그는 예술을 적극적으로 창작하고 감상하는것이 가장 명상적인 행위 중 하나라고 이야기한다.

샤론은 1970년에 잭 콘필드, 조지프 골드스타인과 함께 매사추세츠 베리에서 통찰명상협회를 공동 창립한 이래 수십 년간 전세계 수많은 이에게 자신의 정신, 신체, 영과 연결되는 법을 가르쳤다. 샤론은 이렇게 설명했다. "저희는 마음챙김이란 우리가 진정으로 연결되어 있되 무슨 일이 일어나는지 알아채도록 의식에 약간의여유가 있는 상태를 의미하며, 바로 그 여유에서 수많은 가능성이생겨난다고 이야기합니다."

3장

'들어가며'에서도 이야기했지만 미학적 사고방식을 갖춘다는 건 곧 자기 삶에 매 순간 존재함을 뜻한다. 살아 있는 느낌, 현실에 발붙인 느낌, 연결된 느낌이 들게 하는 모든 것을 고스란히 느끼고 감지하는 것이다. 명상 상태에 이르기 위해 예술 활동을 하면 판단과 개인적 비판을 담당하는 전전두엽 부위들이 잠잠해지고, 좀더 관대하고 조망하는 관점을 취할 수 있다.

## 심연의 상자를 여는 그림 그리기

주디 투월레츠티와 같은 예술가가 아론 같은 소방대원과 무슨 공통점이 있을까 싶겠지만 분명 공통점이 있다. 짙은 색 눈을 부드럽게 감싸도록 희끗희끗한 머리를 짧게 다듬은 80대 초반의 주디가 얇은 철테 안경 너머 따뜻한 눈으로 우리를 맞이했다. 동정심 넘치고 상대에게 온전히 집중할 줄 아는 그를 만나면 마주 앉아 찻잔을 기울이며 몇 시간이고 대화하고 싶어진다. 뉴멕시코에 있는 주디의 환한 작업실에 몇 차례 방문한 우리는 실제로 그랬다. 거기서 그림, 캔버스, 점토, 그 외 다양한 재료에 둘러싸이면 즉시 마음이 편안해지고 기운이 솟는다.

주기적으로 불길에 휩싸인 건물에 뛰어들지는 않지만 주디의 인생도 트라우마적 경험으로 점철되어 있다. 태어나 보니 자신을 둘러싼 세계가 혼돈 그 자체였기 때문이다. 주디의 표현을 빌리자면 그의 부모는 끊임없는 위기 속에 허우적대는 '광적인 공산주의자'였다. 그들의 삶은 당 강령, 분노, 그리고 의식하지 못한 두려움이 만든 혼돈이었다. 이주 유대인이었던 주디의 조부모가 대물림한 세대 간 트라우마는 주디의 아버지에게서 폭력적 기질과 심각한 정신 질환으로 발현되었다. 아버지가 뱉는 말들은 칼이 되어 주디의 마음에 쓰라린 긁힘과 깊은 자상을 남겼다. 그 칼들이 언제 날아들지 전혀 예측할 수 없었다. 경계 따위는 존재하지 않았다. 연구자들은 세대 간 트라우마, 그러니까 심한 트라우마를 입은 이들과 PTSD에 걸릴 위험에 훨씬 많이 노출된 그들 자녀 간의 연결 고리라는 비극적 현실을 조금씩 밝혀가고 있다.

주디는 많은 이가 하는 방식대로 살아남았다. 감당하기 어려운 경험과 감정을 상자에 꽉꽉 담아두고 그냥 살아간 것이다. 대신 학교에서, 그리고 경제적으로는 어려우나 문화적으로는 다채로운 공동체에서 안전을 찾은 주디는 뛰어난 학생이자 훌륭한 리더가 되었다. 버클리대학교와 하버드대학교에 진학해 영문학을 공부하고 교육학 석사도 땄다. 나중에는 독학으로 미술도 공부했다.

하지만 1984년 무렵에는 삶이 무너지고 있었다. 감정적으로 소진된 주디는 자신이 부서졌다고 느꼈다. 길고 험난한 결혼 생활을 버티면서 아이 넷을 키우고, 예술 활동을 하고, 교사 일까지 해온 터였다. 남편은 주디의 아버지처럼 양극성장애가 있었다. 와중에 유년기 트라우마까지 꼭꼭 묻어두느라 주디는 진이 빠진 상태였다. 자녀들도 거의 다 컸을 무렵, 정신 건강이 점점 위태로워지자 절친한 친구가 진심 어린 조언을 건넸다. "늘 사막에 혼자 있고 싶어 했잖아. 사막으로 가. 지금 당장."

주디는 텐트를 빌렸다. 미국 남서부에서 한 달간 캠핑할 요

3장

량으로 자신의 폭스바겐 래빗에 최소한의 물자만 실었다. 주디는 우리에게 고백했다. "저는 혼돈 속에서 자신을 잃고 말았어요. 제가 본래 어떤 사람인지 알아내야 했죠. 그게 어린 시절 트라우마를 마주하는 여행에 발을 들인 건 줄은 전혀 몰랐어요."

'혼돈'은 트라우마 생존자들이 과거를 묘사할 때 자주 쓰는 단어다. 그럴 만도 하다. 트라우마를 겪는 뇌는 어떻게든 유기적인 서사를 만들려고 기를 쓴다. 변연계 깊숙이 자리한 시상은 감각의 입력을 제어하는 관제탑 같아서, 보고 듣고 만지는 것들을 자전적 기억(자신의 삶에 관한 개인적 기억. 개인적 사실에 대한 기억과 경험적 사건에 대한 기억으로 구성된다—옮긴이)으로 통합한다. 하지만 이 관제탑은 극도의 스트레스를 받으면 무너지고 만다.

종종 어떤 느낌, 소리, 심상 같은 감각의 스냅숏이 불쑥 떠오를 때가 있다. 이런 감각들은 무의식 속에 매우 강렬한 감정들과 연결되어 있으나 명백한 서사는 없는 채로 도사리고 있다. 주디의 경우에 그 감각 스냅숏은 무력감, 분노, 공포, 그리고 폭풍 같은 결혼 생활에 고스란히 재현된 부모의 감정적 고투 같은 것이었다. 그런 느낌들과 연결된 무의식적 심상들을 치유하려고 해보았지만 힘들어서 견딜 수가 없었던 주디는 그것들을 자기만의 판도라의 상자에 넣고 잠가두었다. 그것들은 언제든 튀어나올 태세로, 때로는 폭발 직전의 상태로 늘 수면 아래 남아 있었다.

그런데 사막 여행 중, 정확히는 뉴멕시코의 차코 캐니언을 등반하던 어느 순간에 빛이 자신의 영혼을 감쌌다고 했다. 주디에게 그곳은 시간과 공간이 꿈과 신화와 가능성으로 확장되는 무의식의 저장고로 느껴졌다. 주디는 고대 푸에블로 인디언이 살았던 곳들을 걸으면서 키바 벽화에 대해 알게 되었다. 키바는 둥그스름한 형태의 거대한 지하 예배실이다. 어떤 키바의 벽에는 고대 푸에블로족이 모종의 심상을 떠올리게 하는 풍성한 벽화를 그린 흔적이 남아 있었다. 제식 주기가 끝나면 그들은 벽을 백색 도료로 덮고 그 위에 제식과 관계된 새로운 벽화를 덧그렸다. "벽 한 면의 두꺼운 표면 아래 100개의 그림이 숨어 있었어요. 제 눈에 제식 참가자들이 보이진 않았지만 거기 분명히 있는, 고대 선조들이 그린 그림에 둘러싸여 식을 치르는 장면을 상상했답니다. 그러자 마음 깊은 곳의 뭔가가 표면에 떠오르기 시작했어요."

여행에서 돌아온 주디는 차코 캐니언에서 만난 호피 인디언 필립의 전화를 받았다. 주디가 아동과 성인을 대상으로 수십 년간 창의적 미술을 가르쳐온 것을 아는 필립은 자신도 그림을 배우고 싶다고 했다. 주디는 필립의 부탁에 이렇게 대답했다. "당신의 조상님들이 했던 걸 해보세요."

그러고는 소형 캔버스와 마음대로 섞어 쓸 빨강, 파랑, 노랑, 검정, 하양 아크릴물감, 그리고 손에 쥐었을 때 편안한 붓 두어 개를 장만하라고 했다. "일단 무작정 그리고 다 됐다 싶으면 사진으로 찍어요. 그런 다음 캔버스를 흰색으로 칠해요. 그 위에 또 그리세요. 그리는 족족 사진으로 찍고 원본을 놓아주면 자기비판도 놓아줄 수 있어요. 사진을 현상한 다음에는 들여다보면서 다음에 뭘 탐색할지 고민해봐요."

주디는 전화를 끊고 '와, 굉장한 아이디어인걸' 하고 생각했다. 그리고 그 길로 가로 180센티미터, 세로 120센티미터의 캔버스에 '계속되는 그림들Continuing Paintings'이라고 이름 붙인 연작을 그리기 시작했다. 다만 한 점 그릴 때마다 흰 물감으로 덮는 대신 새 그림을 그대로 덧그렸다. 1985년 〈계속되는 그림 하양〉 작업에 들어가면서는 작품들이 오직 사진으로만 존재할 것이며 마지막 작품은 한 겹의 흰색 물감으로 남을 것을 알았다. "놀랍도록 멋진 이미지가 완성되었다가 심란한 이미지로 변하곤 했고, 그러다 다시 새로운 모습을 드러냈어요. 어떤 날엔 음침한 이미지와 견디기 힘든 느낌이 떠올랐죠. 바다 가장 깊은 곳에서 헤엄치는 기분이었어요."

일 년 후에는 〈계속되는 그림 검정〉을 그렸다. 2년 후인 1987년에는 훗날 〈계속되는 그림 빨강〉이라고 이름 붙인 작품을 제작하면서 재로 뒤덮인 캄캄한 심연으로 추락하는 기분을 느꼈다. "홀로코스트가 불쑥 비집고 들어왔고 분노가 함께 들어왔어요. 어린 시절부터 체화해서 품고 있던 분노였죠. 그 그림은 인간이 서로에게 어떤 짓까지 할 수 있는지 적나라하게 보여주는 악몽으로 저를 끌고 들어갔어요." 최후의 붉은색 그림 아래 사진으로만 남을 100겹의 그림을 그려간 격정의 2주 동안 다른 느낌과 이미지들도 차례차례 떠오르면서 주디는 카타르시스적 감정의 파도를 탔다.

몇 시간이고 며칠이고 홀린 듯 작업하던 주디는 이미지들이, 그의 표현을 빌리자면 "인생이 실제로 그렇듯" 즉흥적으로 떠올랐다가 다른 이미지로 진화하는 몰입 상태에 빠져들었다. "그리고 또 그리는데, 꼭 캔버스에 꿈이 펼쳐지는 것 같았어요." 그는 하나의 심상이 형태를 갖추면 다른 심상은 저절로 사라지게 두는 흐름에 몸을 맡겼다. "제가 사랑한 이미지들, 치유와 빛을 안겨준 그림들은 그 아름다움과 진솔함을 다 흡수할 때까지 보통 사흘은 두고 들여다봤어요. 그러고 나면 그림을 보내주고 다음 작업을 할 수 있었죠. 어떤 그림이 추하거나 혼란스럽게 느껴지면, 상처와 그림자를 이야기하면 억지로 마주 앉아 제 상처와 혼란을 고스란히 비춘 그 그림을 가만히 들여다봤어요. 그 고유의 아름다움을, 거기에 어린 어두운 지성을 인지하게 될 때까지요. 그것도 사흘은 걸렸죠. 그런 다음 또 작업을 이어갔어요."

이렇게 이미지를 창조하고 놓아주는 과정에서 발견한 건 무의식에 이르는 경로였다. 주디는 이렇게 기록했다. "앞을 밝히는 붓을 그저 따라갈 뿐이고, 그러면서 내 눈에게 듣는 법을 가르친다. 이야기는 늘 거기에 있었다. 먼저 언어가 만들어진다. 의미는 차차 따라올 것이다."

첫 작품을 완성하는 데는 6개월이 걸렸고, 두 번째 작품은 2개월, 마지막 작품은 2주가 걸렸다. 각 작품이 사진 80장 내지 90장에 담겼다. '계속되는 그림들'은 이 장의 첫 페이지에 실린 흑백사진과 맨 앞 컬러사진 E를 보며 감상할 수 있다.

"예술 창작을 하면서 어떤 결과가 나올지 모르는 건 실제 인생이라는 미스터리에 발을 들이는 것과 같습니다. 저는 제가 화가로 정식 훈련을 받지 않은 게 감사해요. 덕분에 제 작품은 전부 무의식에서 나왔거든요. 제 안에서 꿈틀대는 것, 부글부글 끓는 그것을 표출할 길을 찾아내고 시시각각 움직이는 바다를 지도로 그릴 방법을 찾아내야 했죠. 예술이 가장 치유 효과를 내는 게 바로 이런 부분

3장

인 것 같습니다. 우리 손이 우리를 치유로 이끌 수 있는 거죠. 특별한 지성이 있어서 자기 안으로, 자신만이 발을 들일 수 있는 그곳으로 파고들게 도와주는 거예요."

나중에 주디는 온전함을 찾는 여정에 대화 요법 치료도 추가했다. '계속되는 그림들' 사진을 보여주자 상담사는 이렇게 말했다고 한다. "주디가 캔버스에 표현한 건 치유의 과정이에요. 새로운 눈으로 보기 위해 대상으로 자꾸만 돌아가는, 나선형으로 전개되는 치료적 과정이죠. 치유는 직선적으로 이루어지지 않거든요. 사방으로 펼쳐지죠." 주디는 본능적으로 과거 트라우마적 경험들의 묵직한 기운과 그것을 처리하고 놓아줄 절실한 필요를 담을 용기를 만들어간 것이다. 그리고 그 과정에서 스스로를 위해 그림으로 의미를 표현할 수 있었다.

주디와 아론은 동떨어진 사례가 아니다. 앞서 말했듯 트라우마는 사람을 가리지 않고 찾아온다. 우리는 트라우마를 스트레스가 극심한 일을 하는 사람만 겪는다거나 군인, 교전 지역 주민이나 신체적, 성적, 정신적 학대를 받은 이들이 겪는다고 생각한다. 하지만 누구든 어떤 일을 붙잡고 못 놓아줄 수 있다. 수십 년 전 나눈 상처로 남은 대화라든가 형제와 싸운 일, 집단에서 따돌림당했을 때 느낀 단절감, 새 학교에 가면서 느낀 두려움 같은 것도 다 마찬가지다. 질병, 이혼, 반려동물의 죽음, 직장에서 해고당한 일이 될 수도 있고 말이다. 이건 누구에게나 일어날 수 있고, 삶의 일부이지만 생물학적으로 흔적을 남길 수 있는 일들이다.

주디의 이야기를 듣고 수전은 감정적으로 힘들었지만 그간 묻어둔 시간을 자연스레 떠올렸다. 20여 년 전 수전은 첫 번째 결혼을 끝내기로 결심했다. 아직 어렸던 두 아들은 이제껏 가족끼리 오순도순 잘 살아왔는데 앞으로는 그러지 못할 거라는 생각에 몹시 상심했다. 수전은 아이들을 위해 강해지고 싶었다. 함께 슬퍼하는 와중에도 다 잘될 거라며 아이들을 다독였다. 하지만 속으로는 결혼 생활과 이혼의 트라우마를, 그리고 그것이 모두에게 안긴 불확실성의 두려움을 느끼고 있었다.

어느 날 아들이 미술 수업에서 쓰고 남은 토기 찰흙 한 덩이를 발견한 수전은 곧바로 무언가를 빚기 시작했다. 그렇게 만들어진 건 무릎을 꿇고 두 팔을 쳐들어 손바닥을 하늘로 뻗은 채 고개를 젖히고 절망에 소리 없이 흐느껴 우는 여인의 상이었다. 흙에서 온 부드럽고 서늘한 점토를 주물러 자신과 닮은 상을 빚다 보니 어느새 눈물이 뚝뚝 흘렀다. 조소 수업을 들은 적은 없지만 손이 기적처럼 뭘 어떻게 할지 아는 듯했다. 정말이지 놀라운 경험이었다.

당시 수전이 미처 몰랐던 건, 두 손을 사용한 일정한 리듬의 반복된 움직임이 이미 증명된 대로 뇌에서 세로토닌, 도파민, 옥시토신 분비를 촉발시켜 기분을 조금이나마 나아지게 했다는 것이었다. 점토 공예가 더 차분하고 사색적인 상태를 유도하도록 뇌파 활동을 변화시킨다는 건 사실로 밝혀진 바 있다.

주디의 이야기를 듣고 이 기억을 떠올린 뒤 집에 오자마자 그 조각상을 떠올린 수전은 넣어두었던 상자를 찾아 온 집 안을 뒤졌다. 작품을 보호하려고 조심스레 감쌌던 리넨 천을 젖히고 조각상을 꺼낸 순간, 수전은 그걸 만들던 때로 즉시 돌아갔다. 마치 골

3장

렘(점토로 만들고 생명을 불어넣은 인형—옮긴이)이 살아난 것 같았다. 여인상은 당시의 아픔과 상실감을 고스란히 발산하는 동시에 그 후 펼쳐진 인생 여로도 고스란히 보여주고 있었다. 그토록 많은 아픔을 드러내는 물체를 만들 수 있다는 건 축복이었다. 점토는 양손을 똑같이 능숙하게 쓰도록 만들어 의식과 무의식의 완전체에 접근하게 해주는 몇 안 되는 매개체 중 하나다.

　　정신과 의사 제임스 고든도 트라우마를 안고 살아가는 전 세계의 개인과 집단을 면담하면서 그림을 치료 도구로 사용해왔다. 제임스는 보스니아 내전, 지진으로 폐허가 된 아이티, 가장 최근에는 우크라이나 전쟁 등 최악의 참혹한 현장에 호출되었다. 제임스는 정신적 트라우마에 관한 가장 흔하고 위험한 오해 두 가지를 상기시킨다. 첫째는 그것이 일부에게만 일어난다는 믿음이고, 둘째는 트라우마에서 회복되기란 불가능하다는 믿음이다. 그는 이렇게 당부한다. "실제로 트라우마는 시기만 다를 뿐 누구나 겪습니다. 트라우마는 삶의 일부거든요. 그걸 이해하고 수치스러워하지 말아야 합니다. 그래야 트라우마가 올 때, '온다면'이 아니고 '올 때', 거기서 뭔가를 배우고, 치유되고, 극복해 앞으로 나아갈 수 있으니까요."

　　미국 정신 건강 연구소에서 정신의학 연구원으로 오랫동안 근무했고 대통령 고문도 지낸 제임스는 1991년 워싱턴 D.C.에 '정신-신체 의료 센터CMBM'라는 비영리 기관을 창설했다. CMBM은 개인과 인구 전체의 심리적 트라우마와 만성적 스트레스를 효과적으로 다루기 위해 종합 프로그램에 예술 기반 치료를 융합하여 진행한다.

마음의 상처 회복하기

제임스는 그림 그리기가 트라우마적 심상에 접근하고, 이미 일어난 일에 대한 두려움을 초월해서 그 일을 받아들이는 가장 단순하고 신뢰할 만한 방법 가운데 하나라는 것을 알게 되었다. 그 이유 중 하나는 아마도 그리는 행위가 뇌 활동을 촉진하는 방식 때문일 것이다. 다수의 연구에서 그림을 그리기 전과 그리는 도중과 다 그린 후의 뇌파를 관찰했는데, 그릴 때 뇌의 여러 부위가 활성화된다는 결과가 주목할 만하다. 더불어 좌반구에서 뇌 활동이 증가하는 것도 확인되었다. 좌뇌는 언어 처리와 관련이 있기 때문에 이는 트라우마를 언어로 표현하기 어려울 때 그림 그리기가 뇌의 언어 담당 영역들을 자극해 인지 처리를 돕고 결국에는 표현할 말을 찾게 도와준다는 이론을 뒷받침한다. 그림 그리기는 뇌가 정보를 새로운 방식으로 처리하도록 강제하는 여러 부위를 활성화하는 한편, 새로운 심상을 떠올리고 생성하도록 자극하기도 한다.

제임스는 극히 효과적이었던 '그림 세 편 그리기' 요법을 오래도록 활용해왔다. 이 요법을 사용할 때 먼저 해야 할 일은 내담자에게 이제부터 그릴 그림은 당신 혼자만 볼 것이라는 사실을 알려 안심시키는 것이다. 선만 찍찍 그은 막대 인간도 괜찮다고 말이다. 그림 실력이 걱정되는 사람이라도 일단 뭐든 그릴 수는 있을 테니 말이다. 이어서 준비물로 빈 종이 세 장과 크레파스나 마커처럼 집에 굴러다니는 아무 재료나 준비해달라고 요청한다. 그림은 골똘히 생각하지 말고 빠르게 그려야 한다. 주디가 어떠한 판단도 없이 캔버스에 심상이 떠오르게 놔둔 것처럼 그냥 손 가는 대로 그리면 더 자신답고 놀라운 결과가 나온다. 제임스는 이렇게 설명한다. "이 작법은 우리의 수줍은 상상력과 직감을 벤치에서 중앙 무대로 끌어내 삶에서 창의적인 안내자 역할을 하게 만듭니다."

첫 번째로는 자기 자신을 그린다. 두 번째는 자신의 가장 큰 문제를 짊어진 자화상을 그린다. 세 번째는 문제가 해결된 자신의 모습을 그린다. 세 번째 그림은 그리기 전에는 도저히 못 떠올릴 것처럼 느껴질 것이다. 하지만 걱정할 것 없다. 뭐가 되고 안 되고를 논리적으로 따지자는 게 아니다. 우리는 지금 합리적이고 인지적인 뇌에게 운전대를 맡기는 것이 아니다. 오히려 그 반대다. 뇌의 다른 부분들을 집결시켜 일을 시키는 것이며, 예술이 수동적으로 효력을 발휘하는 행위라는 걸 상기시키려는 것이다. 생각할 필요 없이 그냥 하면 된다.

제임스는 그림 그리기가 우리 안의 굉장히 오래된 부분을 건드려 뇌의 감정적이고 직관적인 부분을 파고들게 하는 작업이라 말한다. "상상력에는 이성적으로 하는 일을 적어도 보완하는 권위가 있다고 생각하고, 제 경험상으로 이런 창작 활동은 스스로에게 일어나는 일들을 이해하고 어떻게 대처할지 알아내게 해주는 도구로서 언어보다 뛰어나다고 봅니다. 이런 그리기 기법들은 다 상상력에, 그리고 다른 가능성들에 색다르게 접근하는 방법인 겁니다."

이 치료법은 난민캠프와 전쟁으로 황폐해진 가자 지구에서, 이혼과 상실로 힘들어하는 내담자들 가운데서도 희망과 의식과 토론을 싹트게 했다. 2022년 봄, 제임스는 폴란드로 가 우크라이나 전쟁으로 트라우마를 입은 민간인, 피난민과 상담을 진행했다. 그는 몸 안에 굳어버린 두려움을 떨쳐내기 위한 초기 개입의 한 방법으로, 그림을 그리면 PTSD가 고착되는 걸 막을 수 있다고 설명한다. 동료 평가를 마친 이 분야 연구들에 따르면 CMBM이 사용하는 이 그림 요법은 PTSD 진단 범위에 드는 사람의 수를 80퍼센트 이상 감소시켰다고 한다. 다시 말하지만 초기 개입의 일환으로 그림 그리기를 결합한 프로그램들이 PTSD를 무려 '80퍼센트 이상'이나 감소시켰다.

어떤 사람들은 힘들었던 경험이 의식 저변에 자리하고 있다. 고통스러운 세세한 기억이 시도 때도 없이 떠오르지만 이를 안전하거나 생산적인 방식으로 흘려보내는 법을 모른다. 이들은 남들의 판단, 수치심, 낙인이 두려워서 혹은 자기 얘기를 믿어주지 않을까 두려워서 다른 사람에게 터놓고 싶어도 계속 숨기며 살아간다. 그리고 그렇게 살다 보면 그건 자기 안에 깊이 묻어둔 비밀이 되고 만다.

이렇게 트라우마 경험을 꼭꼭 묻어두면 정신적, 신체적 건강에 문제가 생긴다. 1980년대에 사회심리학자 제임스 페너베이커는 오스틴에 있는 텍사스주립대학교에 재직하며 트라우마와 건강의 상관관계를 연구하기 시작했다. 그는 연구를 진행하면서 사람들이 자신의 증상과 그 증상에 대한 인식을 전문 의료인에게 어떻게 표현하는지 들여다보았다. 대학생 800명을 대상으로 진행한 설문조사에 제시된 80개 문항 중 하나는 17세 전에 성적 트라우마를 경험한 적이 있는지를 묻는 내용이었다. 페너베이커는 이렇게 말했다. "그 질문에 대한 대답이 제 커리어를 바꿔놓았습니다."

결과적으로 '예'라고 답한 약 15퍼센트의 학생들은 '아니오'라고 답한 학생들보다 훨씬 높은 비율로 신체적, 감정적 증상과 병원 방문 경험이 있다고 했다. 후속 인터뷰와 연구에서 페너베이커는 이것이 트라우마 경험 자체보다 자신에게 일어난 일을 숨겨야 한다는 생각과 관련된 사안이라는 걸 깨달았다. 이 학생들은 경험을 숨겼고, 대부분 마음속 깊이 묻어버렸다. 그 일에 관해 이야기하기를 꺼려 했으며 상자를 열고 자신이 느끼는 감정을 들여다보기를 주저했다. 비밀과 트라우마의 어떤 점이 그토록 해롭게 작용하는 걸까? 페너베이커는 그 점이 궁금했다.

그는 '어떤 일을 비밀로 하는 건 능동적 억제의 한 형태'라는 잠정 가설을 세웠다. 2017년 모 저널 기사에서 그는 이렇게 설명했다. "강렬한 감정, 생각, 행동을 감추거나 억누르는 것은 … 그 자체로 스트레스다. 나아가 장기적인 저강도의 스트레스는 면역 기능과 신체적 건강에 영향을 줄 수 있다."

페너베이커는 만약 트라우마와 관련한 비밀을 담아두는 게 건강을 해치는 데 한몫한다면, 그 이야기를 안전하게 꺼내놓을 배출구를 마련하는 것이 도움이 될지 모른다고 추정했다. 하지만 다른 누군가에게 자신의 트라우마를 털어놓는 건 두려움과 낙인 때문에, 혹은 터놓고 이야기할 자유를 억압하는 사회적 압력 때문에도 그리 단순한 일이 아니다.

페너베이커는 학부생들을 대상으로 연구를 진행했다. 몇 그룹의 학생에게는 며칠에 걸쳐 트라우마적 경험을 글로 쓰게 하고, 대조되는 그룹은 가벼운 주제로 글을 쓰게 했다. 그는 표현적 글쓰기를 시킨 그룹에게 인생에서 가장 트라우마적이었던 경험에 대한 생각과 느낌을 써보라 하며, 의식을 파고들어 가장 깊이 묻힌 감정을 들여다보라 했다. 제출한 글은 철저히 비공개며 맞춤법, 문장 구조, 문법 같은 건 보지 않을 거라고 안심시켰다. 페너베이커는 이 실험을 통해 트라우마에 관한 표현적 글쓰기를 한 학생들이 피상적 주제로 글을 쓴 학생들보다 학내 보건소를 찾은 빈도가 훨씬 낮은 것을 확인했다.

이처럼 글쓰기라는 범례를 가지고 실험한 수많은 연구가 글을 쓰며 의도적으로 사적이고 감정적인 주제를 파고들면 정신적, 신체적 질환 모두를 감소시키는 데 도움이 된다는 사실을 확인시켜준다. 표현적 글쓰기가 뇌에 미치는 영향을 살펴본 한 연구에서는 과거의 트라우마적 사건에 대해 글을 쓰는 행위가 부정적 감정을 처리하는 결정적 영역인 중앙대상피질을 활성화시켜 뇌 신경 활동을 변화시킨다는 사실이 밝혀졌다. 감정과 느낌에 언어를 부여하는 행위가 살면서 겪는 힘겨운 사건들에 맥락을 입히고 그것을 더 잘 이해하도록 신경생물학적 수준에서 돕는다는 뜻이다.

페너베이커는 생각과 느낌을 종이에 옮기는 행위가 정신과 신체의 건강을 어떻게 개선하는지 30년 넘게 연구하고 있다. 그의 연구는 고립감을 느끼는 사람이 글쓰기를 통해 자신이 경험하는 느낌들에 이름을 붙이고, 자신의 욕구와 연결되고, 트라우마적 사건을 처리할 수 있게 해준다는 것을 증명했다. 그가 진행한 수십 건의 연구는 표현적 글쓰기가 혈압과 스트레스 호르몬을 낮추고, 통증을 경감하고, 면역 기능을 높이고, 우울감을 완화하는 한편 자기인식을 고조시키고, 인간관계를 개선하고, 어려움에 대처하는 능력을 길러준다는 것 또한 밝혀냈다.

3장

회고록이나 개인적인 에세이 같은 장르를 아우르는 창의적 논픽션은 표현적 글쓰기의 또 다른 형태다. 저자는 쓰는 행위를 통해 자신에 대해 알아가기 시작한다. 훌륭한 에세이와 회고록은 질문을 던지면서 시작한 뒤 저자가 그에 대한 답을 찾기 위해 글을 써 내려간 작품이 많다. 에세이라는 단어 자체도 시도한다는 뜻의 프랑스어 '에세예essayer'에서 왔다. 우리는 글 쓰는 행위를 통해 내 마음의 지도를 그리는 법을 배우고, 어떻게 느끼고 생각하는지를 더욱 속속들이 알게 된 상태로 그 여정을 마친다. 작가 메리 카가 『인생은 어떻게 이야기가 되는가』에서 말했듯 "회고록 작가는 사건으로 글의 문을 열고, 거기서 의미를 끌어낸다." 하지만 비밀이나 트라우마적 경험이 뇌를 변화시켜 놓았기에 그것들을 글로 풀어놓는 것 자체가 불가능한 사람들도 있다. 문자 그대로, 표현할 말을 찾지 못하는 것이다.

## 숨겨진 상처를 치유하는
## 가면 만들기

"절대 끝나지 않는 자기 안의 전쟁이에요." 한 퇴역 군인은 현대전에서 살아 돌아온 자의 삶을 이같이 표현했다. 미술 치료사 멜리사 워커는 메릴랜드주 월터리드 국립군의료센터에 자리한 국립 상이용사 우수치료센터NICoE(군 복무자 중 외상성 뇌 손상이나 심리적 건강상의 이상이 있는 이들을 대상으로 임상 돌봄, 진단, 연구와 교육을 증진하기 위해 설립한 국방부 산하 기관—옮긴이)가 진행하는 치유 예술 프로그램에 합류해 일하던 중, 퇴역 군인들이 귀환 후에도 내면의 전쟁을 계속 치르고 있음을 알아챘다. 직접 목격한 바도 있었다. 멜리사의 조부는 한국전쟁에 해병대원으로 참전했다가 목에 심한 부상을 입었다. 물리적 상처는 시간이 지나 아물었지만 집에서는 당시의 경험을 거의 입에 올리지 않았다.

멜리사는 할아버지가 복도 끝 방에서 밤마다 큰 소리로 욕설을 뱉는 걸 들은 기억이 있다. 멜리사는 테드 강연에서 당시를 묘사했다. "낮에 그 방에 들어가려면 할아버지가 흠칫 놀라거나 불안해하지 않게 먼저 들어간다고 큰 소리로 알리고 들어가곤 했어요. 할아버지는 고립되고 입을 꽉 다문 채 자신을 표현할 방법을 영영 찾지 못하고 여생을 마치셨어요. 제가 할아버지를 도와드릴 도구를 미처 발견하기 전에요." 이 경험이 멜리사를 오늘날 그가 하는 일로 이끌었다.

몇 세대에 걸쳐 군인의 침묵은 끔찍한 경험을 말하기 꺼리는 금욕적 과묵함으로 오인당했다. 물론 지금은 그런 침묵이 PTSD나 심각한 우울증의 결과일 수 있다는 걸 안다. 실제로 뇌의 브로카 영역이 손상되어 귀환병이 자신의 경험을 이야기하지 못하는 경우도 있다. 브로카 영역은 전두엽에서 말하기와 언어를 담당하는 부위 중 하나다. 뇌졸중 환자들이 말을 잃는 것도 바로 이 부위에 손상을 입어서다. 브로카 영역이 제대로 기능하지 못하면 생각과 느낌을 말로 표현하기 어려워진다.

베셀 반 데어 콜크는 연구실에서 플래시백을 겪으며 트라우마를 머릿속에서 적극적으로 재현하는 사람의 뇌를 fMRI로 들여다보고, 그의 브로카 영역 활동이 눈에 띄게 줄어든 것을 확인했다. 이 연구에서 모니터링 대상은 심각한 교통사고에서 살아남은 사람들이었는데, 그들에게 당시의 끔찍한 사건을 최대한 자세히 떠올려보라고 했다. "뇌를 스캔해보니 플래시백이 일어날 때마다 브로카 영역의 불이 꺼지는 것을 볼 수 있었다. 즉 트라우마가 미치는 영향이 뇌졸중 같은 신체적 병변이 주는 영향과 반드시 다르지는 않다는, 그리고 겹치기도 한다는 시각적 증거가 나온 것이다." 뇌는 트라우마가 실제로 벌어지고 있는 것처럼 반응하고 있었다. 이를 보면 경험을 말로 서술하는 게 왜 그리 힘든지 알 수 있다. 표현할 말이 문자 그대로 존재하지 않기 때문이고, 이 생리학적 상태에 '말 없는 공포'라는 이름이 붙은 것도 바로 그래서다.

2010년 NICoE는 창의적 예술 치료를 핵심으로 하는 프로그램을 개설했다. '크리에이티브 포스Creative Forces'라는 거국적 프로젝트의 일환으로서 국립예술기금, 국방부, 재향군인회, 국공립 미술 기관들이 전국의 임상 시설 열두 곳을 거점으로 공동 개발한 프로그램이다. 군 복무자들과 그 가족들은 뇌 손상과 PTSD를 위한 4주간의 집중적이고 전인적인 포괄 치료의 일환으로 진행되는 멜리사네 팀의 미술 치료 수업에 참여했다.

멜리사는 현역 군인이 주를 이루는 이 집단을 치료하면서 종종 가면 만들기로 트라우마적 기억의 표출을 유도했다. 가면 만들기는 가장 효과적인 미술 치료 지도법 중 하나다. 기원이 최소 9000년은 거슬러 가는 고대 예술이며 세계 곳곳에서 제의, 기념식, 연극, 퍼포먼스 등에 사용되었다. 가면 만들기는 치유 도구로도 이용되어 경험이나 느낌을 상징, 은유, 시각적 심상으로 표현하도록 돕는다.

수업을 위해 마련된 작업실에 모여든 현역 군인들에게 멜리사는 장식 없는 가면, 물감, 점토, 콜라주 재료, 마커 등을 제공한다. 그러고는 각자의 경험에서 뭐든 탐색하고 싶은 부분을 상징하는 가면을 만들어보라고 한다. 개인적 상징물을 제작하는 데 도움이 될 재료라면 뭐든 추가로 가져와도 된다. 어떤 사람은 가면에 죽은 친구의 이미지를 입혔고, 또 어떤 사람은 자신이 받은 무공 훈장을 그려 넣었다.

수업 초반의 주된 목표는 군인들에게 비판이 배제된 환경에서 자기 생각과 느낌을 표면화하는 방법을 알려주는 것이다. 멜리사는 이 수업이 자기표현과 자기효능감을 키워준다고 말한다. 자기 경험의 물리적 상징을 만들고 나면 비로소 그 창작물에 언어와 더 큰 의미를 부여할 수 있게 된다. 이렇게 집단 수업에서 가족이나 동지에게 경험을 털어놓으면 가면으로 전한 그 이야기들은 더 큰 공감과 화합과 수용으로 가는 다리가 된다.

프로그램을 수료한 한 내담자는 다음과 같이 소회를 말했다. "PTSD나 뇌 손상을 안고 살아가는 게 어떤 느낌이냐는 질문을 자주 받습니다. 전에는 그 느낌을 어떻게 설명할지 몰라 말문이 막혔죠. 가면을 만들기 전까지는요." 가장 주목할 점은 수많은 군인이 가면 만들기를 한 후 오래도록 그들을 괴롭혀온 플래시백이나 다른 증상들이 나타나는 빈도가 확 줄었다고 보고한 것이다.

몇 년간 진행된 크리에이티브 포스 프로그램은 전쟁의 내밀

3장

한 세계를 묘사한 격정적이고 상징적인 작품이 수천 점 탄생시켰다. 어떤 가면은 산산조각 났다가 가시철망으로 이어 붙인 얼굴을 보여준다. 한쪽은 미소 짓는 여자, 다른 한쪽은 이를 드러내며 으르렁대는 너덜너덜한 괴물로 표현된 야누스 가면도 있다. 어떤 가면은 해골 모양을 하고 있다. 프로그램을 수료한 한 재향군인은 내셔널 지오그래픽과의 인터뷰에서 차라리 전쟁에서 신체 일부를 잃었더라면 나았을 텐데 싶은 날도 있다고 털어놓았다. 그랬다면 적어도 자신이 고통을 겪었다는 사실을 사람들이 알 테니 말이다. 하지만 그는 가면을 만들면서 마침내 자기 안에서 일어난 일을 가시화할 수 있게 되었다고 고백했다.

뇌졸중, 병변, 상해로 손상된 뇌에 어떤 일이 벌어지는지 살펴본 중대한 연구도 진행되었는데, 가면 만들기가 트라우마로 인지 기능에 큰 타격을 입은 사람에게까지 왜 그리 효과적인지를 말해주는 단서가 이 연구에서 나왔다. 뇌의 브로카 영역의 스위치가 꺼져 언어 기능에 해를 입은 사람도 시각예술 활동은 할 수 있다. 이에 대해 일부 신경과학자는 뇌의 창의적 시각 능력이 언어보다 먼저 진화했고, 그에 따라 뇌 손상에 타격을 받을 만큼 국지화되지 않았기 때문이라는 가설을 내놓았다. 가면 만들기 활동에서 얻은 직관은 역으로 뇌가 언어를 통한 트라우마 처리를 시작하는 데 이용할 수 있다. 예술 치료로 일어나는 정신 작용들은 뇌 활동이 촉발하는 것으로 여겨지며, 그렇기에 오늘날 연구자들은 그 활동이 뇌의 어디에서 어떻게 이루어지는지 매핑하려 애쓰고 있다.

멜리사의 팀은 10여 년에 걸쳐 가면 수천 개의 제작을 도운 끝에 이 작업의 패턴을 발견했다. 2018년, 멜리사와 연구팀은 시각적 심상과 우울, 불안, 외상 후 스트레스 간의 연관성을 밝혀내기 위해 현역 군인 370명을 관찰했다. 치료 수업에서 제작된 방대한 가면 데이터베이스를 분석한 끝에 공통 주제 몇 가지를 발견하기도 했다. 그중에는 신체적, 심리적 손상을 아주 생생하게 묘사한 경우가 많았다. 멍이나 흉터도 있고 악령 같은 상징도 있었다. 상실된 신체 기능이나 세상을 뜬 친구를 향한 애통함도 자주 등장했고, 민간인으로 복귀하면서 겪는 어려움과 전쟁에서 자신이 수행한 역할에 대한 환멸도 엿보였다. 예술의 시각적 언어가 자신의 목소리를 되찾을 수 있도록 도왔고, 무엇보다 감각을 서서히 회복하게 도와준 것이다.


## 집단적 인종 트라우마

앞서 소개한 레스마 메나켐은 1960년대에 할머니의 부엌에서 자주 본 광경을 기억한다. 할머니는 농장에서 거친 목화를 따느라 퉁퉁 붓고 마디마다 불거진 손으로 부엌일을 하면서 줄곧 콧노래를 부르셨다. 일에 몰두한 사람이 부르는 나지막하고 부드러운 콧노래가 아니라 사방이 트인 데서 불러 버릇한 쩌렁쩌렁하고 기운 넘치는 소리였다.

"몸을 악기처럼 쓰는 것도 예술입니다. 콧노래, 몸 흔들기, 멀리 던지는 진동하는 시선이 없었다면 250년에 걸친 합법적 유린, 즉 쾌락을 노린 유린, 이익을 노린 유린, 우리 조상과 그 자손을 팔아버리기 위해 저지른 유린을 견뎌냈을 사람은 많지 않을 겁니다.

3장

그런 것도 일종의 예술입니다." 그는 아예 신체를 치유의 새로운 도구로 본다.

신체 요법 치료사인 레스마는 트라우마 해소에 신체 감각을 동원한다. 이 치료는 인지적 사고에만 초점을 맞추는 대신 전체적으로 신체적 경험에 초점을 맞춘 요법, 다른 말로 '상향식 접근법'을 중심으로 이루어진다. 몸의 감각을 경험함으로써 머릿속에 맴도는 생각에서 벗어나 트라우마적 경험을 더 효과적으로 처리할 수 있다는 것이다.

역사적으로 유색인은 백인만큼 자주 심리 치료의 도움을 받지 않았는데, 접근이 어렵기도 했거니와 정신병에 대한 잠재적 낙인도 한몫을 했기 때문이다. 그러나 이런 세태도 변하고 있다. 레스마는 점점 늘고 있는 흑인 신체 요법 전문가 중 한 명이다. 현재 미국에서는 종류를 막론하고 자격증을 갖춘 심리 치료사의 단 5퍼센트만이 유색인이다. 그런 유색인 치료사로서의 위업을 기리는 뜻에서 공동체 원로들이 지어준 이름이 지금의 이름인데, 고대 이집트어로 레스마는 '진실이 맞아떨어지면서 일어서다', 메나켐은 '자기 민족의 토대를 이용하다'라는 뜻이다.

"흑인이나 원주민은 외상 후 스트레스 장애를 경험하지 않습니다. 대신 우리는 끈질기고 만연한 외상성 스트레스에 시달리죠. 그건 지금도 계속되고 있습니다. 백인 신체 우월주의는 뇌 구조를 풍화하고 침식시킵니다. 내분비계를 풍화시키고, 근골계를 닳게 하고, 생식계통을 약화시키죠. 지속적인 신체적, 정신적 쇠퇴의 원인이 됩니다."

이런 현실 때문에 치유의 여정에 발을 내디디려면 신체 종합적 치료 접근이 필요하다. 트라우마가 신체를 점령하는 특수한 방식들 때문에 합리적이고 인지적인 방향에서 먼저 접근하면 통하지 않을 때가 많기 때문이다. 내담자가 콧노래를 흥얼거리게 하고, 몸을 앞뒤로나 옆으로 흔들거나 털고, 춤추고, 미술 작품을 만들게 하는 등 레스마가 치료에 동원하는 예술적이고 미적인 경험들은 신체에 고여 있는 에너지가 흐를 경로를 마련해준다.

레스마는 우선 트라우마적 경험과 감정과 에너지를 담아둘 일종의 체화한 심리적 그릇을 만드는 것으로 치료의 문을 연다. 보통 우리는 감정적으로 힘든 일은 피하도록 조건화되어 있다. "제 치료에서는 원시적 움직임을 많이 사용합니다. 저는 사람들의 기본적인 동작과 제스처를 잘 관찰해요. 예를 들어 내담자가 끙 소리를 내는 걸 포착하면 같이 끙 소리를 내기 시작합니다. 별것 아닌 얘기로 들릴 수 있지만, 끙 하는 단음절 신음이나 길게 내뱉는 신음은 고대부터 내려와 우리 모두가 사용하는 진동 언어입니다. 남이 나를 따라 하는 걸 들을 때 생기는 체화된 일치감이 있는데, 이건 부지불식간에 느껴지는 감각이죠. 저는 이걸 '그릇 마련하기'라 불러요. 제가 치료에서 하고자 하는 건 트라우마적 기운을 내담자와 함께 그릇에 담는 겁니다."

일단 내담자와 치료사 한 쌍의 그릇이 마련되면 레스마는 내담자에게 트라우마가 발생시킨 기운을 탐색하라고, 신체적 감각을 통해 떠오르는 것들을 가지고 마음 가는 대로 해보라고 권한다. 레스마는 도구를 사용할 때도 '장난감'이라는 표현을 쓴다. 그리고 내담자들에게도 각자의 장난감 상자에 트라우마의 기운으로 처리할 무엇이 들어있을지 상상해보라고 부추긴다. 호기심과 창의성을 유도하고, 탐색과 질문과 판별을 장려하는 것이다. "때로 우리는 너무 굳어버려서 자신을 치유하는 데 상상력을 동원하지도 못합니다. 구름 바라보기 같은 단순한 행위를 떠올려보세요. 사는 게 얼마든지 즐겁고 만족스러울 수 있다는 걸 새삼 깨닫게 해주잖아요." 이런 다소 장난스러운 몰입 상태에서 신체는 멈춤이 가능해진다. "저는 치유가 쉼표에 있다는 것이, 여기서 저기로 가는 사이에 있다는 것이 참 마음에 들어요. 우리가 마음 깊이 뭔가를 묵혀두고 있을 때 침묵은 많은 것을 말해주는데, 그러도록 우리가 허락해야 해요. 그렇게 할 때 진동이 발생하고 파편들이 서로 붙기 시작하거든요."

인종적 트라우마를 회복한다는 건 상당한 보살핌이 필요한 개인적이고 집단적인 현재진행형 과정이다. 그 과정은 빠르지도, 느리지도 않게 진행된다. "차차 펼쳐지는 과정이고, 시간이 걸립니다. 우리가 변모하고 변화하려면, 또 온전한 자신이 되려면 먼저 트라우마로 쌓인 기운을 대사시켜야 해요."

레스마는 인종적 트라우마의 기운을 담을 그릇을 마련해보라고 권한다. 검은색이나 갈색 피부를 가진 사람만이 아니라 흰 피부를 가진 사람도 말이다. 그는 인종적 불의에 솔직해질 수 있다는 희망을 제시한다. "그 파편들을 되찾는 건 일종의 예술입니다. 이런 문제는 파고들 필요가 있고, 그 과제에 참여하고 해결하는 과정에서 미처 알아채지 못했던 뭔가가 모습을 드러낼 겁니다."

## 무대 위에서 치유되는 마음과 정신

배우가 무대로 나와 어떤 역할을 연기할 때면 놀라운 일이 벌어진다. 몸이 새로운 방식으로 움직이고, 평소 말할 때와 달리 음색이 변하고, 자신과 다른 삶을 펼쳐 보이기 위해 본질 자체가 진화한다. 니샤 사지나니는 힘겨운 삶이 우리를 어떻게 신체적 경험과 단절시키고, 또 그럼으로써 어떻게 우리의 정신적 건강을 위협하는지 드러내 보이는 연극의 힘을 진작에 간파했다.

니샤는 유색인 여성 이민자, 난민, 아동, 그 외 여러 형태로 인권을 박탈당한 사람들을 오래도록 치료해왔다. 2교대, 3교대 근무를 연달아 뛰는 동시에 돌봄 노동도 전담하고, 고향의 가족에게 돈을 보내고, 와중에 언어 격차와 편견, 인종차별과도 싸우는 등 이 여성들이 짊어진 무거운 짐은 정신적 고통뿐 아니라 일종의 분절감, 즉 신체적 자기인식에 대한 분열을 유발한다.

뉴욕대학교 연극 치료 수업, 연극과 건강 연구 프로그램의 담당 교수인 니샤는 본인도 연극계 종사자이자 연극 치료사로서 사람들이 살면서 겪는 괴로움에 맥락을 부여하고 자기 신체와 재연결되도록 도와주는 프로그램을 개발했다. 베셀 반 데어 콜크처럼 트라우마 회복을 위한 체화의 생리학적 중요성을 연구한 이들의 말에 따르면 체화하는 것, 곧 내적으로 또 감정적으로 자신에게 일어나는 일을 감지하는 것은 어려움을 극복하는 과정의 핵심이다.

니샤는 세상을 경험하고 이해하는 데 몸의 언어가 가장 중요하다는 것을 일찍이 깨달았다. 몸의 움직임은 전뇌 속 기저핵이라

3장

는 부위가 계획하며, 여기에 소뇌가 몸의 자세, 협응, 균형의 조정을 돕는다. 내수용기(내부 감각수용기)라는 한 무리의 감각신경은 몸 안에서 일어나는 일에 대한 감각 생성을 돕는다. 이 감각은 우리가 감당할 수 없는 감정에 압도될 때 분절되거나 극대화한다.

니샤는 뉴욕대학교로 이전하기 전에 코네티컷주 뉴헤이븐에 있는 외상 후 스트레스센터에서 몇 년간 일하며 심한 불안과 관련된 병을 겪는 사람들의 치료를 도왔다. 니샤는 창의적 예술 치료 요법이 어떻게 스트레스 감소를 촉진하는지 연구하면서 괴로운 기억도 움직임과 놀이를 통해 얼마든지 떠올릴 수 있으며, 충격적이거나 지나치게 자극적이지 않은 신체 표현으로 고여 있던 기억을 움직이게 할 수 있다는 걸 알게 되었다. "지금까지 밝혀진 건, 우리가 겁에 질리거나 목숨을 위협하는 사건을 겪었을 때 가장 먼저 취하는 행동이 그 사건에 대해 입을 다무는 거라는 겁니다. 사건을 경험한 즉시 자기 자신을 보호하기 위해 그것을 회피하는 행동에 나서는 거죠." 이때 연극이나 트라우마 지식을 바탕으로 움직임과 놀이를 결합한 연극 치료는 각자 살아낸 경험에 신체적으로 재연결되고, 그 경험을 새로운 방식으로 재구성하는 데 도움이 된다. 니샤는 즉흥적 움직임, 스토리텔링, 역할극, 퍼포먼스를 동원해 사람들이 자기 신체를 자신이 겪은 경험과 타인과의 관계를 탐색할 기반으로 활용하도록 이끈다. "각자의 경험은 신체화하고 연극 같은 예술로 가시화했을 때 가장 잘 이해될 수 있거든요."

니샤는 특정 경험이 마치 점령 구역처럼 정신 안에 고립된 상태에서 벗어나야 한다는 걸 배웠다. "트라우마적 경험을 꼭 끌어

안고 혼자 끙끙대는 대신, 세상에 재합류할 수 있도록 예술을 통해 그 경험을 정리해야 한다는 겁니다. 그런데 경험을 체화하는 데 연극만큼 효과적인 게 없습니다. 우리가 경험을 어떻게 온몸으로 겪는지 살핀 다음, 그걸 소리, 제스처, 그림, 동작처럼 구체적이고 가시적인 형태로 옮기고 상징적 비유를 동원해 경험의 복잡한 결을 곧바로 축소하지 않고 제대로 전달할 수 있게 해주거든요."

심리 치료사 겸 무용 치료사인 아일린 설린에게 춤과 움직임은 신체와 트라우마 이후의 이야기가 재연결되도록 도와주는 수단이다. 아일린은 전 세계를 돌며 여성들에게 춤으로 감정과 연결되고, 또 그것을 표출하는 법을 가르쳤다. 춤의 신체 협응적 움직임은 연극과 마찬가지로 기저핵과 소뇌를 가동시킬 뿐 아니라 운동 피질도 활성화한다. 자기 몸이 세상과 어떤 관계를 맺고 있는지에 대한 감각은 고유수용감각을 통해 습득되는데, 고유수용감각이란 자기 몸의 행동과 움직임, 그리고 자기 몸이 공간에서 차지하는 위치에 대한 인식을 뜻한다. 춤의 움직임은 바로 이 감각적 자기인식의 스위치를 켠다. 춤이 세로토닌을 분비해 기분이 나아지게 하고 우울감을 물리치는 데 일조하는 것으로 밝혀진 바도 있다. 또 한편으로는 좌뇌와 우뇌 간 신경세포 활동을 증가시켜 새로운 뉴런 연결 경로를 생성하는 데도 도움이 된다.

아일린이 요르단에서 만나본 시리아 여성들은 아랍어만 할 줄 알았고, 게다가 트라우마에 관해 이야기하는 게 문화적으로 용납되지도 않았다. 그런데 한 방에서 다 같이 벨리댄스를 추자 이 여성들은 자신을 마음껏 표출할 수 있었고 몸을 움직임으로써 신경화

3장

학 물질 분비를 촉진하는 효과도 얻었다. 한 여성은 무용 치료 덕분에 몸 안에 갇혀 있던 느낌들을 음악에 맞춘 움직임과 리듬의 형태로 흘러나오게 해 표출할 수 있었다고 했다. 이렇듯 춤으로 자신을 드러내는 것은 여성들에게 상당한 치유 효과가 있다.

물론 남성도 마찬가지다. 춤은 모두에게 감정적 웰니스를 끌어내는 도관이다. 어렸을 때 무용을 배운 남성들을 대상으로 진행된 핀란드의 한 연구는 아동기 때 춤을 춘 남성은 연민, 자기인식, 건강한 자아 정체성이 증대되며, 이 특징은 성인이 되어 더 이상 춤을 추지 않을 때도 유지된다는 사실을 확인했다. 연구진은 보고서를 통해 춤을 다음과 같이 설명했다. "춤은 자신의 몸을 인식하고 타인의 신체 언어를 읽는 법을 가르쳐준다. 다름의 개념을 이해하게 해주고, 다양한 부류의 사람들과 협동하도록 이끌며, 우리의 신체 존중감을 향상시킨다."


## 어린이의 슬픔을 치유하는 예술

지금까지 우리는 트라우마적 사건이 발생한 뒤 예술 기반 활동으로 이를 마주하는 방법을 이야기했다. 그런데 미래 세대가 인생에서 불가피한 역경에 더 잘 대처할 수 있도록, 생애 초기에 대처 기술을 다져놓으면 어떨까?

마리나는 멕시코시티에 사는 총명하고 활달한 여섯 살짜리 아이였다. 마리나가 자란 도시는 높은 범죄율, 숨 막히는 공기 오염과 낮은 자연 접근성, 저취업률과 저임금 등 만성적 문제로 신음하는 곳이었다. 하지만 마리나는 '파'라고 부르는 할아버지를 포함해 대가족이 복작거리는 활기찬 집에서 살았다. 매일 아침 할아버지와 아침을 먹고 함께 놀다가 유치원에 등원했고, 매일 오후 할아버지를 부르며 문을 박차고 들어와 그날 있었던 일을 재잘재잘 이야기했다. 마리나는 할아버지와 무엇이든지 함께했고 할아버지의 무조건적인 사랑과 지지 덕분에 안전하다고 느끼며 자랄 수 있었다.

어느 날은 마리나가 집에 돌아와 할아버지를 외쳐 불렀는데 대답이 없었다. 학교에 간 사이 할아버지가 급작스럽게 숨을 거둔 것이다. 할아버지의 죽음이 준 충격과 가눌 길 없는 슬픔은 마리나에게 지대한 영향을 끼쳤다. 집에 있을 때는 자꾸만 울었고 엄마가 아무리 달래도 속마음을 좀처럼 털어놓지 않았다. 학교에서는 내향적으로 변했고 계속 불안해했다. 한때 그렇게 활달했던 아이가 어둡고 말이 없고 자주 흠칫 놀라는 아이가 되어버린 것이다. 마리나의 엄마는 딸의 눈에 어렸던 총기가 괴로움과 눈물로 꺼져가는 것을 속수무책으로 지켜보았다.

사랑하는 사람을 갑자기 잃는 경험과 아동기의 깊은 슬픔은 긍정적으로 처리될 수도, 부정적으로 처리될 수도 있다. 다행히 마리나의 담임 선생님이 도움이 될 아이디어를 떠올렸다. 마리나의 담임교사 엘리자베스는 세이브더칠드런 재단이 창설한 '예술을 통한 치유와 교육HEART' 프로그램을 이수한 교육자였다. 엘리자베스는 교실 한구석에 '차분한 구석'을 마련해 마음이 편해지는 파란색으로 벽을 칠하고 넘실대는 초록 언덕과 나무를 그려 넣었다. 선반에는 미술 재료를 척척 쌓아두고 의자도 하나 가져다 놓았다. 아이

3장

들은 압도되는 느낌에 사로잡히면 수업 중 언제든지 차분한 구석으로 가 시간을 보내도 되었다. 얼마 안 가 아이들은 선생님이 시키지 않아도 제 발로 구석에 가 자기 기분을 파악하는 용도로 그 공간을 이용했다.

사라 호멜은 "HEART의 제1목표는 심리적 행복을 향상하는 것"이라고 설명했다. 사라는 세이브더칠드런이 펼치는 국제 사업들을 정신 건강적, 심리사회적으로 지원하는 부서의 팀장을 맡고 있다. "스트레스에 시달리는 아이, 그 스트레스를 처리하고 회복하는 데 필요한 지원을 못 받는 아이는 주의가 산만해지고 집중력이 떨어지고 감정을 조절하지 못하게 될 확률이 높으며, 위축되거나 과자극 상태가 될 수 있습니다." 아이들은 가까운 사람의 죽음, 갈등 상황, 전쟁, 자연재해 같은 극도로 힘든 상황이 닥칠 때 그 사건을 어떻게 받아들일지 가이드해줄 맥락이 없으면 트라우마나 PTSD가 생길 수 있고, 몸과 마음이 얼어붙거나 그 순간의 기억에서 벗어나지 못하기도 한다. 할아버지의 죽음으로 깊은 슬픔에 빠진 마리나처럼 아예 삶과 거리를 두게 되는 수도 있다.

HEART는 아동과 성인이 주기적으로 표현예술 활동에 몇 달, 심지어 몇 년간 참여하면 스트레스와 불안을 처리하는 기술, 나아가 방치 시 발생할 수도 있는 트라우마를 피하는 기술까지 습득할 수 있다는 걸 확인했다.

표현예술 프로그램은 세 가지 활동 위주로 짜인다. 첫째는 춤, 노래, 연극처럼 호흡과 근육 이완을 중심으로 한 이완 테크닉이다. 다음은 조직적인 활동으로, 성인 조력자의 지도를 받아 집단으로 참여하는 예술 창작 활동이다. 셋째는 자유 예술 창작으로, 참가자들이 그리기, 춤추기, 점토, 천 공예 같은 다양한 창의적 표현 도구를 가지고 마음대로 무엇이든 만들어보는 수업이다. 어떤 수업이든 작품을 만들었으면 둘러앉아 의견을 나누는데, 이때 아이들은 자기 작품이 어떤 의미를 가지고 있는지 직접 설명할 기회를 얻는다.

HEART의 기초 과정에서 가장 결정적인 부분은 성인들에게 좋은 작품과 나쁜 작품을 따지는 게 중요하지 않다는 걸 가르치는 것이다. 사라는 보통 첫 수업에서 강사가 고양이 두 마리를 그리는 것으로 교육이 시작된다고 했다. 하나는 여섯 살 꼬마가 그렸을 법한 꽤 그럴싸한 줄무늬고양이고 나머지 그림은 아무렇게나 끼적댄 그림이다. 그런 다음 수강생들에게 "둘 다 고양이 그림입니다. 둘 중 어느 쪽이 나은가요?"라고 묻는다. 답은 "어느 쪽도 아니다"다. 둘 다 훌륭하기 때문이다. "둘 다 고양이잖아요. 고양이로 그렸고, 고양이라고 했으니까요. 모든 그림은 좋은 그림이죠."

정해진 방식대로 가르치는 데 익숙한 교사들에게는 이해시키기 모호한 개념일 수 있다. 이에 대해 사라는 다음과 같이 말한다. "미술 작품에서 옳고 그른 건 없다는 개념, 결과가 아닌 과정이 중요하다는 개념, 아이가 무엇을 만들고 그에 대해 뭐라고 하든 다 옳으니 미술 작품은 어떤 모양이든지 훌륭하다는 개념을 이해시키는 거죠. 특히 공적 교육 환경에서 생소한 개념일 때가 많습니다."

아이들은 이런 예술 활동 기반의 프로그램에 참여하면서 자기 성찰, 자기표현, 언어적 소통 기술을 습득한다. 이 기술들은 평생 갈 유용한 도구가 된다. 다양한 예술 형태에 노출되고 직접 활동에 참여하면 다양한 감각이 활성화되고, 여러 종류의 의사 결정과 문제 해결과 정리 작용이 일어나며, 그렇게 뇌의 여러 영역이 건강한 기능을 뒷받침하는 방향으로 자극받는다. 그러면 스트레스 회복이 촉진될 뿐 아니라 학습과 발달에도 큰 도움이 된다.

HEART는 예술이 우리의, 그것도 개중 가장 취약한 이들의 행복을 어떻게 개선하는지 파악하기 위해 오랜 기간 데이터를 수집했다. 조사 결과, HEART의 프로그램에 참여한 사람들은 자기표현, 의사소통, 집중 및 감정 조절 능력이 눈에 띄게 향상한 것으로 드러났다. HEART 프로그램을 교육과정에 통합한 학교는 출석률이 올라갔고 학습 평가에서 더 좋은 결과가 나왔다.

무엇보다 중요한 건 학습에 대한 흥미가 높아졌다는 점인데, 이는 한 사람에게 줄 수 있는 가장 큰 선물이 아닐까 싶다. 학습에 대한 호기심과 열의보다 더 큰 선물은 없을 테니 말이다. 이 열의는 다시 더 나은 문제 해결 능력과 또래 간 갈등 해소 능력을 끌어내며, 아이들은 미래지향적 태도를 갖추게 된다. 가장 심하게 주변부로 밀려난 공동체에서조차 아이들은 앞으로 삶을 어떻게 가꾸어갈지에 대한 큰 포부를 품기 시작한다. 게다가 감정적으로 더 유연해졌기에 열성적이고 열린 태도를 가지게 된다. 말라위의 한 학교에서 HEART를 실행한 학급은 그러지 않은 학급에 비해 학습 지표에서 무려 16퍼센트나 앞섰다.

엘리자베스는 마리나에게 할아버지의 죽음을 그림으로 표현해보자며 격려했다. 마리나가 수업 중에 위축되거나 울음을 터뜨리면 선생님은 차분한 구석에 가 있을 것을 권했다. 마리나와 엘리자베스는 그것을 일종의 의식이자 루틴으로 만들었다. 마리나는 구석으로 가 20분간 그림을 그렸다. 어떻게 그려야 맞다거나 틀리다는 기준 같은 건 없었고, 어떻게 그릴지 지도하지도 않았다. 마리나는 충분히 마음의 준비가 되었을 때 비로소 할아버지에 대해 이야기하기 시작했다. 자기만의 속도로, 자기만의 방식대로 움직일 주체성이 주어지자 예상대로 서서히 마음을 열기 시작한 것이다. 하루는 자신이 그린 그림을 곱게 접어 품에 안더니 엘리자베스에게 이제 괜찮아졌다고 말했다. 자기 안에 할아버지가 함께한다는 것을, 영원히 자신의 일부로 남을 것을 안다고 했다.

HEART는 스트레스가 부정적이라고 낙인 찍히거나 외면당하지 않는, 문화적 감수성을 갖춘 환경을 조성하기 위해 증거 기반의 측정 가능한 접근법을 제시한다. 더 나아가 삶에 필수적인 예방과 보호 기술을 쌓을 기회를 주기도 한다. 신경과학 연구는 예술이 아동기 초기 발달에 얼마나 중요한지, 특히 예술이 사회적, 감정적 발달을 뒷받침하는 신경 경로의 생성을 어떻게 뒷받침하는지를 새삼 확인시켜준다. 어릴 때 자연스레 놀이 삼아 하는 것들, 가령 춤추기, 노래하기, 시늉 놀이, 역할 놀이는 전부 자연스러운 형식의 예술이다. 이런 놀이는 뇌 전반을 활성화하며 예술을 배움 현장에 결합하면 아이들의 감정이입 능력, 자기인식, 주체성을 향상시키는 신경 경로의 생성을 촉진한다는 것이 입증되었다. 마리나 같은 아이들이 다양한 생의 경험에 감정적 맥락을 입히는 걸 돕는다는 말이다. 이를 보면 학교에서 이루어지는 예술 활동이 얼마나 대단한 역할을 하는지 알 수 있다.

3장

## 음악으로 호전되는 조현병

우리 모두 살다 보면 언젠가는 트라우마를 직면한다. 그러나 대부분은 의료 개입이 필요할 정도로 심각한 정신 건강 문제를 겪지는 않는다. 하지만 설사 그런 수준의 문제를 겪는다 해도 예술은 뚜렷한 이로움을 제공할 수 있다.

1990년 여름, 브랜던 스태글린은 뉴햄프셔주에 있는 다트머스대학교에서 1학년 과정을 막 마친 참이었다. 당시 열여덟 살이던 브랜던은 세 살 때부터 부모님과 누나와 함께 산 캘리포니아주 라파예트의 집으로 돌아갔다. 그는 그곳에서 행복한 어린 시절을 보냈다. 학교생활을 즐겼고 성적도 좋은 편이었다. 축구를 사랑했으며 친구들과 들이나 숲으로 놀러 다니기를 좋아했다. 철학 클럽 활동도 좋아했다. 일곱 살 무렵에는 여름방학마다 방에서 톱40 노래가 흘러나오는 라디오 채널을 틀어놓고는 몇 시간이고 레고 세트를 조립하거나 그림을 그리곤 했고, 그러면서 음악에 대한 사랑도 깊어졌다.

하지만 대학 첫해 여름은 유독 스트레스를 받아 힘들었던 것으로 기억한다. 처음으로 진지하게 사귄 여자친구와 헤어진 데다 방학 아르바이트도 좀처럼 구해지지 않았기 때문이다. 어느 날 밤은 자려고 누웠는데 우뇌가 사라진 느낌이 들었다. 누가 그 부위만 도려낸 것 같았다. 자신이 속한 세계에 대한 감정적 연결이 몽땅 사라졌고 부모님이나 친구들을 향한 사랑과 연민 같은 감정도 도무지 느낄 수가 없었다. 그 감정들이 전부 사라져버린 것 같았다. 브랜던은 점점 더 편집증적으로 변하면서 혼란스러워했고 결국 정신병원에 입원했다. 그게 최초의 정신착란 발작이었다는 것은 나중에 알게 되었다.

"끔찍한 환영과 망상에 시달렸어요. 제 영혼을 뺏으려는 거대한 전쟁이 벌어지고 있다 믿었고 도덕적으로 조금만 삐끗해도 당장 지옥에 떨어질 것 같았어요. 온종일 깨어 있는 내내 이런 생각들이 떠오르는 게 너무 당혹스러웠고 몇 달째 시달리다 보니 괴로워서 자살 직전까지 갔어요. 다행히 실행하진 않았지만요. 오늘 이렇게 살아 있는 것에 감사합니다."

브랜던은 조현병 진단을 받았다. 치료에 돌입해 약물 처치와 지속적인 상담을 받았고 다행히 우수생으로 대학을 졸업할 수 있었다. 그런데 브랜던은 약물과 대화 요법 외에 음악도 회복의 도구로 작용했다는 것을 알아챘다. "현실과 괴리돼서 점점 나락으로 떨어진다고 느끼는 순간들이 있었어요. 그럴 때 평소에 의욕을 돋워주던 좋아하는 곡들을 틀어놓으면 어느새 현실로 돌아오곤 했죠."

다음 장들에서 자세히 들여다보겠지만, 음악이 스트레스, 불안, 우울감을 완화하고 현재에 집중하는 편안한 상태를 유도하는 데 왜 그리 효과적인지에 대해서는 그간 많은 연구가 이루어졌다. 뇌 구조에서 감정을 인식하는 부위와 음악을 지각하는 부위가 서로 붙어 있어서 그렇다는 이론이 제기되기도 했다. 최근 몇 년 사이에는 또 다른 흥미로운 연구 결과가 나왔는데, 의도적으로 편안한 정신 상태를 유도하고자 작정하고 음악을 틀었을 때 피험자들의 스트레스가 가장 눈에 띄게 감소했다고 한다.

동기 결핍과 명료한 사고의 부재, 그 외 여러 가지 인지적 어려움은 전부 조현병 증상이 맞다. 하지만 브랜던은 이렇게 말했다. "음악은 부정적 증상들을 관리하는 데 도움을 줘요. 증상이 더 잘 억제되니 환자가 일상에서 기능을 하는 데도 도움이 되고요. 약물은 많은 사람에게 필수적이지만 사실 그걸로는 충분치 않고, 회복하는 데도 충분하지 않습니다. 다른 조처가 더 필요하죠. 약물을 복용하면 멍한 상태가 되거든요." 브랜던은 아무것도 느끼지 못하는 채로 평생 살고 싶지 않았다. 의미 있는 관계를 맺으며 살아가고 싶었다.

그렇게 브랜던은 기타를 치기 시작했고 10년 동안 간간이 레슨도 받다가 조현병에서 회복한 경험을 곡으로 써보기로 했다. 제목은 '닿지 못한 지평선들Horizons Left to Chase'로 지었다. 브랜던은 6개월간 그 곡을 꾸준히 연습했다. "기타를 칠 때마다, 또 기타를 치고서 며칠간은 의욕이 샘솟는 느낌이 들어요. 생각이나 느낌과 더 일치된 느낌도 들고요. 음악의 그런 점이 정말 좋아요. 연주할 때 느껴지는 에너지, 삶의 의미, 목적의식 같은 게 있어요. 제 생각의 다른 부분들과도 더 연결되는 느낌이고요. 그럴 때는 사방팔방 뻗치는 잡생각에 산만해지지 않거든요. 살아오면서 정말 큰 도움이 됐습니다."

또 음악은 감정과 더불어 다른 사람들과도 더 진솔하게 연결된 느낌이 들게 한다. "연주하면서 영혼이 확장되는 느낌이 들어요. 감정적으로나 영적으로나 더 온전한 사람이 된 느낌이에요. 실제로 음악이 친사회적이고 이타적인 결정을 내리는 능력을 향상시키는 것 같아요. 저 혼자 연주하든 다른 사람과 함께하든 음악 활동에 참여하는 행위로 세상 속 타인들과 더 연결된 느낌이 들어요."

브랜던은 아버지 개런, 어머니 샤리와 함께 정신 질환에 대한 과학적 이해 증진과 더 나은 진단과 처치법 개발을 목적으로 비영리 기관 '원 마인드One Mind'를 창설했다. 원 마인드는 정신 질환의 생물학적 토대 연구, 조기 발견을 위한 생체 지표 연구, 조현병, 양극성장애, 우울증 등 정신 질환에 대응할 새로운 치료법 연구를 지원한다. 2020년에는 우리 연구실과 협업해 음악 및 정신 질환 연구 검토를 추진하기도 했다. 이런 종류로는 최초인 이번 검토에서 이 분야의 과학을 진전시키는 데 매우 중요한 연구 문헌들의 강점과 약점을 찾아냈다. 개중 중대한 발견 하나는 음악의 장르나 음악적 개입이 이루어진 방식과 상관없이 환자의 90퍼센트 이상이 기존 치료들보다 음악적 경험이 낫다고 여긴 것이다.

이제 우리는 음악이 하나의 매개로 작용해 감정 처리를 돕기 때문에 음악 치료가 조현병의 부정적 증상을 포함하여 전반적인 정신 상태를 호전시키고, 나아가 사회적 기능까지 개선한다는 사실을 안다. 리듬, 반복되는 가사, 화음이 마음을 가라앉히고 충동을 경감시키는 영역인 뇌의 신피질을 활성화해 불안과 감정 조절 장애를 완화하는 것이다.

브랜던은 물질과 에너지, 그리고 우주론의 기본이 되는 양자장 이론을 바탕으로 우주에 내재한 음악을 가사로 쓰는 물리학자 겸 재즈 뮤지션인 스테폰 알렉산더의 과학 이론들을 인용해 이렇게 이야기한다. "우주배경복사라는 게 있는데, 전파망원경을 우주로 돌려놓으면 감지되거든요. 빅뱅 때 남은 우주의 찌꺼기가 내는 것 같은, 일종의 진동음이에요. 이렇게 보면 음악은 그저 만물의 일부인지도 모르죠."

3장

브랜던은 소리굽쇠 사례처럼 기타가 내는 단순한 진동에도 정신 건강이 나아지는 것을 알아챌 수 있다고 한다. "기타를 튜닝할 때 그냥 현을 하나씩 퉁기며 소리의 울림을 들을 뿐인데도 집중이 더 잘되고, 제가 그 순간과 더 조화를 이루어요. 아직은 음악도 아니고 그저 하나의 음일 뿐인데도 그런 효과가 있죠."

## 낙인과 편견을 해체하는 예술

정신 건강 문제가 상황 때문이든 비교적 일시적인 것이든, 아니면 브랜던처럼 심각한 문제를 안고 매일을 살아가야 하든 회복을 막는 가장 큰 요인으로 꼽히는 것은 바로 수치와 낙인이다. 전 세계 정신 질환 인구의 75퍼센트 이상이 수치와 낙인 때문에 치료를 포기하고 그냥 살아간다. 작가 브레네 브라운은 이를 아주 힘 있는 언어로 적절히 표현했다. "이 힘겨운 싸움을 해나갈 때 가장 필요치 않은 건 인간답게 구는 것에 대한 수치심이다. 그것은 우리가 변할 수 있다는 내면의 확신을 갉아먹는다." 그럼에도 정신 질환자 열 명 중 아홉 명이 정신병자라는 낙인과 차별이 삶에 부정적 영향을 준다고 증언한다.

낙인은 편견을 품은 사람과 낙인이 찍히는 사람 양쪽 모두에 생기는 뇌 작용 기반의 반응이다. 이 복잡한 현상은 뇌의 여러 부위에서 미묘하게, 때로는 노골적으로 발현되며 생리학적 반응도 촉발한다. 타인에게 낙인을 품는 것은 편도체가 감지한 두려움으로 인한 반응으로, 종종 미지의 무언가 때문에 추동된다. 여기서 흥미로운 건 낙인을 찍는 주체가 자신이 두려워하는 대상이 뇌에 장애나 질환이 있다는 걸 알게 되면 뇌에서 두려움을 담당하는 주요 기관이 차분해지면서 낙인이 누그러진다는 것이다.

낙인 찍힌 사람은 무리에서 분리되어 고립되며 열등한 존재로 취급받고 사회에 위험한 존재로 인식된다. 그러면 사회적 거부와 고립이 발생하는데, 주로 다음 세 가지 형태로 발현된다. 첫째, 공적 낙인은 대중이 정신 질환에 대해 품고 있는 부정적 믿음들이 반영되어 나타난다. 둘째, 자기 낙인은 편견을 스스로에게 투사한 것이다. 셋째, 제도적 낙인은 정신 질환자에 대한 뿌리 깊은 편견이 정부와 민간 조직 정책에 만연해져 그들의 기회를 제한한다. 낙인이 찍히면 뇌에서 슬픔, 짜증, 우울감, 사회적 위축, 불면 등 다른 정신 상태와의 신경 상관성이 생긴다. 이 상태들은 신경생물학적 기반이 각각 다르다. 예를 들어 사회적 거부는 핵심을 들여다보면 본질적으로 낙인과 같고, 뇌섬엽과 배측 및 복측 전방 대상피질의 과도한 활성화를 초래하며 이는 다시 고립감을 불러온다.

낙인은 정신 건강 문제를 겪는 장본인에게만 일어나는 것이 아니라 그 사람을 지지하는 가족들에게도 몇 배로 영향을 준다. 가족, 친구, 동료, 이웃에게 해를 끼치는 부정적 고정관념을 만들어내고 이를 강화하는 것이다. 또 세상에 나가 활동하면서 온전한 기분을 느끼고 치유될 수 있다고 느끼지 못하게 가로막기도 한다.

유색인 공동체에서는 낙인의 해가 몇 배 심하다. 멘탈헬스아메리카가 실시한 연구에 따르면 흑인은 가벼운 우울감이나 불안만 드러내도 친구들이 미쳤다고 본다 했고, 많은 경우 가족 간에도 정신 질환을 입에 올리는 것 자체가 용납되지 않는다고 했다. 이런 현상은 보건계 내 불평등과 대표성의 불균형으로 더욱 심각해진다. 심리상담사의 6.2퍼센트, 정신과 상급 실무 간호사의 5.6퍼센트, 사회복지사의 12.6퍼센트, 정신과 전문의의 21.3퍼센트만이 소수자 집단에 속하기 때문이다.

주디스 스콧은 낙인 때문에 거의 죽을 뻔했다. 1943년에 다운증후군을 가지고 태어난 주디스는 어릴 때 시설에 보내졌다. 이런 종류의 발달 차이를 보이는 아동은 빈번이 시설로 보내지던 시절이었다. 주디스는 쌍둥이 자매와 강제로 떨어졌고, 이후 40년간 오하이오주 어느 공립 시설에서 지냈다. 그곳의 관리자들은 주디스가 심각하게 지능이 떨어지며 정신 발달이 지체되었다고 여겼다. 하지만 사실 주디스는 청각장애가 있었고 그들이 발견하지 못했을 뿐이었다. 결국 편견에 치우친 짐작 때문에 주디스는 수화 교육을 단 한 번도 받지 못했다. 20년이 흘러 쌍둥이 자매가 그를 시설에서 꺼내주었고, 얼마 후 주디스를 캘리포니아주 샌프란시스코에 있는 창의적 성장 센터에 데려갔다.

창의적 성장 센터는 거의 50년간 시각 예술을 이용해 지적장애와 발달장애가 있는 이들을 지원하는 한편, 낙인에 추동된 서사를 창의적 잠재력에 관한 새롭고 힘을 실어주는 서사로 대체하기 위해 힘써온 비영리 시설이다. 플로렌스 캣츠와 일라이어스 캣츠 부부가 설립한 이 센터의 비전은 전 세계의 모범이 되었다.

창의적 성장 센터는 예술가들이 힘을 합쳐 신체장애와 정신장애가 있는 이들을 지원한다는 취지로 발족했다. "우리가 아는 한 전 세계에 이런 단독 예술 지원 기관은 우리가 최초입니다." 창의적 성장 아트 센터의 소장인 톰 디 마리아가 자랑스럽게 말했다. 창의적 성장 센터는 오클랜드의 커다란 인더스트리얼 스타일 건물에 자리한 그들의 작업실에 매주 160명의 예술가를 초빙한다. 몇몇 예술가는 주 5일씩 꼬박 40년 넘게 출근하고 있다.

직원들도 전부 예술인이지만 객원 예술가들이 스스로 자신의 목소리를 찾게끔 그들이 강좌를 이끄는 방식에 간섭하지 않는다는 원칙을 고수한다. "저희 센터에는 조현병 있는 예술가, 우울증, 양극성장애, PTSD가 있는 예술가, 발달장애가 있는 예술가도 있어요. 저희는 평생 너희는 창의적이지 못하다는 둥 소통이 불가능하다는 둥 부정적 단언을 들어온 성인들, 조용히 하라고, 아무 소리도 내지 말라고, 너희 얘기는 듣기 싫다고 내쳐진 성인들을 위해 봉사합니다. 저희는 그런 말들을 뒤집어서 이렇게 얘기해줍니다. '당신이 하고자 하는 말은 전부 가치 있습니다. 그걸 시각적인 방식으로 표현해보면 어떨까요?'"

직원들은 주디스가 음성언어를 사용하지 못한다고 자신을 표현하지 못하는 건 아님을 깨닫게 도와주었다. 그 과정에서 직원들이 '당신의 경험을 우리에게 어떻게 전달할 수 있을까요?'라는 질문을 던지자 주디스는 매우 창의적인 방법을 찾아냈다.

주디스는 영구성을 이야기하는 조각상, 보호를 이야기하는 조각상을 만들기 시작했다. 섬유를 포함해 다양한 소재를 활용한 자궁을 닮은 구조물이었다. 컬러사진 A를 참고하자. 처음에는 저녁에 귀가한 사이 도둑맞을까 봐 작품을 숨겨놓곤 했다. 침해 불가 구역

따위 없는 시설에서 수십 년을 보낸 터라 그렇게 전전긍긍하며 첫 번째 조각상을 완성하는 데 2년이 걸렸다. 톰은 이렇게 말했다. "주디스의 작품들을 보면 그가 우리에게 전하고자 하는 정보가 거기 다 들어 있다는 느낌이 들어요. 주디스의 언어가 작품이 된 거예요."

낙인은 감정적으로 수치심을 불러오고 수치심은 소통 능력과 치유력을 신체적으로 억제하기에 궁극적으로는 정신의 치유도 가로막는다. 예술은 구체적으로 설명하자면 간섭, 감시, 억압과 관계된 영역인 인지 조절망의 활동을 증대시켜 자기 비판, 자기 판단, 억제 기능을 낮추는 것으로 낙인에 맞선다. 상황에 대처하고 회복하는 것을 도울 뿐 아니라 작품을 매개로 더 깊은 이해와 공감을 얻을 감상자들도 그 작용에 참여시킨다. 예술은 상대방을 있는 그대로 보게 해 낙인을 해체하는 데 일조한다. 낙인과 예술에 관한 최근 연구들을 두고 이루어진 2021년 메타 분석도 예술적 개입이 정신 건강에 관한 낙인을 줄이는 데 극적인 효과가 있다고 결론 내렸다.

세계 곳곳에서 트라우마나 중증 정신 질환과 싸우는 사례는 셀 수 없이 많고, 예술 덕분에 계속 살아가고 치유되는 예도 수없이 많다. 예술이 뇌파 활동을 바꾸고 신경계를 자극해 뇌 기능을 강화한다는 증거도 점점 쌓여가고 있다. 예술은 삶의 속도를 늦추고 감정적 고통을 고스란히 느낀 후 그 고통을 자연스레 전개시켜 결국 변화한, 온전한 인간으로 거듭날 길을 알려준다. 그리고 바로 거기에 아름다움과 희망이 있다.

# 몸을 치유하기

우리를 더 나은 사람으로 만들어주지
않는다면 예술이 대체 무슨 소용인가?

앨리스 워커 | 작가

어느 날 오후, 우리 둘은 각자의 컴퓨터 앞에 앉아 화면에 뜬 퀼트 사진을 들여다보며 감탄을 금치 못했다. 서로가 대륙의 반대쪽 해안에 있었지만 하나의 미술 작품이 거리를 초월해 우리를 하나로 이어주었다. 우리는 전시회장에 나란히 서서 이 놀라운 작품을 함께 감상하고 있다면 얼마나 좋을까 하며 아쉬워했다.

 2018년에 제작된 그 퀼트는 곱게 바느질한 사각 칸마다 카드뮴 레드(선홍색에서 심홍색에 이르는 안료—옮긴이)의 정교한 패턴이 들어간 단색 작품이다. 어떤 조각은 현미경으로 들여다본 눈처럼 나선형 중심부에서 결정 구조의 가지가 뻗어나온 패턴을 담고 있다. 또 어떤 조각은 모로코의 세라믹 타일과 매우 비슷한, 간격이 밭은 육각 모자이크 무늬로, 우리를 즉시 그곳의 열기와 아름다운 풍광으로 데려다준다. 그런가 하면 파도가 물러간 후 모래사장에 남은 줄무늬를 연상시키는 조각도 있다. 150쪽에 이 퀼트 작품의 이미지가 흑백으로 실려 있다.

　퀼트는 질감이 있는 시각적 이야기다. 앨라배마 지스 벤드(18세기 앨라배마강 굽이 옆 대농장이 있던 곳으로, 그 농장 노예의 후손 여성들이 만든 퀼트가 유명하다─옮긴이)의 여성들이 자신들의 낡은 작업복 조각으로 만든 퀼트처럼 면에 한 땀 한 땀 새겨 넣은 특정 장소의 서사가 되는 경우도 있다. 아니면 천, 유리 비즈, 메탈릭 스레드(자수나 장식실로 사용되는 금, 은, 청동 등의 가는 박사. 플라스틱이나 알루미늄 소재도 있다─옮긴이), 투명한 튤(베일 등에 쓰이는 망 모양의 얇은 명주─옮긴이) 등으로 미국 노예제가 남긴 아픈 유산을 묘사하는 현대 미술가 스티브 타운스의 작품처럼 우리가 공유한 역사에 대한 논평인 경우도 있다. 퀼트는 한 번에 한 조각씩 우리 세계를 담는 수단으로 수 세기 동안 제작되어왔다. 퀼트는 삶을 반영한다. 단, 우리가 그날 본 붉은 퀼트는 예술이 '되어가는' 삶이었다.

　그 붉은 퀼트는 스탠퍼드대학교 연구실에서 현미경으로 들여다본 인간의 심장 세포를 찍은 사진들로 만들어졌다. 심장병 전문의 숀 우는 심장 구조에 대한 한 가지 의문을 곱씹고 있었다. 그는 특정 심장 질환들의 원인을 밝히는 데 도움이 될 보조재를 만들기 위해 실험실에서 심장 조직을 재생하고자 했다. 궁극적인 목표는 심막이 약해졌거나 심장 발작으로 손상을 입은 환자들을 위해 심장 패치를 만드는 것이었다.

　과학자들은 우리 몸에 있는 어림잡아 37조 개의 체세포를 가지고 실험실에서 뇌와 방광부터 근육, 피부까지 온갖 인체 조직을 재현하는 데 놀랄 만한 성과를 거두고 있다. 바이오 소재 설계라는 이 신생 분야는 인체 외부, 즉 실험실에서 조직을 배양하기 위해 소재 공학과 생물학을 융합한 분야다.

　하지만 심장 세포는 특수하다. 우선 배양이 굉장히 복잡하고 어렵다. 밀도가 매우 높은 덕분에 세포들이 서로 맞춰 박동할 수 있지만 너무 성기게 설계되어 있다면 동시 동작하지 못할 것이고, 반대로 너무 촘촘하면 숨이 막혀 죽을 수도 있다. 이런 이유로 공학적 관점에서 심장은 장기계의 타지마할이고 엠파이어스테이트빌딩이다. 누구든 짓고 싶은 것을 상상할 수는 있지만, 그걸 실현하려면 놀랍도록 정밀한 구조공학이 필요하다.

　한데 스탠퍼드대학교 동료인 음향생명공학자 우트칸 데미르치가 우 교수에게 한 가지 아이디어를 제시했다. 심장 세포를 소리로 움직여보자는 것이었다. 음파를 비롯한 미학적 요소를 이용해 세포 구조 설계를 시도하는 생물의학자가 증가하는 추세인데, 데미르치도 그중 한 명이다. 음파는 분자를 움직이게 하기에 고체, 겔, 액체, 기체 등 분자로 이루어진 어떤 매개도 아주 자유롭게 통과할 수 있다. 데미르치는 겔화한 물질에 심장 세포를 주입한 다음 음향을 조작해 다양한 크기와 형태의 음파를 생성했다. 그러자 세포들이 겔을 관통하는 파동을 타고 움직여 놀라운 패턴을 만들어냈다.

작은 물결이 점점 증폭되어 큰 파도가 되는 모습을 떠올려보자.

데미르치는 미세한 음향파를 발생시킨 후 우와 함께 심장 세포들이 춤추며 패턴을 만드는 모습을 관찰했다. 음향을 조작해 초 단위로 패턴을 조정할 수 있었다. "주파수와 진폭을 바꾸면 세포들이 눈앞에서 다른 자리로 이동하는 것을 볼 수 있습니다." 2018년에 우는 이렇게 설명했다.

데미르치와 우가 시도한 작업은 '사이매틱스'로, 음향 주파를 시각화하는 과학이다. 이 실험 공정은 스위스의 의학 박사이자 그 분야의 선구자인 한스 예니가 발견했고, 사이매틱스라는 용어도 만들어 1967년에 관련 첫 저서 『사이매틱스: 파동 현상과 진동에 관한 연구Cymatics: A Study of Wave Phenomena and Vibration』를 출간했다. 그는 이 책에서 "음파의 음향 효과는 조정되지 않은 혼돈이 아니다. 오히려 역동적이면서 질서 있는 패턴"이라고 했다.

두 교수의 발견 후 스탠퍼드대학교는 퀼트 같은 이미지를 트위터에 올리고 이런 질문을 달았다. "이것은 예술인가 아니면 과학인가?" 흐뭇하게도 둘 다. 최근 연구자들이 문장에서 '아니면'을 없애고 'ㅇㅇ이자 ㅇㅇ'으로 대체하는 추세가 눈에 띈다. 예술과 과학도 양자택일 대신 융합을 선택하면 신체 건강을 극적으로 변화시킬 힘을 지닌 아주 강력한 약이 된다.

앞으로 좋아하는 노래를 듣고 감동을 받으면 이 실험을 떠올려보기 바란다. 그 순간 여러분은 아름다움으로 인해 문자 그대로 세포 수준에서 변화했을 것이다. 붉은 퀼트의 경우에는 소리가 심장 세포를 움직이게 했다. 시각, 청각, 체성감각, 미각, 후각 자극 등 우리가 접하는 모든 자극은 뇌세포, 신체 세포의 구조와 기능을 바꿔놓는다. 그것도 근본적인 면에서 그러하다. 이를테면 세포의 주기, 증식 양상, 생존력, 호르몬 결합을 바꿔놓는 식이다. 그러니 미적 자극을 다차원적으로 수용한다는 것은 곧 치유의 문을 활짝 여는 것과도 같다.

신체적 건강에 대한 예술과 과학 융합 접근법에서 가장 중요한 진전 한 가지는 연구자들이 핵심 신경생물학 기제들을 밝혀내기 시작했다는 것이다. 기제란 신체 내부 작동의 기저를 이루는 수많은 화학적, 물리적 작용을 말한다. 예를 들어 가장 최근 먹은 음식의 소화는 입안의 타액 생성부터 위장 속 화학물질 분비, 창자의 영양분 흡수까지 다중의 기제로 이루어진다. 우리는 신체가 음식을 어떻게, 왜 소화하는지 잘 알고 있다. 예술을 다른 분야에 융합할 때도 각종 기제가 어떻게 작동하는지 잘 이해하면 예술적 개입을 더 정확히 설계하고 강화할 수 있다.

《랜싯 사이키애트리Lancet Psychiatry》에 실린 2021년도 연구에서 데이지 팬코트의 연구팀은 미술 수업 참여 같은 여가 활동이 인간의 건강에 주는 이로움을 증명하는 점증적 증거를 들여다보았다. 그들은 호흡기와 신체 기능 개선부터 면역 기능 강화와 집단 가치의 생성까지, 개인의 신체뿐 아니라 집단과 사회에서도 일어나는 약 600여 가지의 기제를 식별하고 매핑했다. 이 기제들은 크게 심리적 기제, 생물학적 기제, 사회적 기제, 행동 기제로 나뉜다.

예술과 기제에 대한 이 연구에서 데이지와 동료 과학자들이 밝혀낸 중요한 포인트는 복잡계 과학(자연계를 구성하는 개체들이 유기적으로 협동하여 만들어내는 복잡한 현상들의 집합체에서 돌연히 새로운 개체나 질서가 발생하는 '창발 현상'을 연구하고 예측하는 분야. '복잡성 과학'이라고도 한다—옮긴이) 개념과 관련 있다. 데이지는 이렇게 설명한다. "예전에는 보통 예술과 건강 분야가 약리학처럼 작동해야 한다고 봤어요. 예를 들어 하나의 약물에는 보통 한두 가지 생물학적 행동 기제가 작동하는 유효 성분이 들어 있는데, 그 한두 가지 기제는 결과가 예측 가능하죠. 반면에 저희가 이 연구 논문에서 분명히 지적하는 건, 복잡계 과학은 수백 가지 성분, 수백 가지 기제가 존재한다는 걸 인정한다는 겁니다. 그것들은 전부 일방향이 아니라 양방향으로 작용하며 외부 요인이 조정하죠."

약리학적 처치가 한 가지, 잘해야 두 가지 경로로만 작용한다면 예술은 서로 협력해 작용하는 수백 개의 기제를 한꺼번에 작동시킬 수 있다. 이 말은 예술이 우리 건강에 어째서 그토록 강력한 영향을 주는지를 응축해서 보여준 데이지의 부연 설명은 다음과 같다. "이건 상당히 중요한 포인트예요. 왜냐면 때로 사람들은 예술과 건강 기제의 복잡성과 어수선함을 약점으로 봐왔는데, 사실 그건 예술이 효험을 발휘하는 기제의 핵심이거든요. 복잡계 과학의 렌즈로 들여다봐야 할 것을 그동안 과하게 단순화한 생물 의학 렌즈로 들여다봐서 오인하게 된 겁니다."

오늘날 예술은 신체 치유에 최소 여섯 가지 방편으로 이용된다. 첫째는 예방약, 둘째는 일상적 건강 이상의 증상 완화제, 셋째는 질병, 발달 장애, 사고 등에 대한 처치나 개입, 넷째는 심리적 지원, 다섯째는 만성적 증상을 안고도 성공적으로 살아가기 위한 도구, 마지막 여섯째는 생애 마지막에 위안과 의미를 제공하는 수단이다.

　　일상적 아픔과 통증부터 심각한 질병까지, 예술과 과학의 융합은 우리의 생물학적 작용을 측정 가능하고 효과적인 방식으로 변모시키고 있다. 이제는 의사뿐 아니라 사회복지사와 공중보건 종사자도 신체와 정신 건강에 득이 될 처치로 다양한 예술 활동을 추천할 정도로 이 분야를 충분히 파악하고 있다. 더불어 우리는 약 처방과 마찬가지로 예술 활동의 종류, 분량, 기간이 백이면 백 다르게 작용한다는 것 또한 알아가고 있다. 우리 모두가 이 지식을 각자의 삶에 적용해 얼마든지 자기만의 예술 활동을 구축할 수 있다. 운동과 균형 잡힌 영양 섭취처럼 규칙적인 예술 활동도 건강을 향상시키는 법이다.

## 통증별 딱 맞는 예술 처방

예술 특유의 치유력은 가장 흔하면서도 심신 쇠약의 여파가 큰 문제들을 다루는 데 효과가 있다는 것이 입증되었다. 보건계 종사자들은 비만과 심장병부터 염증, 관절염에 이르기까지 온갖 증상의 완화와 치료에 예술 활동을 병합하고 있다. 그렇게 예술이 이용되고 있는 영역 중 하나가 모두 살면서 반드시 겪는 것, 바로 통증이다.

　　안타깝게도 만성 통증을 안고 살아가는 사람은 매우 많다. 만성 통증은 3개월 이상 이어지는 지속적인 혹은 반복되는 불편감으로 정의되는데, 세계 인구 중 30퍼센트가 이러한 통증에 시달린다. 만성 통증은 일상 활동을 제한하고 사회적 교류를 축소시킨다. 통증은 의료 서비스를 찾는 가장 흔한 이유다. 기실 너무 많은 이가 주기적으로 이런저런 불편감에 시달린다. 게다가 극심한 통증은 기저의 원인을 처치하거나 치료하면 사라지지만 제대로 다루지 않을 시에는 만성 통증이 될 수 있다.

통증은 누구나 겪지만 의료계는 통증이 신체에서 정확히 어떻게 작동하는지 완전히 파악하지 못하고 있다. 통증은 옮겨 다닌다. 덮쳤다가 물러간다. 변덕스럽기도 하며 원인을 꼭 집어 말하는 건 고사하고 몸 안 정확히 어디에 있는지 말하기 어려울 때도 있다. 이는 수십 년간 의학 연구계에서 일종의 성배였다. 전 세계 과학자들이 통증생물학의 메커니즘을 알아내고자 분자와 신경 단계에서 연구를 진행하고 척수와 뇌 활동도 샅샅이 들여다보았다. 통증의 기반이 되는 신경 기제와 더 나은 치료법을 찾아내는 일은 우리 사회의 진통제 의존과 그것이 초래하는 중독의 심각성을 고려했을 때 더욱더 중차대한 문제가 되었다.

의사들에게는 통증이 처치하기 가장 어려운 증상일 수 있다. 효과적 처치법이 없어서가 아니라 통증 경험이 제각기 달라서다. 모든 사람이 통증을 남과 다르게 지각한다. 통증이 그저 생물학적 반응만이 아니라 심리학적 반응이기도 해서 그렇다. 스트레스도 몸을 아프게 한다. 우리가 중압감을 느끼면 뇌가 심인 반응으로 상상해 촉발된 통증 신호를 보내기도 해서 그렇다. 또 문화적 양상을 띠기도 한다. 통증을 참고 받아들이는 양태는 민족과 문화에 따라 천차만별이다.

4장

이 책의 자료 조사를 위해 우리가 지난 몇 년간 만나본 통증 연구자들은 전 세계 인구가 겪는 통증의 정도와 거기서 파생된 문제들, 그리고 그 원천을 측정하고 파악하는 내재적 어려움들을 고려할 때, 수많은 의료적 개입을 결합하는 멀티모달(컴퓨터 용어에서 나온 표현. 다중적 양식을 뜻한다—옮긴이) 처치가 열쇠라는 데 모두 동의했다. 통증학과 통증 처치는 점점 진화해서 이제 맞춤형 처치법을 내놓기 위해 예술과 미학의 생물학적, 사회적, 심리적 이득을 결합하는 수준에 이르렀다.

예술이 통증 관리에 결정적 방편이 되는 한 가지 예는 원래 신체 어느 부위에 통증이 있는지 알아내는 데 이용하는 경우다. 예술은 때로 대체 불가한 통역사 노릇을 한다. 통증은 진단용 영상 스캔에도 뜨지 않고 실증적 검사로 측정할 수도 없다. 타인에게 통증을 말로 정확히 전달할 유일한 방법은 자가 확인 척도를 이용하는 것뿐인 경우가 많다. '1부터 10까지 중 얼마나 아픈가?'로 전달할 수밖에 없는 것이다.

하지만 통증은 우리가 느끼는 다른 체감각들과 다르다. 일단 통증을 느끼게 하는 수용체들과 경로들은 매우 복잡하다. 통증 지각은 통증 감각 경로의 활성화뿐 아니라, 이를테면 어떤 것이 아플지 안 아플지에 대한 기대라든가 고통스러운 자극을 초래한 사건의 기억, 감정 상태, 심지어 자존감까지 포함해 더 고차원적인 인지 작용들의 통합도 포함한다.

UC 샌프란시스코의 신경생물학 교수로 재직하면서 지속적 통증을 야기하는 기제를 연구 중인 앨런 I. 바스바움은 이렇게 지적했다. "대부분의 통증이 말로 표현하기 어렵다는 건 통증의 큰 문제점 중 하나입니다. 말로 표현할 수 없고 눈으로 확인할 수도 없으니까요. 사람들이 종종 통증을 그려보려 하는 것도 무리가 아니죠." 병원에 갔는데 의사에게 통증을 그려보이는 게 공식 절차라고 상상해보자. 채색하고 조각해서 통증을 표현하면 중요한 특징과 정보를 포착하고 파악하고 전달하는 데 도움이 된다. 별것 아닌 것 같은 예술 작품이 많은 것을 말해주는 셈이다.

　　예술 기반의 의사소통은 어린아이처럼 적확한 언어로 신체 경험을 설명할 수 없을 때 특히 빛을 발한다. 애비게일 엉거는 이렇게 말한다. "예술은 아이들이 쓰는 비밀 언어와 같습니다. 자기 몸에서 일어나는 일을 인지하거나 소상히 전달할 언어능력과 발달 수준을 갖추지 못한 아이들에게 예술은 대체 불가능한 표현 수단이죠. 예술은 물론 모두를 위한 언어지만, 특히 아이들에게 말이 안 떠오를 때 좋은 표현 수단이 되어줍니다." 그는 동종 시설 가운데 미국 최초로 설립된 버팔로 호스피스·완화케어에서 표현 치료팀을 이끌고 있다. 말기 환자 돌봄과 완화 치료를 제공하는 버팔로 호스피스는 연간 약 5000명의 환자를 보살피며, 그중에는 말기 진단을 받은 아이들도 있다.

　　의사와 간병인에게 한 가지 큰 난제는 아동이 신체적 통증을 느낄 때와 감정적으로 힘겨워서 아파할 때를 구분하기 힘들다는 것이다. 해당 업계에서 일하는 예술 치료사에게 들은 일화가 있는데, 이 이야기는 어린 자녀가 괴로움을 말로 전달하지 못해 힘들어하던 시절에 엄마로서 기분이 어땠는지를 생생히 기억하는 우리 둘의 마음에 깊이 파고들었다. 치명적 질병을 앓던 한 남자아이의 일화다. 그 아이를 이언이라고 부르겠다.

이언은 매일 밤 울면서 잠자리에 들었다. 너무 힘들어서 종종 호흡곤란까지 올 정도였다. 이언은 엄마 아빠에게 아프다고 호소했다. 부모는 절박한 심정으로 이언의 치료를 전담한 의료진에게 상황을 전했고, 의료진은 이언의 통증이 밤에만 심해지는 원인이 무엇일까 의문을 품었다. 신체검사는 아무런 실마리도 제공하지 못했고 진통제도 도움이 되지 않았다.

그 무렵 예술 치료사가 이언의 돌봄팀에 합류했다. 치료사는 이언에게 자화상을 그려보라 했고, 완성된 그림은 덩그러니 혼자 있는 검은색 형체였다. 특히 상체와 위장에 크레용으로 덩어리가 빡빡 칠해져 있었다. 치료사는 상담 과정에서 이언이 밤에 신체적 통증을 느끼는 게 아니라 불안해한다는 걸 알게 되었고 아이에게 어떻게 하면 나아지겠느냐 물었다. 그렇게 답을 알아낸 치료사는 이언의 부모를 만나 잠잘 시간에 아이의 불안과 걱정을 해소할 의식을 하나 만들어볼 것을 권했다. 이언의 사례처럼 아무리 부모라도 아이들이 무엇을 느끼고 경험하는지 늘 알지는 못한다. 그러나 예술 창작을 통해 그것을 파악할 다른 방법을 제시하면 어른들도 꽤 많은 정보를 알아낼 수 있다.

예술 활동이나 문화 활동에 참여하는 사람은 나이가 들어 만성 통증에 시달릴 위험이 낮다는 사실이 연구로 밝혀진 바 있다. 두통은 만성 통증의 가장 흔한 형태인데, 아직도 사람들은 두통을 해소하려면 약물을 복용하고 움직임을 줄여야 한다고 믿는다. 두통에 시달리는 사람 하면 떠오르는 고전적 이미지는 어두운 조명의 방에 누워 이마에 시원한 수건을 얹은 모습이다. 그러니 두통을 앓는 사람에게 당장 일어나 춤을 추라고 하는 조언은 직관에 반하는 것처럼 들릴 수 있다. 그러나 2021년 《프론티어스 인 사이콜로지》에 게재된 한 연구에 따르면, 마음챙김 기반의 춤동작 치료와 두통에 대한 심리학적 접근으로 통증을 경감시킬 수 있다는 증거가 점점 늘고 있다.

이 연구에서 연구진은 만성 두통 환자 스물아홉 명을 두 그룹으로 나눈 뒤, 한 그룹에는 춤동작 치료를 제공하고 다른 그룹에는 제공하지 않았다. 측정에는 국제 보건계에서 표준화된 통증 평가 지표를 사용했다. 춤동작 치료를 배정받은 환자들은 외래 재활 센터에서 춤과 마음챙김 수련이 포함된 수업을 10회 받았다. 수업은 5주간 진행되었고 매번 수업 전후로 연구진이 데이터를 수집했다. 그리고 최종 수업 후 16주가 지나 한 차례를 더 수집했다. 이를 바탕으로 연구진은 "프로토콜에 따른 분석 결과, 춤동작 치료 실험군이 통증 강도와 우울감 점수에서 통계적으로 유의미한 감소를 보였고, 이 개선 상태는 후속 평가에서도 유지되었다"는 것을 확인했다.

그림 그리기나 음악 수업 같은 다른 예술 활동 개입도 두통 완화에 효과가 있다는 것이 증명되고 있다. 한 소규모 연구에서는 자기만의 음악 플레이리스트가 있으면 만성 두통을 관리하는 데 도움이 된다는 결론이 나왔다. 긴장을 완화하고 통증을 덜 목적으로 음악을 들은 사람들은 실제로 통증이 완화되고 증상이 개선되었다.

4장

통증과 관련된 위급하고 장기적인 문제점 하나는 오피오이드(아편과 비슷한 작용을 하는 합성 진통제 겸 마취제—옮긴이) 사용의 증가다. 지난 20년간 미국은 유례없는 오피오이드 남용 위기를 맞았고, 이와 더불어 전 연령에 걸쳐 과다 복용 사망이 눈에 띄게 증가했다.

2020년에 국립예술기금이 발표한 한 보고서는 오피오이드 사용 장애에 대한 예술 활동 중심의 개입을 조사한 116건의 연구 분석 결과를 전했다. 음악 청취가 통증을 덜어주고 잠재적 중독성을 띤 약물 사용의 욕구를 감소시키며 치료받을 마음의 준비와 자발성을 증가시킨다는 내용이었다. 또한 예술 활동이 젊은 층에 오피오이드 사용을 예방하기 위한 심리적 보호벽이 되어줄 생존 기술도 길러주는 것으로 드러났다.

과학자들은 세상에서 가장 고통스러운 의료 처치 중 하나라는 중증 화상 치료를 연구한 후, 예술이 신체 통증을 다른 것으로 바꾸는 데 어떤 도움을 주는지에 대한 단서도 발견했다. 화상 환자들은 감염을 막고 빠른 치유를 위해 주기적으로 붕대를 갈고 상처를 씻어낸다. 그 과정은 말도 못하게 고통스럽다. 이런 통증은 오피오이드 같은 마약성 진통제로 제어할 수 있다. 하지만 화상 처치에 들어가면 불편감은 수직 상승 한다. 이때 이용할 수 있는 '스노우월드'라는 장치가 있다.

스노우월드는 통증 관리를 위해 최초로 개발된 몰입형 가상현실 프로그램으로, 워싱턴대학교 휴먼인터페이스 기술연구소의 연구원 헌터 호프먼과 워싱턴대학교 심리학 교수 데이비스 패터슨이 공동 개발했다. 화상 환자들은 처치 과정에서 헤드셋을 제공받는다. 그걸 쓰면 처치실에서, 그리고 자기 몸에 일어나는 일에서 시각적으로 분리될 수 있다. 환자들은 그 기기로 애니메이션을 시청하고, 이어폰으로 긴장을 풀어주는 음악을 듣고, 3D 컴퓨터가 만들어낸 시원하고 마음 편한 흰색, 푸른색 배경의 겨울 세계로 들어간다. 그 세계에는 눈사람, 꽝꽝 언 연못, 빙하와 펭귄 등이 등장하며 심지어 환자가 눈을 뭉쳐 던질 수도 있다. 스노우월드를 사용한 환자들은 그냥 처치를 받을 때보다 VR을 사용했을 때 통증을 35~50퍼센트 덜 느꼈다고 보고했다. 환자들은 오피오이드계 약물을 투여했을 때는 통증의 불쾌감이 줄었지만 VR을 사용했을 때는 가장 심한 강도의 통증이 현저히 줄었다고 했다. 또 VR을 사용하는 동안은 통증에 대해 전처럼 많이 생각하지 않았으며 심지어 즐거웠다고까지 했다.

침상 곁에서 얻은 결과를 토대로 이 메커니즘을 더 깊이 이해하려는 연구가 진행되고 있지만, 현재 잠정 가설은 통증 신호를 보내는 데 사용되었을 경로들을 몰입형 VR이 차지한다는 것이다. 2019년에 진행된 한 연구에 따르면 "VR은 인지적 변인에 긍정적 영향을 주어 통증 제어력을 강화할 뿐 아니라 기억과 감정, 촉각이나 청각이나 시각 같은 다른 감각을 통해 통증 신호 경로를 조정하기도 한다."

실제로 몇 건의 소규모 연구에서 fMRI 기계와 호환되도록 설계된 VR 기기를 사용한 실험이 진행되었고, 연구진은 통증 종류와 정도가 각각 다른 환자들을 관찰한 후 주의 이론을 재확인했다.

4장

그 결과 VR 개입이 뇌량 앞에 옷깃 모양으로 둘러친 전방 대상피질, 중뇌와 뇌섬과 시상에 걸쳐 있는 체감각피질들을 포함해 통증과 관련된 뇌 부위의 신경 활동을 감소시켰다는 사실을 확인할 수 있었다.

## 문제를 예방하는 예술

우리를 끊임없이 놀라게 하는 통계치가 있다. 바로 미국 질병통제예방센터가 암, 심장병, 뇌졸중, 호흡기 질환, 비의도적 부상이라는 5대 중대 건강 문제로 인한 사망의 20~40퍼센트를 예방 가능하다고 본다는 것이다.

　　이 수치를 가만히 곱씹어보자. 만성질환 중 다수는 생활 습관의 선택과 변화로 조절하거나 피할 수 있다. 그런데도 우리는 종종 건강에 문제가 생길 때까지 방치해서, 말하자면 호미로 막을 것을 가래로 막곤 한다. 몇 가지 생활 습관이 확실히 도움이 되는 건 주지의 사실이다. 운동과 식단 조절, 수면, 명상이 전부 신체 상태를 개선한다고 증명된 것처럼 말이다. 이제는 예술과 미학이 삶의 지속적이고 의도적인 일부가 될 때 어떤 일이 일어나는지를 알아보자.

　　예술의 예방 효과에 대해 가장 중요한 정보를 알려주는 데이터 일부는 데이지 팬코트가 수집한 것이다. 역학자로서 데이지는 코호트 조사(공통의 통계 인자를 가진 사람들을 집단으로 묶어 실시한 조사—옮긴이)에서 데이터를 발굴하는 데 남다른 재주가 있다. 코호트 조사는 대상 수천 명을, 보통은 출생 시점부터 생후 몇 년마다 추적해 수집한 데이터를 가지고 진행되며 정신 건강과 신체 건강, 교육과 생활 습관, 재정 상태 등에 관한 설문이 이루어진다.

이런 유의 데이터 세트에는 예술과 문화와 관련한 질문이 포함된 경우가 많은데, 이는 곧 데이지가 영국 거주민 가운데 국가적 대표성을 띠는 표본을 수십 년에 걸쳐 추적할 수 있었다는 뜻이다. 데이지는 이 광범위한 장기적 연구 자료에 전례 없는 수준으로 접근할 수 있었고, 덕분에 지난 몇 년간 그가 이끄는 팀은 일상적 예술 활동이 건강에 이로운지 여부를 조사하는 연구를 진행할 수 있었다. 이 연구는 이론 연구도, 일어날 법한 일의 표본을 보여주는 연구도 아니다. 이는 예술 활동에 참여한 혹은 참여하지 않은 사람들에게 이미 어떤 결과가 나타났는지를 보여주는 연구다.

데이지의 팀이 정교한 알고리즘을 적용하고 젠더, 인종, 계층 같은 다양한 변인에 따라 조정해 도출한 분석 결과는 예술이 어떻게 질병을 예방하고 건강을 개선하는지에 대한 놀라운 통찰을 제공한다. 데이지는 예술이 "정신 건강과 신체 건강에 엄청난 영향을 끼치는데, 문제 예방 차원에서만이 아니라 증상 관리와 처치 측면에서도 그러하다"고 결론 내렸다.

이런 영향은 자궁에서부터 시작된다. 데이지는 주산기(임신 20주째부터 분만 후 7일까지—옮긴이)와 출생 후 여성의 정신 건강에 관해, 그리고 음악과 노래하기가 임신부와 신생아의 교감을 어떻게 촉진하는지에 관해 여러 건의 연구를 진행했다. 2015년에 진행한 임상 실험에서는 산후 우울증을 겪는 여성들을 대상으로 연구를 시작했다. 데이지는 이렇게 설명했다. "치료하기 참 어려운 병이에요. 갓 출산한 엄마들은 모유 수유를 하는 동안 항우울제를 복용하기 꺼려 하거든요. 상담이나 심리 치료를 받으러 갈 시간도 없고요." 연구팀은 모자 간의 유대감 형성과 강력한 상관관계가 있다고 데이지가 주장하는 '노래하기'가 정말 회복을 촉진할지 궁금해졌다.

연구팀은 엄마들을 세 그룹으로 나눠 무작위 대조군 연구를 진행했다. 첫 번째 그룹은 주치의에게 평범한 산후 케어를 받았고, 두 번째 그룹은 보통의 케어에 더해 사회적 지지 집단의 도움을 받았으며, 마지막 그룹은 보통의 산후 케어에 더해 산후 우울증에 특화 설계된 10주간의 노래 부르기 프로그램에 참여했다.

"저희는 노래 부르기 활동에 참여한 그룹이 다른 두 그룹보다 평균 1개월 빨리 회복한 사실을 확인했습니다." 데이지는 이 빠른 회복이 매우 중요하다고 강조했다. 산후 우울증은 오래 둘수록 더 중하고 지속적인 우울증으로 발전할 수 있기 때문이다. "산모들이 산후 우울증을 오래 앓을수록 본인에게 더 큰 문제가 되는 건 물론, 아기에게도 발달단계뿐만 아니라 추후 유대감 형성에도 더 문제가 됩니다."

연구팀은 후속 연구에서 노래 부르기가 효과를 내는 기본 메커니즘 몇 가지를 파악했다. "엄마들이 아기와 놀아줄 때보다 노래를 부를 때 스트레스 호르몬인 코르티솔이 훨씬 더 감소했으며, 엄마들이 인식하는 모자 친밀감도 훨씬 증가했습니다." 엄마들은 노래하기가 마음을 가라앉혀줄 뿐 아니라 아기를 재우고 울음을 달래는 데 유용한 도구가 되었으며, 이는 다시 엄마로서 더 유능하고 덜

우울한 기분이 들게 했다고 증언했다.

이런 효과는 아동 발달기까지 이어진다. 연구 데이터에 따르면 예술 활동에 주기적으로 참여한 아이들은 청소년기에 들어서도 사회적 문제를 경험할 확률이 낮다고 한다. 예술 활동을 하는 아동은 또래, 교사, 다른 어른과 문제를 덜 겪으며 우울증이 생길 확률도 낮다. 이런 아이들이 대체로 더 건강한 삶을 살고 더 나은 결정을 내릴 확률이 높다.

한 구체적 사례를 보면 거의 날마다 소설을 읽은 아이들은 건강과 관련하여 더 나은 행동과 결과를 보였다. 마약과 담배에 손을 대는 비율이 낮았고 사춘기 이후에도 과일과 채소를 먹을 확률이 더 높았다. 책벌레라 할 만큼 독서를 좋아하는 아이들에 국한된 현상도 아니다. 이 사례로 데이지는 읽기 능력은 중요치 않다는 걸 확인했다. 중요한 건 만화든 소설이든 읽는 행위 자체였다.

미국 미술치료협회에 따르면 미술 표현과 창작 활동은 인지력을 증대하고 더 나은 자기인식을 함양시키며 10대 청소년이 자신의 감정을 더 잘 제어하게 해준다. 예술을 접한 10대 청소년들은 집중력, 문제 해결력, 결단력이 향상되었기에 뇌가 극적으로 변화하는 결정적 발달기에 건강과 관련한 문제에서 더 나은 선택을 내린다.

데이지의 빈틈없는 연구 덕에 예술이 심혈관 대사 질환, 산후 건강, 아동기 초기 발달 등에 도움이 된다는 사실이 밝혀졌다. 하지만 어쩌면 가장 놀라운 발견은 예술이 전반적 수명에 끼치는 영향일 것이다. 두어 달에 한 번씩 극장이나 미술관에 가는 등 예술 활동을 하는 사람은 그러지 않는 사람에 비해 조기 사망 확률이 31퍼센트나 낮다고 한다. 일 년에 다만 한두 번이라도 예술을 삶에 들이면 사망 위험을 14퍼센트나 낮출 수 있다. 예술이 문자 그대로 생명을 연장해주는 것이다.

이는 어쩌면 예술과 아름다움 음미하기가 가진 예방적 효과에 기인하는 걸지도 모른다. 데이지의 팀이 진행한 추가 연구들은 문화 활동 참여가 치매와 만성질환을 막을 수 있는 다양한 경로를 보여주었다. 미술관, 공연장, 극장 방문 등 평생에 걸친 예술 활동 참여는 나이가 들면서 겪는 인지력 쇠퇴를 늦추는 효과와, 나아가 치매 발병률을 낮추는 효과와도 관련이 있다.

데이지는 예술 활동이 이런 효과를 내는 한 가지 이유가 '인지적 비축분'이라는 과학 이론 때문일 거라고 가정한다. 뇌에 손상이나 기능 저하로부터 기존 기능을 보존하려는 특성이 있다는 인지적 비축분 이론에 따르면, 우리 삶에는 신경 퇴화에 저항해 뇌의 회복력을 기르는 데 도움이 되는 여러 요인이 존재한다. 데이지는 그중에서도 예술이 "인지 기능을 자극하는 활동을 제공하는 데 기여하고, 사회적 지지를 제공하며, 참신한 경험을 하도록 유도하고, 감정을 표출할 기회를 준다"고 했다. "예술 활동은 일종의 교육이고 기술 발달 훈련이다. 이 모든 요인이 인지적 비축분의 일부다. 전부 뇌의 회복성을 기르는 데 도움이 되는 것들이다."

이제는 기존의 의료 서비스도 예술 활동과 미학적 치료를 도입하는 추세다. 구토 억제에 아로마 테라피를 이용하고, 수술실에서는 환자와 의사와 간호사의 초조함을 가라앉히기 위해 노래를 부르거나 음악을 튼다. 뇌졸중 재활 치료에 비디오게임을 동원하기도 한다. 건강 관리와 결합된 예술 활동과 의료 서비스에 동원되는 표현예술 치료 요법에 관심이 급증하고 있으며, 이로 인해 시각예술과 음악뿐 아니라 춤과 창의적 글쓰기까지 융합되어 치료 현장의 프로그램이 점점 다채로워지고 있다. 아예 예술계 종사자들이 돌봄 계획팀에 합류해 병원에서 의료진들과 협력하기도 한다.

수년 동안 미국 예술인연합은 병원과 의료 시설이 예술을 어떻게, 왜, 어디에 활용할지 파악하는 연구에 기금을 지원해왔다. 한 조사에 따르면 병원 행정 부서들 가운데 거의 80퍼센트가 예술이 치유적 환경을 조성해주며, 치료와 회복 과정에서 동기를 부여해 환자의 병원 경험을 극적으로 개선한다는 것을 알게 되었기에 예술에 투자한다고 응답했다. 예술은 다양한 치료 요법을 통해 신체적 회복뿐 아니라 건강한 감정도 뒷받침한다. 이를 포함한 수많은 연구는 예술 프로그램을 치료에 융합한 병원들에서 하나같이 환자의 입원 기간이 더 짧고, 직원과 임상의의 번아웃이 줄었으며, 환자와 직원 모두 행복감이 훨씬 커졌음을 확인시켜주었다.

이처럼 예술 창작과 그에 수반되는 창의적 과정이 정량화 가능한 다양한 방식으로 입원 환자들의 치유를 돕는다는 것이 여러 연구로 증명된 바 있다. 또한 통증, 피로, 우울감, 불안, 식욕 결핍, 호흡곤란 등 범증상에서 통계적으로 유의미한 감소가 일어났다는 것도 다수의 연구로 확인되었다. 이 밖에도 의료 서비스 환경에서 이루어지는 예술 활동은 앞날에 대한 우려와 긴장, 불안감, 걱정을 덜어주기도 한다.

## 질병과 함께 잘 사는 기술

예술 활동이 수명을 연장한다는 것은 연구가 증명한다. 하지만 오래 사는 것과 일생을 충만하게 잘 사는 것은 다른 이야기다. 신체의 건강은 질병이 없는 상태만 말하는 게 아니다. 일생에 걸쳐, 심지어 이런저런 병이 몸 상태를 저하한다 해도 감정적 고통과 괴로움을 비교적 적게 겪으며 삶을 꽃피우는 것을 말한다. 신체 건강은 삶의 모든 부분의 근간이며, 그렇기에 정신적, 영적 건강에도 깊은 영향을 미친다. 건강하지 못할 때나 다쳤을 때 어떤 생각이 떠오르는가? 당장의 위급한 문제를 넘어 의미심장한 반응이 튀어나온다. '내가 과연 나을 수 있을까?' '내일은? 다음 주에는 어떻게 될까?'

건강 염려의 핵심에는 대개 불확실성이 있다. 우리는 모르는 상태를 견디기 힘들어한다. 당장 겪고 있는 건강 문제에 더해 걱정, 두려움, 비관, 무력감까지 느껴질 수도 있다. 진단을 기다리면서 느끼는 불안감이 있고, 재활이나 회복 과정의 답답함과 지루함도 있다. 전염성 바이러스 질환 때문이든 아무도 내가 겪는 것을 똑같이 겪지 않는다는 현실 때문이든 아플 때 느끼는 고립감도 있다. 병에 걸리면 몹시 외로워지고 이 기분은 다시는 전과 같을 수 없다는 심적 괴로움을 한층 심화시킨다. 우리는 모두 신체 건강이 예전 같지 않을 때 자기 성찰과 의문으로 파고드는 경향이 있다. 이때 예술은 혼란과 두려움 상태에서 질병이 수반하는 정신적, 신체적 증상들을 경감해주고 어떤 경우에는 상당히 완화해준다.

우리의 동료이자 친구 비제이 밀러는 큰 비극을 겪은 후 신체 건강상의 중대한 문제를 안고 어떻게 살아야 할지에 대한 남다른 지혜를 보여준다. 비제이는 1990년 대학 재학 중 비극적 사고로 두 다리와 한쪽 팔을 잃었다. 마음이 무너지고 영혼이 비틀리는 듯했던 입원 첫 몇 주간 그가 골몰한 건 그저 뼈와 살, 신경, 조직을 재생시키는 문제만이 아니었다. '이제 어쩌지?' 머릿속엔 이런 의심과 의문이 계속해서 따라왔다.

"세상에서 제가 차지하게 될 위치를 어떻게 받아들일지, 그리고 이 새 몸뚱이가 앞으로 뭘 의미할지 고민했어요." 비제이는 이렇게 털어놓았다. 그는 일생일대 위기의 한복판에서 생의 목적과 인간됨, 변화 능력에 대한 실존적 질문들을 마주할 수밖에 없었다. 비제이는 늘 미술을 사랑했고, 사고 당시에는 동아시아학을 전공 중이었다. 하지만 삶을 송두리째 바꿔놓은 부상과 병원에서 보낸 오랜 나날의 영향으로 전공을 미술사로 바꾸게 되었다. 그런데 하염없이 병상에 누워 지내다 보니 미술과 미학을 다른 시각에서 생각해보게 되었다. "인간은 왜 창작을 할까?" 이런 궁금증이 떠오른 것이다. "우리는 왜 경험에서 뭔가를 창조해낼까?"

그러던 순간, 깨달음이 찾아왔다. 미학과 예술은 고상한 게 아니라 인간 삶의 바탕이라는 깨달음이었다. 오늘날 비제이는 내과의로 일하면서 말기 질환 환자의 완화 치료와 호스피스 케어에 여력을 쏟고 있다.

완화 치료의 목표는 호전될 수 없는 건강 문제를 안고 살아가는 사람의 고통을 덜어주고 그들에게 최선의 돌봄을 제공하는 것이다. 삶을 뒤집어놓는 진단이나 비제이가 겪은 것 같은 중한 사고

4장

에는 처치, 정신적 수용과 관련한 여타 증상들이 수반된다. 통증, 호흡곤란, 피로, 변비, 메스꺼움, 식욕 상실 등이 새로운 일상이 될 수 있고 우울감, 불면, 불안이 동반되기도 한다.

최근에 이루어진 학술 문헌 검토는 시한부 진단을 받은 환자의 통증과 감정적 고통을 둘 다 완화하는 데 예술 활동이 동원된 양태를 조사했다. 각국의 광범위한 환자군을 조사한 결과, 예술 창작과 감상 모두 행복감을 증대하고 감각을 재구성하며 타인과의 소통과 연결을 촉진하는 데 도움이 된다는 것이 드러났다.

사고 후 40년이 지난 지금, 비제이는 예술과 미학을 비롯해 여러 가지 참신한 요법을 결합한 종합적 접근법을 치료에 적용하고 있다. 그는 이것을 '완화 치료 미학'이라 부른다. 그의 설명에 따르면 완화 치료 미학은 환자가 자기 신체에 집중하게 해주는데, 그저 증상 억제만을 위해서가 아니라 의미 부여를 위한 지식의 원천으로 삼기 위해서이기도 하다. "몸은 지식을 지혜로 승화하는 열쇠입니다. 몸은 생과 사의 결판이 내려지는 중대한 현장이고, 그렇기에 자신에게 옳은 게 무엇인지 판단하기에 적합한 곳이죠. 적확한 표현은 '조율'이겠고요. 어떤 진실이 진정한 것으로 받아들여지려면 먼저 느껴져야 합니다."

비제이는 심상 유도 기법을 사용한다. 기분 좋게 느껴진 신체 감각과 심상을 회상하거나 상상하는 일종의 집중 이완법이다. 이런 기법들로 암에 수반되는 통증이나 전반적인 편안감을 개선할 수 있다는 것이 다수의 연구로 입증되었다. 그는 기분을 나아지게 하고 통증과 피로를 덜기 위해 음악 치료도 병합하고 있다.

비제이가 자주 사용하는 또 다른 미적 반응 유발법은 하루 중 약간이라도 기분이 괜찮다고 느껴지는 순간이 있는지 유심히 살피는 것이다. "환자들에게 이만하면 충분하다, 딱 좋다, 더할 나위 없다고 느껴지는 순간을 알아채보라고 합니다." 그리고 그런 순간에는 지금 어디에 있는지, 무엇을 보거나 만지고 있는지에 주의를 기울여야 한다. 아예 핸드폰으로 사진을 찍거나 메모해두는 것도 좋다. 그리고 다음 상담 때 그걸 가지고 이야기하는 것이다. 시간이 충분히 흐르면 이런 미적 경험 덕분에 환자가 어디에서 누구와 있을 때 더 상태가 나은지 환자와 의사 모두 잘 알아차릴 수 있고, 비제이도 이 정보를 토대로 환자에게 어떤 결정이 더 나을지 조언할 수 있다. 여러모로 비제이는 '그저 존재하는 공간' 전시의 맞춤 치료 버전을 제공하고 있는 셈이다. 더 편안하고 즐거워지기 위한 습관을 쌓는 과정에서 자신의 생리학적 요구와 다시 연결되기 위해 주변의 미적 환경을 더 예민하게 알아차리라고 요구하니 말이다.

## 삶을 재건하다

생활 습관에 변화를 주는 건 매우 어렵다. 그걸 모르는 사람은 없다. 건강식을 하려고 신경 쓸 때도 대부분은 사과가 도넛보다 낫다는 걸 잘 알지만 허니 글레이즈 도넛 대신 허니크리스프 사과를 집어 들기란 정말이지 쉽지 않다. '철저히 따르다'라는 표현은 건강 관리를 할 때 귀에 못이 박히도록 듣는 말이다. 건강한 식단을 따르고 있는가? 운동을 하는가? 수면 시간을 확보하고 있는가? 건강에 문제가 있다면 약을 꼬박꼬박 복용하고 의사의 지시를 잘 따르고 있는가? 낫고자 하는 의욕이 있고, 그 과정에 참여하고 있으며, 적극적으로 임하고 있는가? 이렇게 보면 신체적 건강의 큰 부분이 정신적 선택이자 그 선택을 어떻게 지켜나가는지에 달린 듯하다. 철저히 따른다는 건 참으로 냉정한 말이다.

사실 우리가 지금 이야기하는 것은 전반적인 건강이다. 건강한 선택을 내리는 데 필요한 의미를 어떻게 찾을 것이며, 어떤 일이 일어났을 때 나에게 필요한 치료를 어떻게 지원할까? 이렇듯 사람을 전인적으로 치료할 필요가 있기에 세계 최고의 재활의 중 한 사람도 환자를 돕는 데 예술의 힘을 빌리기를 주저하지 않는다.

데이비드 푸트리노는 인생에서 가장 힘겨운 나날을 겪고 있는 이들을 매일같이 마주한다. 마운트시나이 헬스 시스템 재활혁신센터 소장인 데이비드는 사고로 인생이 송두리째 뒤집힌 사람이나 중병을 앓는 사람의 회복을 돕는 일을 한다. 이 환자 중 다수가 비제이가 스스로에게 던진 것과 똑같은 질문들을 마주한다. 신체 상태가 이렇게 극적으로 변했는데, 과연 삶에 무슨 의미가 있는가 하는 질문 말이다.

데이비드는 마운트시나이 병원에서 뇌졸중, 루게릭병이라 불리는 근위축성 측색경화증, 외상성 뇌 손상 같은 심각한 부상이나 질병을 겪은 사람을 치료하는 데 미학과 예술을 기술과 결합해 적용하고 있다. "제 일은 넓게 보았을 때 환자에게 제공하는 의료 서비스를 한 단계 발전시킬 기술, 아이디어, 원칙을 공격적으로 추구하는 겁니다." 그래서 그는 신경조절술을 치료에 적극 사용해왔다. "저희는 감각 자극으로 생리학적 현상을 조작합니다. 미적 자극을 주면 눈에 띌 정도로 확실하게 생리적 반응을 조작할 수 있다는 걸 보여주는 연구 문헌이 많거든요."

데이비드는 신체 능력의 정점에 오른 올림픽 출전 선수부터 루게릭병으로 감금증후군(의식은 있으나 몸의 운동 기능이 마비된 상태. '록트인locked-in신드롬'이라고도 한다—옮긴이)을 겪으며 고통받는 이들까지 광범위한 환자를 만난다. 또 신생아부터 그 부모 세대와 생애 말기에 노화 관련 문제를 겪는 이들까지, 전 생애 주기에 걸친 다양한 환자를 치료한다. 덕분에 데이비드는 인간의 수행력과 잠재력을 보다 깊이 이해하게 되었다.

데이비드의 태도에서 남다른 부분은 그가 재활을 본질적으로 인간 수행력의 최상을 추구하는 것이라 본다는 점이다. "뇌졸중을 겪고 살아난 사람을 뇌졸중 이전 상태로 재활시키려 해서는 안 됩니다. 웰니스 스펙트럼에서 전보다 나은 상태로 밀어붙여야 해요. 이것을 우리가 추구할 원칙으로 삼아야 합니다."

데이비드는 한 사람의 삶을 개선하기 위해 고도의 기술이든 아주 단순한 수법이든 가리지 않고 동원한다. 1만 5000원 정도로 환자의 인생을 영구히 바꿔놓은 적도 있다. 심한 척수 손상을 입은 청년의 사례였다. 데이비드의 연구실로 오기 전, 이 청년은 완전히 마음을 닫아버린 상태였다. 물리 치료를 받지 않으려 들었고 언어 치료도 거부했다. 담당 신경심리학자와는 대화조차 하지 않으려 했다. 데이비드는 당시 상황을 전했다. "한마디로 치료에 전혀 무관심

했어요. 불만 가득한 얼굴로 허공만 멍하니 응시하면서 치료사들을 완전히 무시했죠."

어느 날 오후, 데이비드의 재활혁신센터 동료인 심리학자 안젤라 리코보노가 아이디어를 하나 냈다. "사고를 당하기 전에는 디제이였잖아요. 이 친구가 다시 디제잉을 하게 만들어야 해요. 저희에게 마음을 열게 할 수 있는 방법은 그것뿐이에요."

안젤라의 말처럼 청년은 1만 5000원짜리 마우스 스틱 스타일러스와 아이패드로 디제잉을 다시 시작할 수 있었다. 첫 치료 세션에서 아이패드를 설정하고 앱을 조작해보더니 청년은 자기가 디제잉하는 것을 아버지에게 보여드리고 싶으니 페이스타임을 해도 되느냐며 당장 데이비드에게 물었다. 그 후 청년은 신경 심리 상담을 받기 시작했고 물리 치료에도 적극 참여했다. 심지어 안젤라가 척수 손상을 입은 사람들을 위해 마련한 그룹 모임에 참여해도 되는지 묻기도 했다. "척수 손상을 입은 지 얼마 안 된 사람 중에 디제잉에 관심 있는 사람들을 위해 특수 동아리를 만들어도 되냐며 묻기까지 하더라고요." 데이비드가 전했다. "이 친구의 인생 궤도가 백팔십도 방향을 튼 겁니다."

다시는 되찾을 수 없는 것, 복구 불가능한 것을 잃었을 때 가치관을 재정립하는 건 매우 중요하다. 어떤 식으로든 자기 몸을 있는 그대로 받아들여야 하고 동시에 새로운 의미를 찾아야 한다. 이 청년의 경우 그런 참여감과 생의 의미를 디제잉이라는 스스로 선택한 예술을 통해 창조한 것이 변화의 계기가 된 것이다.

삶의 목적의식이 필요한 건 우리 다 마찬가지다. 그런데 삶의 열정을 좇을 육체 능력이 어그러지면 가히 삶이 파괴될 정도의 여파가 온다. 데이비드의 치료법은 물리적인 회복을 도와줄 뿐 아니라 다른 선택지가 없을 때 예술이나 여러 활동을 통해 자신의 이야기를 재구성하고 새로운 현실에서 그 열정을 되살리게 해준다.

그가 환자들에게 일깨워주는 또 한 가지 있다. 바로 일상의 미적 경험에서 받는 모든 감각 자극이 우리가 어떻게 느끼는지에 다양한 방식으로 영향을 줄 수 있다는 것이다. 데이비드는 각기 다른 조명이 기분을 어떻게 달라지게 하는지, 향과 촉감, 맛과 냄새가 무의식적으로 그 순간의 느낌에 어떻게 영향을 주는지 의식해보라고 조언한다. 심지어는 (관절염 환자는 말 안 해도 잘 알겠지만) 날씨 패턴도 통증에 영향을 주지 않느냐고 말이다.

데이비드는 이렇게 지적한다. "환자가 의사에게 날씨 때문에 몸이 더 아프다고 호소한 기록은 차고 넘치는데, 날씨를 변수로 넣어 통증 대응에 개입한 사례 연구는 단 한 건도 없습니다. 이게 믿기시나요?" "당연히 우리가 날씨를 바꿀 수는 없지만 날씨를 예측해 통증을 예상할 수는 있잖아요. 만성 통증 환자에게 '다음 며칠간은 좀 힘들 텐데 너무 낙담하지 마세요. 몸 상태가 나빠져서가 아니라 날씨가 변해서 그런 거예요'라고 말해줄 수는 있잖냐는 겁니다. 이 한마디로 만성질환 환자들을 얼마나 안심시킬 수 있는데요." 기압과 바람과 기온의 변화 같은 미적 경험도 상당한 영향력을 행사한다는 이야기다. 데이비드는 날씨가 중요하다는 것을 인정하는 것만으로 미적 경험과 감각 경험을 의료에 접목하고 있는 셈이다.

4장

## 파킨슨병 환자의 탱고

어릴 때는 움직임으로 세상을 경험한다. 펄쩍펄쩍 뛰고, 빙글빙글 돌고, 발을 질질 끌고, 춤을 춘다. 그런데 나이가 들면 삶에서 춤이 사라진다. 그나마 결혼식 같은 특별한 자리에 가야만 겨우 춤을 추곤 한다.

춤이든 다른 예술이든 꼭 잘해야만 효과가 있는 게 아니라는 건 연구가 보여준다. 우리는 몸을 움직일 때 뇌에서 일어나는 현상을 PET 스캔 같은 기술을 동원해 들여다보았고, 춤출 때 작동하는 기저의 신경계와 하위 체계에는 리듬과 공간 인지와 연관된 부분들도 있었다. 그러니 건강을 생각하면 당장이라도 맘보를 추는 게 좋다. 아니면 문워크를 하거나 마카레나를 춰도 좋다.

요즘에는 춤이 이런저런 건강상의 이로움을 위해 처방되고 이용된다. 춤은 체중을 감량하고 심장 건강을 증진하는 데 효과적이면서 재밌는 방법이다. 앞서 이야기한 대로 만성 두통과 편두통을 완화하는 방법으로 입증되기도 했다. 페르시아의 시인 루미의 한 작품 속 구절이 핵심을 잘 포착했다. "부수어져 활짝 열렸다면 춤을 추라. 붕대를 풀어버렸으면 춤을 추라. 싸우는 와중에 춤을 추라. 너의 피에서 춤을 추라. 완벽히 자유로워졌으면 춤을 추라."

특히 주목할 만한 춤 이용 사례는 신경퇴행성 질환의 치료로 춤을 추는 경우다. 전 세계 1000만 명 이상이 앓고 있는 질환인 파킨슨병은 움직임이라는 소중한 선물을 손상시킨다. 파킨슨병은 균형과 협응 곤란, 몸의 떨림과 경직 등 다양한 신체적 문제를 일으키

몸을 치유하기

는 뇌 장애다. 증상들은 보통 서서히 발현해 시간이 지나면서 악화된다. 보통 파킨슨병 환자는 보행에 큰 어려움을 겪는다. 자동 운동을 담당하는 뇌 부위인 기저핵의 신경이 손상되어 도파민 레벨이 급격히 떨어지면서 걷기라는 인간의 본능적 움직임이 약화되는 것이다. 도파민 감소가 동작을 제한하는 비정상적 신경 작용을 촉발한다고 보면 된다.

기저핵은 동작 패턴과 기존에 학습된 보행을 주관하는 곳으로, 걷기를 비롯한 일상의 움직임이 습관적으로 이루어지게 한다. 이때 기저핵은 움직임의 속도, 범위, 방향의 조절을 돕는 소뇌와 신호를 주고받는다. 오늘날 신경과학자들은 소뇌가 습관적 동작의 형성에 얼마나 중요한 역할을 하는지 잘 알고 있다.

아기가 걸음마를 배우는 것과 행인이 부산한 거리를 바삐 걸어가는 것을 비교해보면 우리의 움직임 중 많은 부분이 시간이 흐르면서 어떻게 의식하지 않고도 일상적 활동의 일부가 되는지 이해될 것이다. 이런 동작 패턴들은 생애 극초기에 몸에 배며 얼마 후에는 어떻게 걸을지 생각하지 않고도 걷게 된다. 첫 동작만 수행하면 어느새 걷고 있는 것이다. 하지만 파킨슨병 환자는 뇌 신호가 불안정적으로 변하면서 자동성을 신뢰할 수 없게 된다.

그런데 뉴욕 브루클린에 있는 마크모리스 댄스 그룹 건물에서 열리는 '파킨슨병을 위한 춤' 수업에 환자가 들어가면 믿기 힘든 일이 벌어진다. 조명이 환한 교실에서 환자들이 훌라를 추고 탱고를 추기 때문이다. 이들은 폭스트롯을 추고 상자 모양으로 밟는 기본 춤 스텝인 박스 스텝을 밟는다. 춤추는 동안은 몸의 떨림이 잦아들고 발 디딤새도 더 확실해진다. 교실에 들어오는 것도 간신히 해낸 사람들이 물 흐르듯 부드럽게 움직인다. 작가이자 퍼포머인 퍼트리샤 비비 맥개리가 인터뷰 영상에서 이 교습에 참여한 경험을 이야기했다. "가만히 앉아 내 몸에 대해 생각하는 대신 그냥 무조건 움직여요. 그 수업에서는 마법 같은 일이 벌어지죠."

파킨슨 환자에게는 증상이 일시적으로 멈춘 이 순간이 마법처럼 느껴질지 모르나, 사실 이건 신경화학에 바탕을 둔 생물학적 현상이다. 춤은 앞서 설명했듯 기저핵과 소뇌, 운동 피질을 포함해 뇌의 여러 영역을 작동시킨다.

'파킨슨병을 위한 춤'은 2001년 문을 열었는데, 8년 동안 강사들이 증언한 성과에 놀란 과학자들이 춤이 정확히 어떻게 파킨슨병 증상 완화를 돕는지 연구에 들어갔다. 초기 강사 중 한 명이자 지금은 프로그램 감독을 맡고 있는 데이비드 레븐탈은 환자들이 춤을 추자 걸음걸이가 개선되었고, 몸의 떨림이 감소했고, 파킨슨병으로 굳어졌던 얼굴 표정도 나아졌다고 말했다. 수업에서 이루어진 운동력 향상이 어떤 점에서 유의미하고 측정 가능한지, 또 무엇보다 교실 밖에서도 유효하거나 재현 가능한지를 추적한 연구도 여러 건 진행되었다.

이러한 초기 발견은 2021년에 발표된 3년간의 종단 연구 보고에서 재확인되었다. 연구진은 파킨슨병을 위한 댄스 수업에 주 1회 참여한 환자 서른두 명을 추적 관찰했다. 댄스 교실에 참여한 이들은 어떤 종류이건 춤을 전혀 추지 않는 이들에 비해 운동 장애를 덜 겪었다. 언어, 몸 떨림, 균형, 경직 문제도 눈에 띄게 개선되었으며 기분과 삶의 질도 향상되었다.

또 다른 연구는 뇌전도 검사를 동원해 춤추는 파킨슨병 환자들의 뇌파에서 변화를 확인했다. 능숙한 근육 제어와 리듬과의 협응을 담당하는 부위인 기저핵에서 혈류가 증가한 것이다. 데이비드는 이렇게 설명했다. "발을 질질 끌고 걸음걸이를 전혀 신경 쓰지 않던 사람들이 수업에서 춤을 출 때는 갑자기 자신이 뭘 하는지 충분히 의식하고 신경을 쓰더군요. 춤추면서 움직임의 질에 더 주의를 기울이게 된 거죠. 그렇게 반복하다 보면 그 동작들은 다시 자동으로 나오기 시작합니다. 그러니 몸이 움직임을 새로운 방식으로 수행해 결국 자동으로 이루어지도록 춤이 뇌 회로를 재배선하는 거라 봐도 좋겠네요."

음악에 반응해 스위치가 켜지는 수많은 영역 중에는 운동 피질도 있다. 운동 피질은 노래 박자에 흥이 나 춤추려고 할 때 작동한다. 모든 종류의 춤은 무게중심 이동, 균형, 운동력, 움직임의 크기, 신체 협응, 리듬, 음악성, 이야기, 표현, 서사 등 똑같은 요소를 기반으로 이루어진다는 점에서 공통 속성을 띤다고 할 수 있다. 데이비드는 이렇게 덧붙였다. "파킨슨병 환자에게 효과가 있는 바로 그 요소들이기도 하죠."

탱고가 효과 있는 이유는 균형과 무게중심 이동에 고도로 집중해야 하고 파트너와의 공간에서 자신의 균형점이 어디에 있는지 의식해야 하기 때문이다. 또 즉흥적이기 때문에 다음 박자에 파트너와 내가 어디로 갈지 인지적 결정을 내려야 한다. 그런데 이 요소들은 서아프리카 춤과 모던 댄스도 똑같이 가지고 있다. 홀라에도 이 모든 요소가 들어 있다. 이에 대해 데이비드는 이렇게 말했다. "그러니 어떤 춤이 더 나은지 따질 게 아니라 우리가 강사로서 파킨슨병 환자에게 가장 효과적인 요소를 찾아내는 게 중요합니다."

신경과학자들은 춤이 파킨슨병에 걸린 뇌를 어떻게 돕는지 들여다본 연구에서 그것이 혈행과 뇌파 활동을 촉진하는 기제와 기분 좋아지는 신경화학 물질 4총사 도파민, 옥시토신, 세로토닌, 엔도르핀을 촉진하는 기제를 매핑했고, 궁극적으로는 춤이 인간에게 어떤 작용을 하는지도 한층 깊이 이해하게 되었다. 다른 연구들도 춤이 특히 집행 기능, 장기 기억, 공간 인지 관련 뇌 영역에서 새로운 신경 경로를 생성한다는 사실을 확인한 바 있다.

## 기억을 불러일으키는 음악

춤으로 운동장애를 치료하는 게 처음에는 이상해 보일 수 있지만, 점점 과학적 증거가 쌓이면서 파킨슨병을 위한 춤 교습이 일반적인 치료로 자리 잡아가는 이유가 분명해졌다. 이를 보면 한때 황당하다 여겨지거나 학계에서 무시당한 아이디어가 시간이 흐르고 연구가 거듭되면서 어떻게 널리 수용되고 입증된 치료적 개입으로 자리 잡는지 알 수 있다.

콘체타 토메이노, 줄여 코니는 1978년 치매 병동에 기타를 들여왔다는 이유로 별난 치료사 취급을 받았다. 오늘날 그는 자신이 공동 창립한 뉴욕주의 '음악과 신경학적 기능 연구소'의 상임 이사다. 세계적으로 인정받는 음악 치료사 코니는 수십 년에 걸친 연구와 임상 치료로 음악이 뇌 장애 치료에 이용되는 양상을 극적으로 바꿔놓았다. 하지만 1970년대에는 음악이 인간의 건강에 이로움을 준다는 미검증 가설을 주장하고 다니는, 대학을 갓 졸업한 청년일 뿐이었다.

기타를 들고 요양원에 들어선 코니는 곧장 맨 위층으로 올라갔다. 치매 말기 환자들이 생활하는 곳이었다. 코니가 당시를 회상했다. "그때만 해도 약물 과다 투여가 흔해서 환자들이 보통은 무기력한 상태로 코에 튜브를 낀 채 지냈고, 튜브를 뽑지 못하게 병원 측에서 손에 손모아장갑을 끼워놓기도 했어요. 방문객과 치료사 대부분이 피하는 병동이었죠."

오늘날은 치매에 관해 훨씬 많은 사실이 알려져 있다. 치매는 특정 질병이 아니라 언어, 학습, 기억, 집행 기능, 운동 기능, 사회적 인지 기능에 영향을 주는 광범위한 신경퇴행성 질환을 진단하는 데 사용하는 총칭이다. WHO에 따르면 전 세계 5500만 명 이상이 일종의 치매에 걸린 채 살아가며 매년 1000만 명 이상이 새로 치매 진단을 받는다. 백이면 백 다른 양상으로 나타난다는 점에서 다루기 힘든 병이며, 그 다양한 면면을 코니는 요양원 첫 방문 때 목격했다.

그날 몇몇 환자는 의자에 앉은 채 잠들어 있었고 몇 명은 소리를 질러댔다. 어디로 가는지도 모르고 주의를 기울이지도 못한 채 병동 안을 이리저리 돌아다니는 이들도 있었다. 치매에 걸리면 작업 간에 전환되는 집중 유지력이 심하게 훼손되기 때문이다. "그런데 제가 기타를 들고 나타난 거예요." 코니가 웃으며 말했다.

4장

한 간호사가 동정 어린 미소를 띤 채 다가왔다. "아이구, 마음이 곱기도 하지. 근데 여기 환자들은 뇌가 없어서 무슨 일이 일어나는지 알지도 못해요. 대신 우리한테 연주해줘요." 코니는 직관적으로 베트 미들러의 〈렛 미 콜 유 스위트하트〉를 부르기 시작했다. 병동 환자 대부분이 알 거라 짐작해서 고른 귀에 익은 옛 노래였다. 그러자 소리를 지르던 환자들이 갑자기 잠잠해졌고 잠들었던 환자들이 깨어나기 시작했다. 그리고 그중 절반은 노래를 따라 부르기 시작했다.

코니는 음악이 소리의 진동이라는 것을 알고 있었다. "제가 하는 게 노래 부르기인 걸 알아챘다는 건 분명 환자들의 뇌에서 모종의 작업이 일어났다는 거예요. 알아챘을 뿐 아니라 따라 부르기까지 했거든요." 코니의 말은 깊은 인상을 남겼다.

수전은 치매에 걸린 사촌 웬디에게 매주 익숙한 노래를 불러주곤 했다. 웬디가 정신이 돌아와 제대로 살아 있는 건 그때뿐이었다. 수전은 〈어메이징 그레이스〉부터 〈유 얼 마이 선샤인〉 〈해피 버스데이〉 〈양키 두들〉까지 웬디가 좋아하는 노래는 다 넣은 플레이리스트를 만들었다. 수전은 웬디의 눈에 총기가 돌아오면서 잠시나마 서로가 연결된 것을 느끼는 그 순간이 얼마나 아름다운지 모른다고 말했다. 나중에 코니는 그 간호사를 불러내 말했다. "어떻게 뇌가 없다고 할 수 없어요? 음악을 알아듣잖아요!"

소리가 음악이 될 때 치매 증상을 완화하고 뇌졸중 발발 이후 뇌 신경을 재배선하는 효과도 있다는 건 이제 수많은 증거가 뒷받침한다. 신경학적 음악 치료는 리듬, 음의 고저, 음량에 변화를 줘

동작을 유도하는 신호를 준다. 음악은 신경계 기능에 엄청난 영향을 주며, 음조와 박자로 여러 가지 조합을 만들어 인간의 귀가 수용할 수 있는 다양한 주파를 장착한다. 음악에는 음색과 음정과 진폭이 있고 가락과 화음, 리듬과 템포가 있으며 문화적 의미도 담겨 있다. 음량은 우리가 음악을 어떻게 받아들일지에 영향을 준다. 록 밴드 공연장에서 앰프 앞에 서 있다가 베이스 진동이 문자 그대로 몸을 쿵쿵 흔드는 걸 느껴본 적 있는가?

음악이 복잡한 성질 때문에 뇌의 여러 부분에 영향을 준다는 사실은 이미 알려져 있다. 음악 소리를 들은 뒤 음조를 인식하고 분석하면 청각 피질에 불이 들어온다. 노래는 측좌핵과 편도체에 스위치가 켜지게 할 수 있다. 이곳은 감정 반응이 생성되는 영역이다. 해마도 스위치가 켜진다. 해마는 음악을 들은 경험을 가지고 맥락과 기억을 형성하는 영역이다. 우리가 잘 알고 좋아하는 곡들은 해마를 통해 저장되었다가 나중에 기억으로 소환된다. 그래서 익숙한 곡조를 들었을 때 병동의 치매 환자들과 웬디가 반짝 생기를 띤 것이다.

그런데 자기 이름도 기억하지 못하는 치매 환자가 어떻게 노래 가사를 기억하는 걸까? fMRI로 쉽게 뇌를 들여다볼 수 없던 시절, 코니는 이 의문을 해소할 다른 방법을 강구해야 했다. 그러던 중 코니는 1980년대에 신경과학자 겸 작가인 올리버 색스라는 동지를 만났다. 당시 색스는 『깨어남』이라는 책을 낸 터였다. 이 책은 1920년대에 세계를 덮친 무기력증과 운동장애를 동반한 전염병 '기면성 뇌염'에서 살아남은 자들을 그린 이야기다. 색스는 신약인

엘도파를 투여하면 40년간 잠들어 있던 그들을 깨울 수 있다는 사실을 알아냈다. 1980년대 중반에는 또 다른 책 『아내를 모자로 착각한 남자』가 출간되어 전 세계에 반향을 일으켰다. 코니가 당시 상황을 전했다. "남들하고 별로 어울리지 않는 특이한 남자였는데, 제가 갓 자격증 딴 음악 치료사라는 이야기를 듣고는 짤막한 편지를 보냈더라고요."

그렇게 두 사람은 금세 친구가 되었다. "음악 치료사가 뭔지도 모르던 시대에 제가 하는 일을 학계 전문가가 필수적이고 중요하다고 인정해준 셈이니… 말할 것도 없이 바로 그 사람을 붙잡았죠." 색스는 사람들이 리듬에 반응해 활기를 띠고 움직이는 것을 보고, 리듬이 어떻게 인간을 자극하는지에 호기심을 품고 있었다. 하지만 이때까지만 해도 치매와 음악을 연결 짓지는 못하고 있었다. 코니는 자신의 환자들에 대해, 그들이 음악을 듣고 정신이 돌아오는 현상에 대해 이야기해주었다. "올리버에게 환자들 몇 명을 면담하게 해주었고 그도 같은 현상을 목격했어요."

코니와 올리버는 일부 사람이 겪는 다양한 정도의 신경계 문제를 이해하고 그 환자들을 음악으로 어떻게 자극할지 알아내는 데 도움이 될 평가 도구를 만들었다. 말하자면 우리가 뭐라고 명명할지조차 몰랐을 때부터 존재해온 개인 맞춤형 처방이었다. 이 연구로 두 사람이 발견한 최고의 음악 치료 중 하나는 치료사가 함께 곡을 만들면서 환자를 가이드하고 도와주는 쌍방향 라이브 음악이었다. 환자가 꼭 음악성을 갖출 필요는 없었다. 이 즉흥 작업에서 치료사는 그때그때 환자의 반응을 끌어내게끔 곡을 조정할 수 있었으며, 음악을 가지고 환자의 노래와 이야기와 걷기에 도움이 될 환경을 조성할 수도 있었다.

코니는 오랫동안 집중적인 치료를 진행해왔고 환자들은 차차 회복해갔다. 다시는 말을 못 할 거라고 진단받은 사람들이 말을 하기 시작했으며 몸을 움직이지 못했던 사람들이 걷기 시작했다. 그는 미국 국회도서관 팟캐스트 〈음악과 뇌Music and the Brain〉에서 이렇게 말했다. "우리는 뇌에 모종의 변화가 생겨서 이런 현상이 일어나는 게 틀림없다고 봤습니다. 어느 정도는 영구적이지 않은 장애였던 거죠."

코니와 올리버가 알아내고자 한 것은 소리의 주파나 폭이 어떻게 사람마다 다른 정도의 편안함을 주는지, 서로 연결된 기분이 들게 하는지였다. 특정 주파수로 연주한 곡이 코르티솔 분비를 감소시키는 한편 우울증과 불안 치료에 사용되는 호르몬인 옥시토신 분비를 증가시키기도 한다는 것을 입증한 연구가 여러 건 발표되기도 했다.

나를 흥분시키거나 편안하게 해주는 소리를 떠올려보자. 또 누가 옆에서 속삭이거나 소리를 지른다고 상상해보자. 가장 마음을 가라앉히는 소리는 인간의 보통 음역대에 속하는 소리다. 코니는 팟캐스트에서 이렇게 말했다. "그런 중간 음역대의 소리는 듣는 사람을 매우 차분해지게 하는 경향이 있어요. 느릿느릿한 리듬도 같은 효과가 있죠. 그러니 자장가를 떠올리면서 차분하고 위로가 되는 소리를 만들어보세요. 보통은 상당히 좁은 음역대에 속하는 아주 느린 리듬의 소리예요."

4장

자전적 기억을 불러일으키는 음악은 강한 감정 반응과 연관된다. 코니는 이렇게 설명한다. 감정이 "우리가 어떤 대상에 반응하거나 그것으로부터 멀어지는 능력과 긴밀히 엮여 있다는 건 잘 알려져 있습니다. 좋아하는 음악을 들을 때 뇌의 어떤 영역들, 예를 들면 위축이나 두려움과 연관된 편도체가 비활성화되는 것처럼요."

향수나 기억을 촉발하는 음악은 기억 생성이 이루어지는 영역인 전전두피질과 해마를 활성화한다. 친숙한 음악은 해마에 암호로 각인된다. 2019년에 이루어진 한 연구에 따르면 인간의 뇌는 자전적 음악을 초고속으로, 어떤 경우에는 단 0.1초 만에 인식한다. 곡명 맞히기 게임을 해본 기억을 떠올려보자. 익숙한 노래가 나오는 즉시 제목을 떠올릴 수 있지 않았던가.

코니와 올리버가 연구를 막 시작했을 무렵인 1980년대에도 과학자들은 이미 음악의 소리 패턴이 뉴런의 정보 기록 방식을 강화한다는 결론을 도출하고 있었다. "뉴런은 연속적이고 패턴을 이룰 때 불이 들어오잖아요? 그러니 우리 안에 이미 음악이 있는 셈이에요. 입력된 정보가 연속적으로 패턴을 이루어 암호화되니까, 음악은 애초에 인간에게 내재한 어떤 부분과 실제로 일치하거나 그것을 강화하는 감각 자극인 거죠. 우리가 만들어내는 이 놀라운 형태의 예술이 소리 패턴으로 보강되는 거예요."

인지 기능은 우리의 신경망이 서로 어떻게 교류하고 돌출 정보를 골라내느냐에 좌우된다. 어떤 자극이 더 돌출될수록 그 정보를 기억하거나 떠올릴 가능성도 높다. 치매나 인지 장애가 있는 경우에는 음악이 더 많은 신경 경로를 깨우고 자극한다. "하나의 경로가, 예를 들어 언어 경로가 손상된 경우에는 신호 몇 개와 단서 몇 개가 주어져야만 정보를 떠올릴 수 있어요. 그런데 음악에 내재한 소리의 다중성이, 거기에 따라오는 모든 연상과 느낌과 감정에 힘입어 이 잘 저장되어 있는 피질 하부의 원래 작업들을 다시 맨 앞줄로 불러내 일정 수준의 기능이 돌아오게 하는 겁니다."

음악은 신경 기능, 인지 기능, 신체 능력, 삶의 질 등을 재건하는 데 더할 나위 없이 효과적인 도구다. 현재 코니는 치매 환자를 상대하는 이들이 음악을 치료 도구로 채택하도록 이끄는 전문성 개발 및 교육 프로그램에 그간의 경험과 연구 노하우를 쏟아붓고 있다.


## 알츠하이머를 개선하는
## 빛과 소리

1906년, 독일의 한 정신의학자 겸 신경해부학자가 생전에 비정상적인 증상을 보인 여성 환자의 뇌를 해부해보았다. 이 여성은 생전 몇 년에 걸쳐 행동뿐만 아니라 말하기, 언어 사용이 점점 이상해졌다. 주변 사람들이 누가 누군지를 잊었고 편집증적으로 변해갔으며 상태가 악화되면서 기억도 몽땅 잃었다. 이후 의사가 뇌를 열어보니 대뇌피질에 흔치 않은 플라크와 신경섬유 엉킴이 보였다. 그는 당장 동료들에게 이 특이한 중증 질병을 알렸다. 이 의사의 이름은 알로이스 알츠하이머다.

4장

그로부터 100여 년이 흘렀는데도 의료계는 여전히 알츠하이머라는 신경퇴행성 뇌 질환을 파악하려 애쓰고 있다. 이 병이 진행되는 메커니즘은 복잡하고 설명하기도 어렵다. 우리가 아는 것이라곤 알츠하이머 환자 중 1퍼센트 미만이 그 병을 야기하는 특정 유전 변이를 가지고 있다는 것이다. 그러니 유전보다는 생활 습관과 환경적 이유가 더 중대한 결정 요인이라 추정된다.

알츠하이머 박사가 처음 뇌를 해부했을 때 본 것은 현재 아밀로이드반이라 알려진 아밀로이드 베타 단백질 침적물과 '타우 엉킴'이라는 뒤엉킨 섬유 다발이었다. 이는 알츠하이머의 두 가지 주요 생체 지표로 간주되지만 아직 확인되지 않은 다수 요인도 발병에 작용하는 것으로 보인다. 알츠하이머가 초래하는 손상은 보통 해마처럼 기억과 관련된 뇌 부위에서 시작된다. 병이 진행되면서는 대뇌피질에도 영향을 주어 언어, 합리적 사고, 사회적 행동의 퇴행을 불러온다. 이 말은 서서히 뇌 활동을 망가뜨리면서 기억, 인간관계, 독립성을 앗아가 우리를 인간답게 하는 핵심적 부분들을 갉아먹는다는 소리를 의학 용어로 설명한 것이다.

알츠하이머는 현재 성인 치매의 가장 흔한 형태이며 전체 사망 원인 중 여섯 번째다. 최근 65세 이상의 인구를 조사한 결과를 보면 알츠하이머가 실제로는 사망 원인 중 세 번째일 수도 있다는 내용이 있다. 알츠하이머의 치료제를 찾아 연구하는 사람들보다 더 열정적인 무리는 없을 것이다. 그런데도 이 질병은 수십 년째 현대 의학을 보란 듯이 거꾸러뜨리고 있다. 뇌 내 플라크 축적과 엉킴의 역할에 관해 점점 더 많이 알아가고 있긴 하지만 알츠하이머에 대한 현재의 치료는 여전히 증상을 개선하고 진전 속도를 늦추는 데 집중되어 있다.

이제 우리는 스탠퍼드대학교 연구소에서 춤추는 심장 세포들이 보여준 바와 같이 미학적 자극이 세포 단위에서 영향을 준다는 걸 안다. 그렇다면 표적화한 미학적 치료가 알츠하이머만큼 복잡한 질병도 호전시킬 수 있을까?

MIT의 뇌·인지과학부 산하 피카워 학습·기억연구소 소장인 신경과학자 리훼이 차이 박사의 연구도 이런 의문에서 싹텄다. 리훼이는 지난 30년간 신경퇴행질환, 특히 알츠하이머를 이해하고 치료하려 애써왔다. "단 하나의 엇나간 단백질이나 단 하나의 어긋난 유전자에 기인하는 질병으로 밝혀진 바는 없다." 리훼이는 2021년 《보스턴 글로브》에 실린 칼럼에서 이렇게 설명했다. "사실 알츠하이머가 단일 호칭으로 통용되긴 하지만 우리 알츠하이머 연구자들은 실제로 얼마나 많은 종류의 알츠하이머가 존재하는지 모르며, 따라서 궁극적으로 인류 전체에 얼마나 많은 종류의 치료가 필요할지도 알지 못한다."

알츠하이머 연구자들은 전통적으로 하나의 문제성 단백질인 아밀로이드를 표적화해 저분자 의약물(분자량이 1000돌턴 이하로 만들어진 약품—옮긴이)과 면역요법 개발에 집중해왔다. 그러나 리훼이는 알츠하이머가 더 전반적인 신체 체계의 장애라고 보며, 그래서 더 포괄적이고 효과를 낼 수 있을 치료를 고민해왔다. 그의 연구소는 몇 년째 빛과 소리의 미학적 개입을 통한 색다른 접근법을 밀고 있다.

4장

빛과 소리가 인간 신체에 끼치는 영향은 이미 알려져 있다. 계절성 기분 장애가 있는 사람들은 광선치료로 효과를 보고, 자기 전에 푸른 빛을 쬐면 뇌가 자극되어 수면에 방해를 받는 것도 같은 맥락에서다. 2장에서도 이야기했듯 소리 진동은 생리학적 작용을 변화시킨다. 그렇다면 이런 접근이 알츠하이머를 앓는 뇌에는 어떻게 작용할까?

뉴런은 여러 주파로 소통을 위한 전자신호를 생성하며 이 신호들은 진동, 곧 뇌파를 생성한다. 이는 초당 진동주기인 헤르츠로 측정되는데, 뇌전도 검사가 감지하는 뇌파 종류로는 다섯 가지가 있다. 델타, 세타, 알파, 베타, 감마가 그것이다. 가장 느린 뇌파인 델타파는 잘 때 발생한다. 세타파는 우리가 깨어 있는 상태에서 최대로 이완된 동시에 꿈을 꾸는 것 같은 상태일 때 나타난다. 알파파는 말하자면 뇌가 공회전할 때, 그러니까 긴장은 풀렸지만 필요하면 반응할 태세가 되어 있을 때 나타난다. 베타파는 경계 태세를 갖추고 주변에 주의를 기울일 때 일어나며 마지막 감마파는 가장 빠르고 가장 미묘한 뇌 진동으로, 지각 그리고 의식과 연관된다.

연구자들은 연구 목적으로 알츠하이머에 걸리게 조작한 생쥐들에게서 주목할 만한 점을 발견했다. 미로 사이를 달려가는 등 과제를 수행할 때 감마 진동에 단절이 발생한 것이다. 25헤르츠에서 80헤르츠 사이인 감마 진동은 의식적 인지뿐 아니라 기억 생성에도 일조한다고 알려져 있다. 감마파 리듬이 해마의 기억 처리에 중요한 역할을 한다는 증거도 있다. 그렇다면 알츠하이머 같은 뇌 장애는 기억을 손상시키므로 감마파 리듬 장애도 수반할지 모른다는 추정을 세워볼 수 있다. 리훼이는 가설을 하나 세웠다. '빛과 소리에서 나온 감마 진동을 가하면 뉴런의 진동을 재동기화해 알츠하이머 병변을 완화할 수 있지 않을까?'

리훼이는 비침습적 감각 자극의 일종인 광 유전학(빛과 유전학을 결합한 분야. 유전학 기법을 이용해 특정 세포에 빛 감지 센서를 붙여 빛으로 세포를 제어한다—옮긴이) 기술을 이용해 뇌 신경세포 무리를 움직이게 하고 활성화 패턴을 재동기화하게 유도해보기로 했다. 그때 리훼이가 지도하는 대학원생 중 호기심 많은 일 년차 학생이 40헤르츠 감마 진동으로 실험해보면 어떻겠냐는 제안을 했다. 40헤르츠 감마파는 뇌 진동을 현저히 증가시키는 등 인간의 뇌파에 확실히 영향을 주는 것이 증명된 바 있었다. 현행 연구에 따르면 40헤르츠의 빛이나 소리에 노출되었을 때 뇌파 동기화가 이루어지며 감마 뇌파 활동이 촉진된다고 한다.

2016년, 피카워연구소는 깜빡이는 빛을 발하는 장치로 40헤르츠 감마파를 발생시키는 기계를 개발했다. 그리고 알츠하이머에 걸린 쥐를 이 빛에 하루 한 시간씩 노출시켰다. 그런 다음 자기 뇌파검사, 뇌전도 검사, fMRI 같은 첨단 기술을 이용해 쥐의 뇌 진동 변화를 들여다보고 시각화했다. 그 결과, 하루 단 한 시간의 빛 노출로 아밀로이드 펩티드가 현저히 감소하는 것이 확인되었다.

감소는 주로 뇌의 시각 피질에서 일어났고, 그걸 보고 리훼이의 연구팀은 소리 자극을 추가하면 뇌의 다른 부위에도 치료 효과가 있지 않을까 궁금해졌다. 그래서 7일 연속 쥐들을 하루 한 시간씩 40헤르츠에 맞춘 음에 노출시켰다. 이 청각 요법을 일주일 간

4장

실시한 결과, 뇌에서 소리를 처리하는 영역인 청각 피질뿐만 아니라 근처에 자리한 해마에서도 베타 아밀로이드의 양이 극적으로 줄었다. 이 처치를 일주일간 받은 쥐들은 인지력도 눈에 띄게 향상해 미로에서 길을 더 잘 찾아냈다.

소리 자극과 빛 자극을 함께 가하자 더 월등한 효과를 냈다. 리훼이가 이야기해준 실험 결과를 듣고서 우리는 놀라움을 금치 못했다. "시각 자극과 청각 자극을 결합해 일주일간 가하니 전전두피질이 활성화되고 베타 아밀로이드가 극적으로 감소한 게 확인되었습니다." 이뿐만 아니다. 타우 엉킴도 감소했고 알츠하이머로 손상된 시냅스 밀도도 신경세포 밀도와 함께 도로 증가했다.

결과적으로 소리와 빛이 알츠하이머 병변을 없애고 인지력을 개선한다는 것이 증명된 것이다. "어떤 사람들은 설마 그게 진짜일 리 없다고 하더라고요. 그렇게 효과적인 게 그리 간단할 수 있다니 싶은 거죠. 환상적으로 들린다는 것도 이해가 돼요. 하지만 우리가 직접 목격했는걸요."

빛과 소리 자극이 효과가 있음을 확인했으니, 다음 단계는 정확히 왜 그런지를 알아내는 것이다. 수많은 가설이 제시되었지만 현재 리훼이는 뇌의 감마 진동 증가가 여러 신체 체계와 세포 유형을 활성화해서 그런 것이라 보고 있다. 그로 인해 감마파가, 예를 들면 다양한 뇌 찌꺼기 청소 기제로 아밀로이드 제거를 돕는다는 것이다. 빛 치료와 소리 치료는 미세아교세포라는 세포들의 활동을 자극한다. 미세아교세포는 뇌 발달에도 영향을 주는 찌꺼기 청소 면역 세포다. 리훼이는 빛과 소리를 이용한 치료가 아밀로이드 청소를 촉진해 미세아교세포뿐 아니라 혈관에도 변화를 일으킨 것이라 설명했다.

우리 뇌에는 뇌척수액이라는 액체가 있다. 뇌척수액은 뇌 조직으로 침투하고 혈관을 따라 흐르기도 하며 그러다 뇌의 사이질액과 섞인다. 리훼이는 이렇게 설명한다. "그러니 뇌에, 세포 바깥에 어떤 종류든 찌꺼기 성분이 있다면 뇌척수액이 그걸 씻어내 림프계를 통해 내보낼 수 있다는 말입니다. 저희는 감마 진동이 증가하면 실제로 뇌척수액 유입을 촉진해 이런 종류의 찌꺼기 청소 기제를 촉진한다는 걸 확인했고요." 이후 실효성과 안전성을 평가하기 위해 건강한 인간 지원자들을 대상으로 시각과 청각 결합 요법 실험을 마쳤고, 연구진은 다음 단계 연구를 위해 알츠하이머 초기 환자를 모집하고 있다.

현재 리훼이는 자신의 연구소에서 이룬 획기적인 실험적 결실을 치료 기기로 실현하는 작업에 매진 중이다. 그중 하나는 내부에 백색 LED 전구 수백 개와 40헤르츠의 클릭음을 내는 사운드 바가 장착된 가로와 세로가 약 60센티미터인 크기의 빛 상자다. 약 2미터 거리에서 상자를 마주 보고 앉아 하루 한 시간씩 틀어놓으면 된다. 이처럼 미학적 개입의 효과에 관한 초기 연구들이 빛과 소리 자극을 이용하면 뇌의 감마 진동을 촉진하고 신경망들 간의 기능적 연결은 유지하면서 뇌 위축을 늦춰준다는 사실을 확인시켜주었다. 음파가 심장 세포를 움직이듯 빛과 소리도 뇌 진동에 변화를 일으켜 치유에 일조하는 것이다.

4장

# 죽음 이후에도
## 영원히 남는 것

"아무도 이런 나날이 신들일 거라 짐작하지 못한다네." 랠프 월도 에머슨은 1800년대 후반에 친구에게 보낸 편지에 이런 말을 적었다. 자연의 찬란함, 생의 찬란함은 주의를 기울여 분명히 보는 법을 배워야만 주변에 온통 존재한다는 것을 상기시키려 한 말이다. 우리는 쓸데없는 것들에 정신이 팔려 있느라 너무나 많은 아름다움과 의미를 흘려보내고, 오늘 이 순간이라는 보물을 알아채지 못한다.

생의 마지막은 이런 종류의 주의를 쏟을 가치가 있다. 죽음은 출생만큼 중대한 사건이다. 죽음에는 애수가 따른다. 신체적, 정신적 능력이 쇠퇴와 회복을 반복하면서 두려움과 의문도 든다. 완화 치료와 호스피스 케어 현장에서 발생하는 감정들과 의료적 현실에 휩쓸려 우리는 마지막 나날을 앞두고도 생의 의미와 진정성을 추구할 기회를 놓치곤 한다.

베스트셀러 회고록 『내가 원하는 삶을 살았더라면』을 쓴 완화 치료 시설 자원봉사자 브로니 웨어의 말에 따르면, 죽을 때 가장 큰 후회 중 두 가지는 남이 바라는 대로 말고 자신이 진정 원하는 대로 살았더라면 하는 것과 감정을 더 자주 표현할 용기가 있었더라면 하는 것이라고 한다. 하지만 버펄로 호스피스의 표현 요법 치료 부서 팀장 애비게일 엉거는 죽음을 목전에 둔 사람도 그렇게 살기에 너무 늦지 않았다고 본다.

나이, 인종, 성별, 배경, 진단명을 불문하고 표현예술 요법은 말기 질환 환자와 그 여정을 함께하는 이들, 즉 환자와 그 가족들에게 의미와 위안을 준다. 어떤 이들에게는 기나긴 여정이다. 애비게일이 이끄는 팀은 요양원과 노인 생활 지원 시설을 포함해 다양한 돌봄 환경에서 일하면서 음악과 미술 치료를 통해 시설 이용자들이 자신의 삶을 돌아보고 무엇을 남기고 싶은지 숙고하도록 돕는다.

어느 날 오후, 버펄로의 사무실에서 애비게일은 이렇게 말했다. "음악과 미술은 한 인간의 죽음 이후에도 영원히 남을 것들이에요." 등 뒤 코르크판에는 그가 맡았던 환자들이 그린 그림과 함께 만든 노래 가사가 핀으로 꽂혀 있었다. 애비게일은 음악과 인류학을 공부했고 발성 훈련과 여러 종류의 악기 교습도 받은 데다 사회복지학 심화 과정도 이수했는데, 이렇게 배워둔 예술과 사회과학의 조합 덕분에 효과적이고 증거에 기반한 예술 치료 프로그램을 개발할 수 있었다.

하나 예를 들자면, 애비게일은 사람들이 애정을 표현하고 자기 정체성의 진수를 담은 자전적 노래를 만드는 작업을 돕고 있다. 애비게일의 팀은 종종 치매 환자를 치료하는데, 코니 토메이노의 연구가 증명했듯 아주 잠깐이라도 환자의 정신을 돌아오게 하는 것은 바로 음악이다. 한 치매 환자의 딸은 그에게 고마운 마음을 전하기도 했다. "선생님께 감사드리고 싶어요. 엄마와의 가장 좋은 추억을 여기 요양원에서, 엄마 인생의 막바지에 만들 줄은 꿈에도 몰랐어요."

환자와 그의 가족은 음악 처방이 때로 주치의가 내리는 전통약 처방보다 더 큰 효과를 낸다고 애비게일에게 넌지시 전했다. 표

4장

현 요법 치료는 다양한 신체적, 정신적, 감정적 증상과 불편을 덜어줄 신경학적, 생리학적 반응을 촉발할 뿐 아니라 생의 말기에 삶의 질과 행복을 개선하기도 한다. 음악과 미술 창작을 하며 나오는 도파민, 세로토닌, 옥시토신은 불안과 우울감을 덜어준다. 작사 작곡과 자전적 그림 그리기를 통해 자신의 인생을 남에게 이야기하는 행위는 자기표현과 의미 부여뿐 아니라 타인과의 교류와 연결도 끌어내 외로움과 고립감을 덜어준다. 직접 참여형 미술 활동이든 작사 작곡이나 춤추기나 몸 움직이기든, 아니면 특정한 목적으로 받는 마사지든 표현 미술 요법에 촉각이 가미되면 이 만지는 행위가 옥시토신을 분비시킨다. 이때 옥시토신은 완화 치료를 받는 환자의 수면을 유도하고 혈압과 심박을 낮추는 효과가 있는 것으로 확인되었다.

버펄로 호스피스의 아동 필수 케어 부서는 환아와 그들의 형제자매, 돌봄 제공자를 위해 집에서 할 수 있는 프로그램을 제공한다. 애비게일은 이렇게 말했다. "아이가 아프고 죽어간다는 것을 받아들여야 한다는 자체가 너무나 부당하게 느껴지죠."

버펄로 아동 필수 케어는 가족 단위의 돌봄이 가능한 환경을 조성하는 면에서도 남다른 성공을 거두었다. 환자 한 명의 생활권에 포함된 가족은 모두 엄청난 삶의 변화를 겪는다. 표현 요법 치료팀은 환자의 부모, 형제, 돌봄 제공자도 각자의 경험을 표현할 수 있도록 각별히 신경을 쓴다. 환자에게는 보통 유무형의 유산 정리하기, 가족 간의 유대를 다지면서 상황에 대처하기, 생애 말기에 행복과 안락함을 추구하는 데 따르는 문제를 처리할 기회 마련하기가 목표가 되곤 한다.

애비게일을 포함한 전문 예술 치료사들이 이렇게 성공을 거둔 이유 중 하나는 음악 치료와 표현예술 치료를 각 환자가 처한 상황에 맞춰 처방했기 때문이다. "원래 음악을 통한 자기표현, 즐거운 경험 만들기, 사교 활동 강화를 목표로 매주 환자를 만났더라도 어느 날 환자가 유독 통증에 시달린다면 그날은 음악으로 통증에 접근하는 치료로 대체합니다. 그러면 우리 사이에 이미 라포가 형성되었기 때문에 점진적 근육 이완 요법을 제안한 후 환자의 경험과 그 경험의 표현 두 가지 다를 들여다보고, 이상적으로는 보살피기까지 해줄 음악적 경험을 같이 만들어볼 수 있어요."

애비게일이 말을 이었다. "우리는 항상 환자의 현재 상태부터 살핀 다음, 환자의 필요에 따라 좀 더 조절된 상태가 되도록 돕습니다." 표현 치료팀은 종종 환자와 대면했을 때 드러나는 양상이나 경험에 따라 예술 치료적 개입을 거의 '투여한다'는 느낌이 든다고 한다. 환자가 신경이 곤두서 있다면 그날은 예민해진 신경을 가라앉히고, 긴장을 완화하고, 되도록 편한 상태가 되도록 회복하는 예술 치료를 맞춤 제공한다. 반대로 환자가 우울해하고, 고립감을 느끼고, 위축되어 있다면 예술 치료로 변화와 움직임을 이끌어내 감정 표출을 유도하고 환자가 치료에 참여하게끔 한다.

이런 종류의 치료는 '동조'라는 것을 촉진한다. 동조는 어쩌면 가장 널리 연구되었다고 봐도 좋을 사회적 운동 협응 작용으로, 음악, 춤, 움직임 같은 경험 안에서 자연스럽게 나타나는 경우가 많다. 의자에 나란히 앉은 두 사람이 몸을 흔들흔들하다가 어느새 둘이 같은 방향, 같은 박자로 흔드는 걸 본 적 있는가? 걷기도 마찬가

4장

지다. 활기찬 모임 장소에 들어선 순간, 덩달아 기운이 솟아나며 그 활기에 전염된 기분을 느낀 적 있는가? 동조는 몸이 소리와 전자 뇌파를 통해 서로 동기화되는 현상이다. 음악도 신체 상태를 변화시킨다. 음악은 산소와 피가 돌게 하고, 지남력과 인지력에 도움을 주며, 움직임과 활동을 통해 타인과 활발히 교류하게 만든다.

애비게일의 설명에 따르면 말기 환자를 돌볼 때 또 하나 중요한 점은 환자와 그 가족에게 일어나는 일들을 인식하고 인정하며 함께 지켜봐주는 것이다. 생의 마지막 단계에 이른 사람을 변화시키려 드는 것과는 사뭇 다르다. 사실 모두가 생의 말기에 춤추고 노래하는 데 관심이 있는 건 아니다. 이는 그 어떤 치료법도 만능 해결책은 못 되지만 예술과 미학이라는 영역에서만큼은 모두에게 도움이 될 방법이 존재한다는 걸 환기하는 뼈아픈 지적이다.

메리언 다이아몬드는 풍부화한 환경에서 뇌가 어떻게 변하는지 알고자 실험하는 과정에서 중요한 교훈을 얻었다. 바로 선택과 자율성의 힘이다. 메리언은 쥐들이 쳇바퀴에 올라가 놀 기회가 생기면 뇌 활동이 더 나은 방향으로 변하는데, 자진해서 쳇바퀴에 올라갈 때만 그렇다는 것을 발견했다. 억지로 쳇바퀴에 올려놓으면 스트레스를 받아 뇌에 손상이 왔고 풍부화한 환경이 주는 긍정적 효과를 오히려 상쇄하는 결과를 낳았다. 뇌에 득이 되는 예술과 미학 치료법을 찾는 건 스트레스를 추가로 주지 않을 치료법을 찾는 것만큼이나 중요하다.

환자가 사망하면 버펄로 호스피스는 유가족에게 길게는 일 년까지 애도와 사별 카운슬링을 제공하고 창의적 예술 치료를 통해 상실을 충분히 이해하도록 돕는다. 이렇듯 예술은 평생에 걸쳐 측정 가능한 건강상의 이로움을 주며, 나아가 우리가 이 세상에서 마지막 숨을 거두는 날까지 생의 의미와 아름다움과 연결성을 제공한다.

## 좋은 느낌의 중요성

오늘날 현대 의학은 질병만이 아니라 사람 전체를 치료하는 방향을 지향한다. 신체를 치유하거나 애초에 질병을 예방하는 것은 단순히 증상을 다루는 것 이상이다. 예술과 미학적 개입이 전 세계에서 점점 많이 처방되고 있는 건 그것들이 다양한 생리적 체계와 신경 체계를 변화시켜 몸을 치유할 뿐 아니라, 정신을 회복시키고 영혼까지 고양할 수 있기 때문이다.

다양한 의학적 증상을 겪고 있는 클리블랜드 클리닉의 환자 195명을 대상으로 진행한 연구에서도 예술 활동에 참여하면 통증이 현저히 완화되고 기분이 나아진다는 것이 확인되었다. 의료계 종사자들뿐 아니라 타 분야 종사자들도 치료에 아로마 테라피를 실험적으로 적용하고 있다. 마취에서 막 깨어난 환자들이나 병원에 있다는 사실 때문에 불안해하는 환자들에게 페퍼민트나 라벤더 같은 특정 자연 향을 사용하는 식이다.

의료 시설의 공간 설계도 신경예술을 염두에 둔 방향으로 대대적 정비를 거치고 있다. 빛이 기분과 신체 상태 모두에 영향을 준다는 것, 자연광과 녹지 접근성이 치유를 촉진한다는 걸 고려해 반영하는 것이다. 한 연구에서는 자연 경치가 내다보이는 창 측 침대에 배정된 환자가 그렇지 않은 환자보다 입원 기간이 짧으며, 흥미롭게도 진통제도 덜 복용하는 것으로 밝혀졌다.

신경예술에 바탕을 둔 설계는 집중 치료실 입원으로 생긴 중한 상태, 예를 들면 집중치료후증후군을 호전시키는 데도 도움이 된다. 이 증후군은 조명 변화가 거의 없는 공간에 머무는 환자의 하루 주기 리듬이 완전히 망가지는 현상에 일부 바탕을 둔 여러 가지 신체적, 정신적, 감정적 증상을 일컫는다. 하루 주기 리듬은 일출과 일몰에 맞춰진다. 해가 지고 빛이 줄어들면 멜라토닌이 분비되면서 수면을 유도한다. 그런데 집중 치료실의 일정한 조명 세기는 자연적인 수면 주기를 심각하게 방해한다. 이 조명을 달리 설계하는 것만으로도 하나의 해결책이 될 수 있다.

예술 활동이 건강에 도움이 되는 방향으로, 일상적이며 안정적으로 제공되어 세상의 엄청난 고통을 조금이나마 덜어준다고 생각해보자. 그렇게 된다면 우리 모두가 여생에 어떤 마음가짐으로 임하게 될지 상상해보자. 위대한 댄서이자 안무가 마사 그레이엄이 말했다. "신체는 신성한 의복이다." 신체적 건강과 행복은 삶의 모든 것의 근간이다.

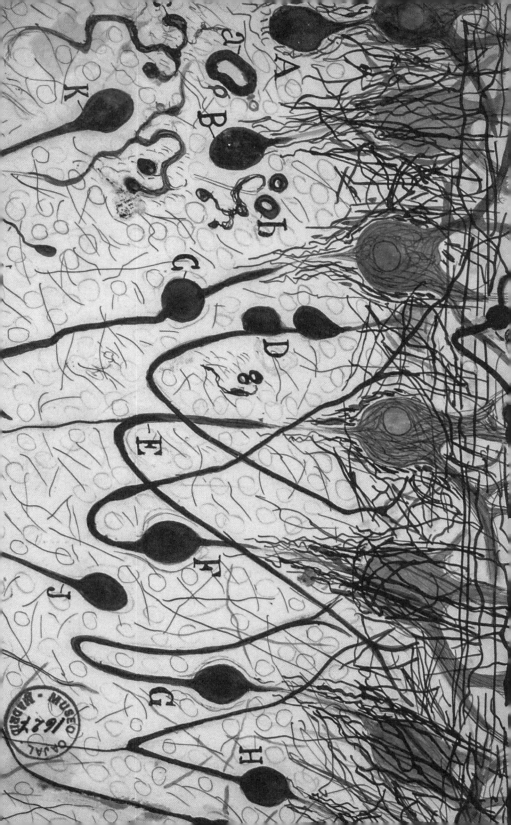

# 5장

# 교육과 예술의 상관관계

당신이 오늘, 특별한 이유도 없이 배우는 것이
내일 놀라운 비밀들을 발견하게 해줄 것이다.

노턴 저스터 | 작가

작가 커트 보니것은 고등학교에서 성공적 삶을 어떻게 정의하겠느냐는 질문을 받고 이렇게 조언해준 것으로 유명하다. "예술 활동 한 가지를 꾸준히 하세요. 음악, 노래, 춤, 연기를 배워도 되고 스케치, 드로잉, 조각을 해도 좋고 시, 픽션, 에세이를 쓴다든가 르포르타주를 써봐도 돼요. 잘하건 못하건 신경 쓰지 말고 돈이나 명성을 얻을 생각도 말아요. 대신 뭔가 되어가는 과정을 경험하고, 자기 안에 있는 것을 발견하고, 영혼을 성장시켜보세요." 보니것은 그런 활동에서 얻는 보상이 얼마나 큰지 모른다고 말하곤 했다. "나중에 보면 뭐라도 만들어 냈을 겁니다."

무엇인가를 창조하는 것은 학습의 핵심이다. 그리고 뇌에서 새로운 시냅스 연결을 생성하는 것이 문자 그대로 우리가 지식을 만드는 방식이다. 뇌와 신체는 늘 학습하고 있다. 신경과학자 V.S. 라마찬드란은 저서 『인간의 의식 간략히 들여다보기A Brief Tour of Human Consciousness』에서 그 현상의 정수를 이렇게 표현했다. "우리의 정신세계를 이루는 풍성한 활동들, 즉 우리의 느낌, 감정, 품는 생각, 야망, 애정 생활, 종교적 감성, 심지어 각자가 품은 내밀하고 사적인 자아상까지 그저 머릿속, 뇌 안의 조그만 젤리 덩어리들의 활동이라는 점은 떠올릴 때마다 그저 놀랍다."

산티아고 라몬 이 카할의 장난스러운 204쪽 그림은 뇌의 작동 메커니즘에 대한 매혹을 아름답게 포착했다. 스페인의 저명한 신경과학자 산티아고는 신경해부학에 대한 초기 이해를 담은 일러스트를 다수 발표했다. 이번 장에서는 머릿속 조그만 젤리 덩어리들이 예술 창작과 미적 경험의 몰입으로 지식을 얻고 견고히 하는 과정을 살펴보려 한다. 교육을 이야기하는 게 아니다. 교육은 인간이 만든 정보 전달 시스템이며 지난 200여 년 동안 거의 변하지 않았다. 교육학을 학습의 신경생물학과 혼동해서는 안 된다. 뇌는 표준화 시험의 답안지 채우기나 교과목 평가에 대한 열띤 논쟁에 관심이 없다. 뇌는 새로운 신경 경로를 만들고 끊임없이 진화하도록 설계되었으며, 우리의 학습 방식은 대개 주입식 암기와 기억하기 위주로 설계된 사회적 교육체계와 절대 같지 않다.

지식은 인지적 지능 그 이상이다. 최고의 학습은 지혜로운 판별, 이해를 양성하는 앎, 평생에 걸쳐 진화하고 성장하는 앎이다.

5장

우리는 배움을 향한 추동에 움직인다. 퍼즐 조각 맞추기를, 미스터리 풀기를, 대상을 속속들이 파헤치기를 갈망한다. 인간은 원래 호기심 넘치고 탐구하기를 좋아하는 종이다. 배우려는 욕망은 타고나는 것이며 운이 좋으면 살면서 그 욕망이 짓밟히지 않는다. 가장 좋은 형태의 배움은 호기심을 자극하며 그에 따라 끝없는 발견을 유도하는 배움이다. 자신만의 재생 가능한 에너지원인 셈이다.

신경생물학적 관점에서 학습은 오래 지속되는 방식으로 뇌를 변화시키는, 경험에 주도되는 역동적 과정이다. 뇌는 학습하는 동안 시냅스를 새로 만들고 이리저리 옮겨 기억을 암호화하는 새 회로들을 생성한다. 1장에서 이야기했듯 돌출 경험은 시냅스의 가소성을 강화한다. 신경과학자 릭 휴개니어는 이렇게 설명했다. "더 돌출된 것일수록 잘 배웁니다. 역동적인 프리젠테이션이 더 주의를 끌고 흥분시키는 이유도 바로 그겁니다. 학습에 도움이 되는 건 지루한 강의가 아닙니다. 기억을 굳히는 건 돌출된 경험이죠."

학습은 인지 학습, 감정 학습, 체화 학습 등 여러 형태로 이루어진다. 능동적으로 앎을 추구하는 명시적 학습이 있고, 자신을 변화시키는 경험을 수동적으로 흡수하는 암묵적 학습이 있다. 어떤 경험을 학습에 유리하도록 더 돌출성을 띠게 하는 데는 여러 요소가 작용한다. 참신함이라든가 유머, 호기심, 주의 집중 정도, 창의성, 동기, 환경, 각자의 뇌가 발달하는 고유한 방식 등이 여기에 해당한다. 충분한 수면, 건강한 식단, 수분 섭취 같은 생활 습관도 뇌가 정보를 수용하고 보유할 준비가 얼마나 되어 있는지를 결정한다. 이번 장에서 소개할 인물들이 차차 보여주겠지만 예술은 경험이 더 돌출성을 띠게 해 신경가소성과 신경 회로의 연결성, 그리고 한층 깊은 이해를 촉진한다. 예술과 미학이 교육과 일, 삶에 융합되면 우리는 학습 능력을 더 강화할 수 있다.

## 생애 초기에 접하는 예술

구스타보 두다멜은 인생이 변한 순간을 정확히 기억한다. 그 순간은 그가 지금의 로스앤젤레스 필하모닉 오케스트라 음악·예술 감독을 맡기 전인 2007년에 찾아왔다. 당시 두다멜은 베네수엘라의 시몬 볼리바르 심포니 오케스트라를 이끄는 스물여섯 살의 청년이었는데 그 젊은 나이에 런던의 한 극장을 가득 메운 클래식 음악 팬들 앞에서 오케스트라를 이끌어야 했다. 그 순간이 얼마나 큰 의미였는지 이해하려면 두다멜이 어떤 연유로 그날 저녁 지휘대에 섰는지를 짚어보아야 한다.

　　1981년, 베네수엘라의 가난한 동네에서 태어난 두다멜은 어려운 사정에도 불구하고 네 살 때 바이올린을 배우기 시작했다. 그럴 수 있었던 건 1975년 베네수엘라에서 가난한 아이들에게 무료 음악 교습과 악기를 제공하기 위해 발족된 음악 프로그램 '엘 시스테마' 덕분이었다. 엘 시스테마는 아이들에게 오케스트라에서 합주하는 법을 가르쳐주는 프로그램이다. 사실상 예술을 통해 유아기 발달에 결정적인 기술들을 심어주는 것이 이 프로그램의 목표다. 두다멜이라는 걸출한 음악가가 탄생한 건 예외로 치고, 이들의 사명은 전문 음악가를 양성하는 게 아니라 사는 데 중요한 인지적, 사회적, 감정적 기술을 유아기에 육성하고 성공적 삶의 바탕을 다져주는 것이다.

시몬 볼리바르 심포니 오케스트라는 두다멜처럼 엘 시스테마 덕분에 악기 연주법을 배운 베네수엘라 아동들로 구성되어 있었다. 두다멜은 그날 아이들을 이끌고 한 번도 아니고 세 번의 앙코르로 장식된, 역사에 남을 퍼포먼스를 펼쳐 보였다. 앙코르곡 중 하나는 뮤지컬 〈웨스트 사이드 스토리〉 수록곡인 레너드 번스타인의 〈섬웨어Somewhere〉를 맘보 버전으로 편곡한 곡이었다.

든든한 테크닉으로 무장한 단원들이 곡을 흥겹게 해석한 버전을 연주하기 시작했다. 드럼과 호른이 맘보 박자를 깔았고 현악기 연주자들은 아예 일어서서 춤추며 연주했다. 곧이어 연주에 매료된 청중도 자리에서 벌떡 일어나 미소를 짓고 깔깔 웃으며 음악에 맞춰 손뼉을 쳐댔다. 두다멜이 보인 전염성 강한 기쁨은 그의 동료이자 친구들을 한마음으로 이끌었고, 마지막 음이 울린 순간에는 귀가 멀 듯한 박수갈채가 터져 나왔다. "역사적인 순간이었죠." 두다멜은 2021년 BBC와의 인터뷰에서 그날을 회상하며 말했다. "지휘자인 저에게는 마치 우주선이 발사된 것 같은 순간이었어요."

엘 시스테마의 철학은 전 세계 수십 개 프로그램에 본보기로 채택되었고, 개중 몇몇 프로그램은 생애 초기에 접한 예술이 두뇌 발달에 미치는 영향을 정량화하는 데 관심을 보이던 학자들이 연구 주제로 삼기도 했다. 두다멜은 엘 시스테마를 모델로 하여 로스앤젤레스에서 유스 오케스트라를 창립하는 데 도움을 주었다. 이 오케스트라는 로스앤젤레스에서 이런 종류의 교육 기회가 부족한 지역에 사는 6세부터 18세 사이의 학생 1500명에게 무상으로 악기와 집중 교습을 제공하고 있다.

2018년 《저널 오브 유스 디벨롭먼트》에 결과를 발표한 한 종단 연구에 따르면, 플로리다국제대학교 연구진은 엘 시스테마에 영감을 받은 프로그램 '마이애미 뮤직 프로젝트'에 참가한 학생들의 사회적, 감정적, 교과적 학습이 증진했는지 조사했다. 연구팀은 8세부터 17세 사이의 학생 108명을 한 학년에 걸쳐 추적하면서 역량, 자신감, 배려심, 성품, 타인과의 연결성 같은 사회정서적 기술이 향상하는지 관찰했다.

이 자질 평가에는 표준화된 측정 기준을 적용했다. 예를 들어 '끈기 척도'라는 자가 측정 방식을 이용해 성품을 판단했는데, 이는 학생들이 "나는 시작한 것은 반드시 끝맺는다" 같은 질문에 답해가며 스스로 점수를 매기는 도구다. 연구진은 학부모와 교사도 면담해 학생의 스트레스 수준, 차별점, 교과 성적, 음악 활동 참여 이력, 음악 수업 출석률, 집에서 연습하는 빈도, 음악 학습 진전도, 공연 참여 등에 대한 정보를 수집했다. 조사 결과, 학년이 끝나갈 무렵 프로그램에 참여한 학생들이 대조군에 비해 품성 자질 전반에서 눈에 띄는 향상을 이루어냈다. 대다수의 학부모도 자녀의 교과목 수행이 한 해 동안 향상되었다고 보고했다.

한편 로스앤젤레스에서도 서던캘리포니아대학교 뇌·창조성 연구소의 신경과학자 아살 하비비 박사가 로스앤젤레스 유스 오케스트라의 어린 단원들의 뇌를 연구했다. 2012년, 로스앤젤레스 필하모닉 협회가 이 연구소와 손잡고 유스 오케스트라 단원들을 대상으로 5년간의 종단 연구를 진행했다. 아살은 여섯 살 때부터 악보 읽는 법과 악기 연주법을 배운 어린이 단원 스무 명의 변화를 모니터링하고 대조군과 비교 관찰했다.

fMRI를 동원해 연구를 진행한 아살은 음악 교습이 뇌 구조를 변화시키고 의사 결정을 관장하는 뇌 신경망 활동을 촉진한다는 사실을 알아냈다. 함께 발표된 연구 결과에서 그의 연구팀은 어린 연주자들이 지적 과제를 수행할 때 집행 기능과 의사 결정에 관여하는 뇌 신경망이 더 많이 가동되는 모습을 보였다고 보고했다. 또 음악 교습이 소리의 처리, 언어 발달, 말하기 지각, 읽기 능력 등을 주관하는 뇌 부위의 성숙을 가속화한다는 결론도 내렸다. 음악을 연주하면 운동, 청각, 시각 영역 같은 뇌의 여러 부위를 자극할 뿐만 아니라 영역들 간의 뉴런 연결을 강화하며 그 과정에서 기억, 공간 추론, 문해력도 증대된다.


## 예술가의 뇌는 태생부터 다르다?

이 연구들이 조명하는 바는 예술이 생애 초기 학습의 사회적, 감정적, 인지적 요소를 어떻게 증폭시키는가다. 그리고 이 문제는 다시 뇌 신경가소성과 연결된다.

생애 초기에 얼마나 많은 것을 배우는지 생각해보자. 기는 법, 걷는 법, 말하는 법은 다 그때 배운다. 이런 학습된 기술들은 가소성으로 뇌의 회로를 만들어간다. 나이를 먹으며 차차 그 기술들을 연마하면 뇌 신경들이 서로 연결되면서 활동을 수행하기가 더

쉬워진다. 노래 한 곡을 반복해서 연습하면 곧 그 노래를 '마음으로' 알게 된다고들 하는데, 정확히는 '뇌로' 알게 된다는 뜻이다. 춤 하나를 익히면 얼마 안 가 의식하지 않고 스텝을 밟을 수 있게 되는 것도 뉴런들이 수상돌기들과 결합해 시간이 흐르면서 습관을 생성하기 때문이다.

각자의 고유한 인생 배경과 환경도 뇌의 신경 연결망을 생성하는 데 일조한다. 인간의 뇌가 미숙하게 태어나는 데는 다 이유가 있다. 신경 회로의 성숙과 성장을 지연시켜 우리를 둘러싼 환경과 세상에 대한 최초의 학습이 점점 발달하는 뇌에 더 복잡한 학습을 하게 만드는 쪽으로 영향을 주는 것이다. 환경이, 그리고 태어난 순간부터 그 환경과 상호작용하는 것이 그토록 중요한 이유도 이 때문이다. 메리언 다이아몬드의 연구와 수많은 후속 연구가 증명했듯 엘 시스테마 단원들이 노출된 풍부화한 환경은 뇌 신경들이 더 잘 연결되는 데 일조한다. 반대로 자극이 빈곤한 환경은 종종 시냅스 연결 회로를 감소시킨다.

예술이 어떻게 가소성으로 학습을 강화하는지에 최근 부쩍 관심이 집중되었다. 2010년에 진행된 한 연구는 전문 음악가들의 성숙한 뇌를 들여다보고 거기서 아동기 뇌 발달에 대한 단서를 얻었다. 연구진은 음악적 전문성이 해마에서 뇌의 구조적 가소성에 영향을 주는 것을 확인했다. 해마는 정보의 저장과 소환을 촉진하는 뇌 부위다. 음악을 배우고 연주하는 능력은 매우 복잡한데, 이 능력이 해마, 그리고 해마와 다른 뇌 영역들의 수많은 연결망을 관장한다. 연구 결과, 비음악가들과 비교했을 때 음악가들은 뇌 신경세포 연결망과 회백질이 더 많이 생겨났다.

처음에 신경과학자들은 음악인들이 원래 그렇게 태어나서, 즉 음악을 배우고 연주하는 데 필요한 도구를 가지고 태어나서 비음악인보다 해마에 회백질이 더 많다고 가설을 세웠다. 그러나 지금은 반대의 가설을 밀고 있다. 음악가들이 오랜 시간 악기를 연습하고 기술을 정복했기 때문에 뇌에서 더욱 튼튼한 시냅스 연결을 생성했다는 것이다. 예술은 시냅스 회로망을 증가시켜 해마와 기타 뇌 영역들이 각각 담당하도록 설계된 과제 수행 능력을 더욱 강화한다. 이는 음악을 연주할 때뿐 아니라 삶에서 학습과 기억이 필요한 활동을 수행할 때도 도움이 된다. 한마디로 음악을 연습하면 시냅스와 회백질이 증가한다는 말이다.

이 연구 결과는 로스앤젤레스에서 유스 오케스트라를 대상으로 이루어진 연구 결과와도 일맥상통한다. 연구진은 음악 지도를 받은 아이들에게서 소리를 처리하는 뇌 영역 크기에 변화가 생긴 것을 확인했다. 이 영역들이 더 커진 것이다. 또 이 아이들은 두 대뇌반구 간에 소통을 가능케 하는 부위인 뇌량에서도 더 강한 연결성을 보였다.

이런 신경학적 이로움은 음악에만 국한되는 게 아니다. 국립예술기금은 수십 년간 예술이 아동의 뇌에 주는 영향을 관찰하는 연구를 추진하고 지원하면서, 학습이 이루어지는 시기에 예술이 아동과 청소년의 감정적 회복탄력성을 어떻게 강화하는지에 대한 통찰을 제시했다.

2015년, 국립예술기금 연구 분석 사무소의 프로그램 분석가 멜리사 멘저가 유아기 예술 활동 참여에서 얻는 사회적, 감정적 이로움에 초점을 맞춰 문헌 검토를 실시했다. 문헌 검토란 조사자가 다른 연구자들이 발표한 결과와 데이터를 모으고 종합해 연구 전체에서 어떤 지식을 얻을 수 있는지 파악하는 것이다. 멘저는 노래, 악기 연주, 무용 같은 음악 기반 활동과 연극, 시각 미술, 공예 같은 예술 활동에 유아기부터 참여했을 시 얻는 사회적, 감정적 이득에 초점을 맞춘 연구에 특히 관심이 있었다.

　멘저의 문헌 검토에는 「2011 국립예술기금 보고서」도 언급되었다. 이는 예술 활동 참여와 예술 교육이 유아기, 청소년기, 성년기 초반, 나아가 노년기까지 생애 전체에 걸쳐 인지적, 사회적, 행동적 결과의 개선과 연관성을 보이는 것으로 다수의 연구가 결론지었음을 밝히는 내용이었다.

　정기적으로 무용 수업에 참여한 아이들은 앞서 언급한 기분을 좋게 하는 신경화학물질이 증가했다. 이는 다시 사회정서적, 생리학적, 인지적 발달을 촉진했으며 느낌이나 감정을 안전하게 탐색하고 표출할 수 있는 경로도 제공했다. 그뿐만 아니라 정기적 무용 수업은 공간 인지력도 강화시킨다. 공간 인지는 향후의 수학, 과학, 테크놀로지의 향상과도 관련이 있는 것으로 여겨진다. 그리고 어쩌면 아동기 발달에서 가장 중요한 부분일 수도 있는데, 멘저가 찾아낸 한 조사 연구는 무용 강습을 정기적으로 받은 아이들이 강습을 받지 않은 아이들에 비해 불안 행동이나 공격적 행동을 극복하는 과정에서 협력을 비롯한 친사회적 행동이 더 강하게 발달한다고 지적했다.

　2015년의 국립예술기금 문헌 검토에서는 0세부터 8세까지 발달상 중요한 연령대의 아이들이 예술 활동에 참여했을 때 또래 집단과 더 잘 협력하고 부모나 교사와도 더 잘 소통하는 것을 확인했다. 이 문헌 검토에 인용된 연구들은 다른 연구팀들이 엘 시스테마 학생들을 연구하면서 발견한 것과 비슷한 결과들을 제시했다.

지난 몇 년에 걸쳐 이루어진 교육과 예술의 결합에 관한 여타 연구들도 예술 활동에 참여한 학생들이 교과 성적 또한 우수함을 증명했다. 예술 교육에 접근이 가능한 학생들은 학교를 중퇴할 확률이 다섯 배 낮고 우수생이 될 확률은 네 배 높다. 이 학생들은 미국 대입 시험인 SAT를 비롯해 문해력, 글쓰기, 영어 구사력 같은 능력 시험에서도 더 높은 성적을 받았다. 규율 위반을 저지를 확률도 낮다. 또한 예술 교육이 평등하게 이루어져 모든 아이가 똑같이 접근할 수 있을 때는 저소득 가정 학생과 고소득 가정 학생 간의 학습 격차가 줄어든다.

연구계와 교육계에서 자주 접하는 '전이'라는 용어가 있다. 이는 한 가지 기술, 예를 들어 악기 연주법을 터득한다거나 그림 그리기에 열중하는 것이 삶의 다른 영역으로 옮아가는 것을 뜻한다. 2007년, 심리학자 엘렌 위너와 매사추세츠대학교 미술·디자인 대학의 미술교육학부 학과장이자 하버드교육대학원 선임 협력 연구 교수인 로이스 헤틀랜드는 한 가지 예술을 배우는 게 삶의 다른 기술로 어떻게 전환되는지를 최초로 연구한 사람이었다. 위너와 헤틀랜드는 특히 시각 예술을 통해 학습되는 기술들을 가지고 민족지학적 관점에서 질적 메타 분석을 실시했다. 두 사람은 각자가 배우는 예술 분야에서 보이는 실력 향상 외에 그 과정에서 또 무엇을 학습하는지 정량화하고자 했다.

그렇게 두 사람은 공저 『실기 수업 방법론』에서 학생들이 시각 예술을 통해 예리하게 관찰하고 간파하는 법, 심상과 상상력을 동원해 대상을 떠올리는 법, 자기를 표현하고 고유의 목소리를 찾는 법, 결정을 돌아본 후 중대하고 평가적인 판단을 내리는 법, 좌절에 굴하지 않고 버티며 계속 노력하는 법, 탐색하고 위험을 감수하며 실수에서 이로움을 취하는 법 등을 배운다고 결론 내렸다.

## 평생의 학습을 좌우하는
## 집행 기능

위너와 헤틀랜드가 언급한 기술들 다수는 '집행 기능'이라는 학습의 근본적 영역에 해당한다. 집행 기능은 말 그대로 목표를 성취하기 위해 자신의 생각과 행동과 감정을 조절하는 능력이다. 집행 기능은 전전두피질, 두정엽피질, 기저핵, 시상, 소뇌를 포함해 뇌의 다양한 영역에서 신경망을 통해 일어나는 여러 가지 인지적 활동을 가리키며, 계획하고 결정을 내리게 도와주고 목표 달성에 방해가 될 충동은 억제해준다.

스스로 사고하고 과제를 끝까지 완수할 것을 요구하는, 시시각각 진화하는 요즘 세상에서는 강력한 집행 기능이 특히 중요하다. 이 책을 한 쪽 읽고 거기 담긴 정보를 머리에 담으려고 마음먹었는데 자꾸만 집중이 흐트러져서 방금 읽은 내용을 잊는다고 생각해보자. 이건 집행 기능이 부족해서 나타나는 현상이다. 뇌 신경 연결망은 아동기와 청소년기에 발달하는데, 이 신경망을 생애 초기에 더 많이 만들어놓는 것은 학습을 위한, 생각과 행동의 실행을 위한 지지대를 더욱 단단히 지어놓는 것과 같다.

엘렌 갤린스키는 오래도록 집행 기능과 학습 능력을 연구해왔고, 그 결과를 응축해 『내 아이를 위한 7가지 인생 기술』을 비롯한 다수의 저서에 발표했다. 엘렌은 6년간 베조스 패밀리 재단의 최고 과학 책임자로 일했고, 가정과 노동 연구소 회장으로는 30년 넘게 재임했다.

엘렌은 『내 아이를 위한 7가지 인생 기술』을 집필하느라 100명이 넘는 연구자를 인터뷰했으며 "그 과정에서 알게 된 한 가지는 연구자들이 각기 사용한 용어는 달라도 학습에서 집행 기능이 중요하다는 데는 뜻이 일치했다"는 것이었다고 전했다. 또 엘렌은 지금도 계속되고 있는 연속 연구 '어린이에게 물어보세요'를 위해 아이들의 생각을 직접 물어본 최초의 연구자 중 한 명이기도 하다. 별것 아닌 것 같지만 그런 일이 얼마나 드물게 일어나는지 알면 놀랄 것이다.

엘렌은 학습에 흥미를 잃는 아동이 너무 많다는 걸 알게 되었는데, 우리가 배우려고 태어난 존재임을 고려하면 이건 상당한 충격이다. 원래 어린아이들은 보고 맛보고 만지고 모든 것을 경험하고 싶어 하는 법이다. 그래서 엘렌은 사회가 뭔가 단단히 잘못해서 세상을 이해하고, 학습하고, 이것저것 알고자 하는 우리 모두의 타고난 욕동을 좌절시키고 있는 게 틀림없다고 결론 내렸다. 그 깨달음이 바로 『내 아이를 위한 7가지 인생 기술』을 집필하는 계기가 되었다.

주의력에 기반한 집행 기술을 배우는 이 결정적 연령대에, 우리는 의욕과 흥미를 잃어가는 너무 많은 아이를 방관하고 있다. 집행 기능에는 세 가지 주요 신경학적 측면이 작용한다. 작동 기억, 인지 유연성, 억제 능력이 그것이다. 집행 기능은 성찰 능력에도 영향을 받는다. 이 기능들은 주로 전전두피질에서 이루어지지만 뇌의 다른 부분들과도 연결되어야 기능을 수행할 수 있다. 하지만 가장 효과적인 학습은 뇌의 다양한 영역을 동원해 이루어진다. 엘렌은 바로 여기서 예술이 개입한다고 설명한다. 예술이 집행 기능과 관련된 신경망들뿐 아니라 뇌의 다른 영역까지 활성화하고 적극적으로 강화하기 때문이다.

집행 기능이 결핍된 아이들은 학교에서만이 아니라 삶의 전반에서 어려움을 겪는다. 사회적 기능과 전반적 인지와 심리 발달이 방해받기 때문이다. 그래서 연구자들은 예술적 개입이 어떻게 아동의 뇌에서 집행 기능 육성을 촉진하는지를 들여다보기 시작했다. 한 연구에서는 7세 아동을 두 무리로 나눈 뒤, 한 무리는 6개월 교육과정에 예술 수업을 집어넣고 다른 무리의 교육과정에는 넣지 않았다. 이후 연구진은 협력, 갈등 중재, 포용력, 어휘력, 자신감 등 집행 기능과 관련된 능력의 발달을 추적했다. 전부 우수한 집행 기능 발달과 학업 성취의 지표로 간주되는 자질이다. 예상할 수 있겠지만 예술 교육을 받은 무리는 이 자질들 면에서 훨씬 우수한 능력을 갖춘 것으로 나타났다.

또 다른 연구는 고등학교 연극부에 가입한 청소년 집단을 추적했다. 연구진은 3개월간 2주 간격으로 청소년들과 답변 형식이 정해지지 않은 인터뷰를 진행하며 연극 연습을 관찰했다. 연구진들은 이 과정에서 10대 청소년들이 좌절, 초조함, 분노, 기쁨 등 다양한 감정을 경험한다는 것과 연극 무대가 그런 감정을 안전하게 분출할 구조적 공간을 제공한다는 것을 알게 되었다. 예술 활동은 연극과 마찬가지로 나와 타인이 다름을 알고 상대의 관점에서 이해하는 조망 수용 능력과 공감 능력을 기르는 데 도움이 되며, 이 두 가지는 집행 기능에 매우 중요하다. 연극도 자세히 들여다보면 학생들이 다양한 역할에 몰입하고, 그 인물에 공감하고, 공통의 결과, 즉 연극을 실현하기 위해 다른 학생들과 협력하는 과정을 거친다.

배우들은 기억, 관찰, 상상의 인지적 측면을 동원해야 한다. 연기는 뇌의 거울 뉴런을 활성화하는데, 우리는 이 거울 뉴런을 통해 자기 자신을 이해하고 타인의 행동을 이해한다. 거울 뉴런은 배우뿐 아니라 청중의 뇌에서도 스위치가 켜진다. 배우가 그럴싸한 연기를 펼치는 모습을 보면 그 인물이 느끼는 바를 관객도 느끼기 때문이다. 일상에서도 다른 사람이 미소 짓는 걸 보면 그걸 보는 사람의 뇌에서도 미소 짓는 거울 뉴런에 불이 들어온다. 거울 뉴런은 나와 타인의 간극을 좁혀 공감과 이해를 형성하고 공통의 경험을 만들어준다.

학습은 단지 교과 내용을 배우는 것 그 이상이다. 진정한 배움은 생기 넘치고 회복력 강한 삶을 위한 지지대이며, 예술은 강력한 집행 기능을 발달시켜 아이들에게 인지적 인프라를 마련해주는 데 더없이 중요하다.

## 기억력의 핵심은 유머

댄이라 불리는 대니얼 레비틴은 학습과 고등교육에 관한 어떤 문제 때문에 오래도록 골머리를 앓았다. 신경학자이자 인지심리학자 댄은 인기 교수로, 꽤 오랫동안 캐나다의 맥길대학교에서 인지학개론 수업을 맡아왔다. 대형 강의실은 학생 700명으로 빼곡히 들어찼고, 댄은 수업이 한 명 한 명에게 가닿도록 부단히 애썼다. 학기마다 최대한 많은 학생의 이름을 외우려고 애썼지만 매 학기 700명의 이름을 외우는 건 불가능했다. 잘 가르치려고 노력은 하지만 수업 내용이 학생들 머리에 얼마나 남는지는 확신할 수 없었다.

여기서 전이 개념이 등장한다. 학생들은 그렇게 큰 규모의 강의에서 정보를 습득해 그것을 진짜 지식으로 변환할 수 있을까? 학생들 대다수가 학기 중 쪽지 시험을 통과했고 강의 주제를 가지고 썩 괜찮은 리포트를 써내기는 했지만, 그게 과연 평생 도움이 될 지식을 배워갔다는 뜻일까?

댄은 기억에 관한 연구들에서 종강 후 한 달이 지나면 학생들이 수업 내용의 80퍼센트를 보유하고 있지만, 일 년 이상이 지나면 수치가 약 10퍼센트까지 떨어진다는 것을 알고 심히 낙담했다. "우리가 학생들을 교육한다는 무언의 계약이 존재하지만 사실 교육을 하고 있는 게 아니에요. 학생들을 즐겁게 해주고 있을 뿐이죠. 배움은 그리 많이 이루어지지 않아요."

그러던 중 댄은 한 가지 아이디어를 떠올렸다. 그는 학생들이 강의실로 들어올 때 음악을 틀어놓기 시작했다. "그러고는 그게 무슨 곡인지 말해줬죠. 그러자 학생들이 그날의 곡을 놓치기 싫어서 일찍 강의실에 오기 시작했어요." 음악은 강의실에 긍정적 분위기를 조성하는 효과를 냈고, 댄은 음조나 음색 같은 음악의 기본 원리에 빗대어 뇌 인지의 핵심 개념들을 설명해보기로 했다. 그는 예술이 개입하면 학생들이 수업 내용을 더 잘 이해할 거라는 데 성패를 걸었고 내용을 더 잘 기억할 거라고도 확신했다.

일반적으로 기억은 어떤 것을 회상하는 능력이다. 애쓰지 않고도 시를 외고, 어제 놓아둔 책을 찾아내고, 호수에 뛰어든 순간 헤엄치는 법을 알고, 얼굴을 보고 그 사람 이름을 맞히는 것이 바로 기억이다. 신경과학자들이 인지 작용의 주요 기능으로 꼽는 세 가지가 있다. 바로 주의, 학습, 기억이다. 이 행동들은 서로 긴밀히 엮여 있고, 뇌가 있는 것도 기본적으로 이 세 가지 기능을 수행하기 위해서다. 뇌는 우리가 직면한 환경에서 생존하도록 돕는데, 그 환경은 끊임없이 변하기에 뇌도 계속해서 새로이 적응해야 한다.

중추 신경계의 주요 역할 중 하나는 감각 정보와 내적 표상들, 즉 생각들을 적응 반응과 연결 짓는 것이다. 바로 여기서 인지 작용 삼총사가 힘을 발휘한다. '주의'는 우리가 특정한 환경 조건에 집중하게 하는 작용이다. 학습이 이루어지려면 특정 사건에 집중하거나 그것을 처리하면서 동시에 다른 사건들은 차단해야 한다. '학습'은 세상에 관한 지식의 습득이며 '기억'은 그 지식의 보유나 저장이다. 학습이 적응성이나 유용성을 띠려면 배운 것을 저장할 기제가 있어야 한다. 이 세 가지 개념은 서로 긴밀히 엮여 있다. 주의를 기울이지 않으면 배울 수 없고, 배우지 않으면 기억할 수 없다.

새로운 정보는 해마에 의해 암호화된 후 장기 기억으로 전환되는데, 장기 기억은 몇 년 후에도 끄집어낼 수 있다. 학습은 뉴런 무리가 뇌 전체에 걸쳐 새로운 연결을 만들면서 이루어진다. 이 뉴런들이 함께 발화하도록 훈련할수록 새로운 신경 경로가 더 쉽게 생성되고 단단해진다. 연습과 반복이 숙달의 열쇠라고 하는 이유도 이 때문이다.

뉴런들이 한꺼번에 발화해 최초의 경험을 떠올리게 하는 방식은 기억의 한 종류에 불과하다. 단기 기억은 이름이 말해주듯 필요한 동안만 뇌리에 남는다. 딱 한 번만 갈 식당의 주소를 외울 때처럼 말이다. 어떤 기억을 장기적으로 변환시키는 데는 그 경험에 얼마나 많은 감정과 참신함이 얽혀 있는지가 달려 있다. 새 정보를 장기 기억으로 전환하는 해마가 시상, 전전두피질, 편도체에서도 정보를 수용하기 때문이다.

댄은 수업 내용을 암호화해 장기 기억으로 저장하려면 강의가 학생들에게 매혹적으로 느껴져야 한다는 걸 알았다. 음악 감상이나 연주가 기억의 저장뿐 아니라 회상 능력까지 뒷받침한다는 기제에 대해서는 이미 수많은 연구가 이루어졌다. 음악은 기억, 추론, 말하기, 감정, 보상과 관계된 뇌 영역을 활성화한다. 일본과 미국에서 각각 진행된 두 건의 연구에서 매주 듣는 수업에 음악 반주를 곁들이면 건강한 노인들이 기억력 테스트에서 더 높은 점수를 받는다는 것이 확인되었다.

음악으로 풍부해진 수업은 가소성을 부추기는 중요한 뇌 화학반응을 촉발해 기억에 일조한다. 예를 들어 교수가 인간의 지각

작용을 설명하는 데 테일러 스위프트의 노래를 동원하면 그 수업 내용은 머리에 남게 된다. "레비틴 교수님은 웃기고 흡입력 있고 역동적이기까지 해서 저도 모르게 등을 꼿꼿이 세우고 수업에 주의를 기울이곤 했어요." 강의를 들은 학생 중 한 명인 데일 보일이 회상했다. "교수님이 인지 개념을 음악과 묶어 설명해주신 덕분에 수업 내용을 제대로 이해할 수 있었죠."

기발하게도 보일은 음악을 도구로 이용한 댄의 교수법을 논문 주제로 삼았다. 그는 과학 수업에서 예술 개입이 학습 정보의 보유를 강화하는 메커니즘에 대한 데이터와 댄의 학생들이 참신한 교수법 덕분에 정보를 얼마나 잘 보유할 수 있었는지를 보여주는 데이터를 몇 달에 걸쳐 분석했다.

애리조나 주립대학교에 개설된 한 참신한 수업도 완전 몰입형 가상현실 프로그램을 동원해 예술을 통한 동기부여와 학습을 이뤄내고 있다. 2020년 애리조나 주립대학교는 컴퓨터 프로그래밍에 할리우드의 영화 제작 기법을 접목한 회사 드림스케이프 이머시브와 연구 협약을 맺었다. 회사의 공동 창립자이자 최고 경영자인 월터 파크스는 〈글래디에이터〉 등 다수의 블록버스터를 만든 것으로 유명한 영화 제작자 출신이다. 그는 애리조나 주립대학교와 함께 아바타를 통해 가상현실과 실시간으로 상호작용하는 사용자들, 이 경우 과학과 테크놀로지 관련 수업 수강생들을 추적하는 플랫폼의 개선 작업을 해왔다. 유저를 멸종 위기 생물들의 야생 안식처로 데려다주는 프로그램 '외계 동물원'을 이용해 행성학이나 생물학을 공부한다고 상상해보자. 외계 동물원의 스토리는 파크스가 스티븐

스필버그와 함께 개발했다.

기존의 교수법을 대체한 이 프로그램으로 생물학개론 수업을 들은 학생들은 자신이 진짜 과학자가 된 기분을 느꼈다고 했다. 애리조나 주립대학교의 행동연구소는 이런 몰입형 미학적 학습 체험을 단 하루, 딱 한 차례 한 것만으로 지식 보유율이 18퍼센트 증가한 것을 확인했다.

연구자들이 학습에 중요하다고 파악한 또 하나의 핵심 요소는 유머다. 댄 레비틴은 수업할 때 유머를 많이 쓴다. 댄은 정말 웃긴 사람이다. 자조적인 경향이 있는 데다 어떤 포인트를 강조하기 위해 코미디를 동원하는 걸 좋아한다. 이 방법으로 강의실에서 얼마나 큰 효과를 보는지 모른다.

뇌는 인지 상태로의 유머를 매우 좋아한다. 유머는 다음에 일어날지 모를, 혹은 마땅히 일어날 법한 전개에 대해 우리가 신중히 세운 예측을 뒤집기 때문이다. 코미디와 즉흥극은 연기자들이 어쩜 그리 허를 찌르면서도 재빠른 창의적 연결을 만들어내는지 이해하고자 신경과학자들이 최근 점점 활발히 연구하고 있는 두 종류의 퍼포먼스 예술이다.

뇌 영상 연구들을 보면 유머가 어떻게 뇌의 보상 회로를 자극하고, 동기부여나 즐거운 기대와 관련된 신경호르몬인 도파민의 분비를 증가시키는지 알 수 있다. 유머의 예술은 그것을 최적의 타이밍에 제대로 구사할 줄 아는 노련한 배우의 손에서 특히 강력한 효과를 발휘한다. 우리의 기대가 전복되었을 때, 그러니까 농담에서 영리한 배경 스토리를 깔아놓은 후 제대로 펀치라인을 날렸을 때

5장

감탄과 관련된 뇌 영역에 불이 들어온다. 웃음은 뇌가 더 잘 돌아가게 한다. 게다가 창의력에 전구 물질(어떤 물질대사나 합성 반응에서 최종 산물에 도달하기 전 단계의 물질—옮긴이)로 작용하기도 한다. 새롭고 놀라운 개념이나 아이디어에 더 열린 마음을 갖도록 준비시키기 때문이다.

댄은 마돈나의 〈라이크 어 버진〉 멜로디에 '창발 인지'라는 그날 강의 주제와 관련된 노랫말을 붙여 학생들 앞에서 부른 적도 있다. 그걸 재밌어했건 유치하다고 느꼈건 상관없었다. 효과가 있었기 때문이다. 보일은 댄의 교수법에 관한 자신의 연구에서 데이터를 분석한 결과, 유머가 학생들의 주의를 붙들어 매 강의 내용에 대한 기억을 촉발할 돌출 순간을 만드는 기능을 했다는 사실을 깨달았다.

배움은 심각해야 한다는 신조가 있다. 배우는 사람의 이미지를 검색하면 십중팔구 책 위로 고개를 푹 숙이고 있는 모습이나 조용히 사색하는 모습이 나온다. 고개를 젖히고 시원하게 웃음을 터뜨리는 사람, 너무 웃어서 눈에 눈물까지 고인 사람의 이미지는 드물다.

하지만 뇌는 유머를 좋아한다. 진심에서 우러난 웃음은 뇌가 수용된 정보를 분석해 그게 웃긴지 아닌지 판별하는 동안 관제탑이나 마찬가지인 전두엽부터 시작해 뇌의 수많은 영역에 스위치를 켠다. 그러면 전기 신호가 대뇌피질을 자극해 행동을 촉발하고 우리는 웃음을 터뜨린다. 이는 다시 뇌의 보상계 스위치를 켜 도파민과 세로토닌, 섹스와 음식과 운동에 반응해 분비되는 것과 같은 종류의 엔도르핀을 분출시킨다. 도파민은 학습에 결정적으로 중요하다. 목표 지향적 동기부여와 지식 보유에 매우 중요한 장기 기억을 생성하는 데 도움을 주기 때문이다. 즉 유머는 학습에서 마법의 치트 키인 셈이다.

## 교육의 내용보다 중요한 것

비록 어른이 되면 뒷전으로 밀려나지만 재밌게 놀고픈 충동은 우리 모두에게 남아 있다. 재미를 추구하는 본능은 인간 종이 진화하는 데 중대한 구실을 했다. 플라톤이 이런 유명한 말도 하지 않았나. "일 년 대화한 것보다 한 시간 같이 놀았을 때 상대에 대해 더 많은 것을 알아낼 수 있다."

　　놀이는 예술과 미학에 핵심 요소로 다양하게 작용한다. 예술과 놀이는 동전의 양면과 같다. 놀이가 예술적 표현, 상상력, 창의력, 호기심의 한 면을 담당하기에 그렇다. 델라웨어대학교 교육학과 교수 로버타 미치닉 골린코프와 템플대학교 심리학부 교수이자 워싱턴 D.C.에 있는 브루킹스연구소 선임 펠로 연구관인 캐시 허시-파세크는 놀이를 학습의 핵심 재료로 파악했다. 2003년에 두 사람이 출간한 저서의 제목은 그들의 철학, 놀이와 학습을 주제로 수년간 진행해온 연구를 압축해 담고 있다. 『아인슈타인은 플래시카드를 쓰지 않았다: 아동은 실제로 어떻게 학습하며, 더 많이 놀고 덜 암기해야 하는 이유는 무엇인가Einstein Never Used Flashcards: How Children Really Learn and Why They Need to Play More and Memorize Less』가 그것이다.

　　"즐겁지 않으면 아무것도 배우지 못합니다." 로버타는 이렇게 단언했다. "놀이를 교실 수업과 비공식적 학습 환경에 융합할 방법은 정말 많습니다." 이 견해는 놀이와 학습의 신경과학 연구로도 뒷받침된다. 이 연구가 지적하기를, 놀이는 인류 보편의 요소이며 인간의 인지 발달과 감정적 행복에 긍정적 영향을 준다.

로버타와 캐시는 크게 두 종류의 놀이가 있다고 설명한다. 바로 자유 놀이와 유도 놀이다. 자유 놀이는 아이의 통제하에 이루어지며 외부 목표를 충족하기 위해 설계되지 않는다. 아이들은 자유 놀이에 놀랍도록 뛰어나다. 변장 놀이나 시늉 놀이를 떠올려보자. 반대로 학습 목표를 염두에 둔 어른과 함께 노는 것이 유도 놀이다. 제대로만 하면 새로운 기술을 배우는 데 큰 도움이 되는 방식이다.

두 사람은 볼링을 예로 든다. 보통의 볼링장에서는 공이 양쪽 홈으로 빠지지 않게 범퍼를 올려달라고 요청할 수 있다. 처음 볼링을 배울 때 핀 몇 개를 쓰러뜨리는 즐거움을 발견할 수 있다면 범퍼를 올리는 게 기술 습득을 더 재미나게 해준다. 로버타가 말했다. "유도 놀이로 아이들이 이것저것 새로운 기술을 배울 수 있게 환경을 조성하는 거죠."

아이들이 주체성을 가지고 적극적으로 직접 개입하고 협력해가며 놀듯이 학습하게 하면 학습의 최고 형태인 전이를 이끌어낼 수 있다. "한 맥락에서 배운 걸 다른 맥락에 적용할 수 있고, 나아가 그것이 전형적 사례가 되는 환경을 조성하면 그때야말로 진짜 학습이 이루어집니다."

두 사람은 놀이방 한가운데 각종 필기도구와 종이를 모아둔 교사를 예로 들었다. 로버타가 설명했다. "여기서 잠깐, 그곳은 유치원이었고 아이들이 글쓰기를 정식으로 배우기 전이었다는 걸 미리 말해둘게요. 그 도구들이 어떤 결과를 불러왔을까요? 아이들은 자유시간에 뭔가 끄적이게 됐어요. 그리고 선생님에게 쪼르르 달려가 '이 글자는 어떻게 써요?' '제 이름은 어떻게 써요?' 하고 물어보기 시작했죠."

로버타와 캐시의 최신 공저인 베스트셀러 『최고의 교육』은 우리의 현주소를 가감 없이 지적한다. 오늘날의 아이들은 부모나 위 세대가 알고 있는 직업과는 전혀 다른 일자리와 경력을 가지게 될 것이다. 아이들은 급변하는 현실에 적응할 줄 알아야 한다. 남다른 아이디어를 떠올리고, 큰 대가를 치르지 않고서도 그 아이디어를 테스트할 수 있어야 한다.

이런 변화들이 진행 중임에도 우리는 아직도 교육의 내용이 가장 중요한 척하는데, 사실 중요한 건 그것만이 아니다. 로버타와 캐시는 아이들이 진짜 배워야 할 것이 '6C'라고 강조한다. 6C란 협력collaboration, 소통communication, 콘텐츠content, 비판적 사고critical thinking, 창의적 혁신creative innovation, 자신감confidence을 뜻한다. 두 사람의 연구에 따르면 놀이와 예술이 6C를 육성한다. '놀이 같은 학습을 위한 환경 조성 행동 네트워크'는 두 사람이 운영에 참여 중이고 수전도 설립에 가담한 교육 프로그램이다.

2050년경에는 세계 인구의 약 4분의 3이 도시에서 살 거라는 전망이 있다. 놀이 같은 학습을 위한 환경 조성 행동 네트워크는 언젠가 닥칠지도 모를 이 현실에 놀이라는 요소를 설계해 넣는다. 이들은 예술을 사용한 증거 기반 설계와 게임을 결합해 일상의

5장

공공장소들, 가령 버스 정류장, 도서관, 공원 같은 곳을 놀이 학습의 중심지로 변모시킨다. 한 예로 '팔짝팔짝 뛰어요' 놀이는 일정 간격을 두고 한 발이나 두 발을 그린 돌을 배치한 뒤 아이들이 특정 패턴을 따라 돌을 디디게끔 표시해놓는다. 일종의 땅따먹기 변형으로, 주의력과 기억력을 향상한다고 증명된 인지과학적 방법들을 적용한 놀이다.

시카고, 필라델피아, 산타아나 같은 대도시에서 진행된 시범 프로그램들을 대상으로 이루어진 여러 건의 연구에서 이런 놀이 같은 환경은 아이들이 숫자, 글자, 색깔, 공간 관계에 대해 보호자와 대화하도록 이끌었으며 특히 분수나 소수 같은 수학적 개념을 더 잘 이해하게 해주었다. 놀이 같은 학습 환경은 온 세상이 재미난 놀이방이 되는 세대 간 학습과 또래 간 학습의 장을 만들어주기도 한다. 세상 어느 곳이든 놀이 학습의 지형이 될 수 있다는 생각을 받아들이면 우리를 둘러싼 환경은 그 즉시 가능성으로 가득한 세상이 된다.

## 자폐 스펙트럼 장애와 ADHD를 위한 예술

지금까지 우리는 어떤 뇌에도 이롭게 작용할 아이디어들을 이야기했다. 그런데 무려 전 세계 40퍼센트의 인구가 일종의 신경다양성을 가지고 있는 것으로 추정된다. 신경다양성이란 모두가 자기만의 방식으로 세상을 받아들이며 사고하고 학습하는 데 단 하나의 옳은 길이 있지 않다는 것을 인정하는 용어다. 신경다양성은 뇌 연구를 포괄할 뿐 아니라 그 못지않게 중요한, 다양성과 포용을 지지하는 사회정의 운동을 가리키는 용어로도 쓰인다.

예술이 학습을 돕는 방식을 알아보기 시작한 이래 우리가 결국 회귀한 지점은 신경과학자 릭 휴개니어였다. 휴개니어는 학습 방식이 유전적으로 결정되는 경우가 많다는 사실을 상기시켰다. 학습 방식은 유전적 변이의 결과, 심지어 단일한 주요 단백질 변이의 결과였다. 20년 전 휴개니어의 연구실은 'SynGAP1'이라는 유전자를 발견했는데, 이 유전자의 변이가 다양한 지적 차이의 원인이 되는 것으로 밝혀졌다.

신경다양성을 지지하는 태도를 가지려면 무엇보다 뇌가 학습하는 구체적 방식들을 더 잘 이해해야 한다. 예를 들어 미국 질병통제예방센터에 따르면 세계 인구의 1퍼센트가 자폐 스펙트럼 장애 진단을 받은 것으로 확인된다. 자폐는 학습력 차이를 뜻하지 않으며 그보다는 학습의 어려움을 한 요소로 포함하는 스펙트럼 장애다. 자폐 스펙트럼 장애는 백이면 백 다른 방식으로 발현하는데, 이들 중에는 더 든든한 사회적 기술과 의사소통 기술을 습득하고 싶어 하는 사람도 있다. 가령 자폐인은 사회적, 시각적 신호를 해석하는 데 어려움을 겪는다. 미소가 친절함을 뜻하지 않는다거나 찌푸림이 신경이 거슬리는 상태라고 해석되지 않는다는 것이다.

2013년 신경과학자이자 뉴로테크놀로지(신경과학과 관련된 기술을 총칭하는 말—옮긴이) 사업가인 네드 사힌은 자폐인을 도울 가장 좋은 방법이 무엇일지 고민하고 있었다. 네드는 훗날 인터뷰에서 이렇게 설명했다. "매일 고통받는 사람들이 존재하는데,

그 어려움은 살면서 겪는 보통의 어려움과 다릅니다. 자신의 내면 세계가 외부에서 전혀 인정받지 못해 오는 괴로움이에요. 자폐인은 종종 자기 몸에 갇혀 있고 세상으로부터 오해받는 기분을 느끼죠."

이즈음 구글의 스마트 안경 '구글 글래스'가 출시되었다. 구글 글래스는 소프트웨어 개발자들에게 전에 없던 기회를 안겨주었다. 스마트폰에 설치 가능한 앱이 수천 개 존재하는 것처럼 안경에 장착할 프로그램도 몇 개든지 설계할 수 있게 된 것이다. 자폐인이 사회적 신호를 학습하는 한 가지 방법은 대화 요법의 일종인 전통적인 인지행동 치료 훈련이다. 네드는 실시간 피드백이 가능한 웨어러블 기기가 그러한 사회적 기술을 다지는 데 드는 시간을 단축해줄 거라 짐작했다.

그는 게임화라는 더 큰 틀에 꼭 들어맞는 카툰의 재미 요소를 스마트 안경 기술에 접목해 자폐 스펙트럼 아동의 사회적, 감정적 학습을 보조하는 프로그램을 개발했다. 그가 만든 소프트웨어는 안경을 착용하고 있는 동안 시각적 신호를 제공한다. 여러 가지 색과 이모지와 만화를 이용해 착용자가 소통 중인 상대방이 뭘 느끼는지 알아챌 수 있도록 신호를 주는 것이다. 2014년, 네드는 구글에 협력을 요청했고 당시 막 구글에 합류해 구글 글래스 프로젝트를 추진 중이던 아이비와 여러 차례 대화를 나누었다. 아이비는 연구를 지원하기 위해 구글 글래스를 몇 상자 보내주었다. 오늘날 네드는 '브레인 파워'라는 회사를 설립해 매사추세츠주에 본부를 두고 운영하면서, 뇌 신경 발달 차이를 보이는 이들을 돕기 위해 개발한 이 소프트웨어를 전 세계 학교에 공급하고 있다.

또 다른 소프트웨어 프로그램은 스탠퍼드대학교에서 진행한 최초 임상 시험에서도 증명되었듯 분명한 변화를 가져왔다. 프로그램 개발자인 카탈린 보스는 자폐 스펙트럼 장애를 전문으로 연구하는 스탠퍼드 연구팀과 함께 '수퍼파워 글래스'라는 소프트웨어를 개발했다. 2년여에 걸쳐 연구팀은 이 스마트 안경을 자폐아동 71명에게 나누어 주고 집에서 사용하게 했다. 결과는 2019년 《미국소아과협회 저널》에 발표되었고, 기존의 행동 치료에 더해 이 기기를 사용한 아동들에게서 눈에 띄는 발전이 확인되었다. 연구팀은 자폐인의 행동을 추적하는 데 자주 사용되는 '바인랜드 적응행동 척도'라는 표준화 테스트를 사용해 집에서 이 소프트웨어의 도움을 받은 아동들이 표준적인 치료만 받은 아동들에 비해 사회화 척도에서 평균 상승률이 더 높게 나온 것을 확인했다.

무엇이든 배우기 위해서는 가장 중요한 인지적 상태 중 하나가 시작부터 수반되어야 한다. 바로 주의 집중이다. 주의는 우리 의식이 어떤 것에는 집중하고 어떤 것에는 집중하지 않게 하는, 말하자면 다양한 정도를 오가는 유동적 상태다. 애덤 개절리는 우리에게 이렇게 설명했다. "주의는 선택적으로 집중하고 그 집중을 유지하는 능력입니다." 신경과학자인 애덤은 캘리포니아대학교 샌프란시스코 캠퍼스의 신경학, 생리학, 정신의학 교수로, 뉴로스케이프 설립자이자 최고 경영자이기도 하며 뇌의 주의 능력을 벌써 수십 년째 연구하고 있다. "주의를 유연하게 옮기는 능력을 '전환'이라고 하는데, 이 능력은 매우 제한적이죠."

주의 지속은 모두가 어려워하는 것이다. 애덤은 심리학자 래리 D. 로젠과 더불어 인간이 멀티태스킹이 가능하다는 신화를 바로 잡았다. 2017년에 출간된 두 사람의 저서 『주의를 빼앗긴 정신The Distracted Mind』에서 그들은 인간의 뇌가 실제로는 동시에 여러 과제를 수행하지 못한다고 설명했다. 애덤은 인간의 뇌는 결코 멀티태스킹을 하지 않는다고 단언한다. 우리 뇌는 사실 이 과제와 저 과제 사이를 빠르게 오가고 있을 뿐이다.

많은 이가 일정 수준의 주의를 유지하는 것을 어려워한다. 전 세계 성인 3억 6600만 명이 주의력 결핍 과잉행동 장애ADHD를 안고 살아가는 것으로 추정된다. 2016년을 기준으로 미국에 ADHD 진단을 받은 아동은 600만 명이라 집계되었다. ADHD가 있으면 가만히 앉아 있거나 집중하거나 조용히 있는 게 어려울 수 있다. ADHD는 주의 분산 또는 여태 우리가 멀티태스킹이라 부른 상태를 초래해 조직화를 가로막을 수 있다. 즉 전통적인 교실 환경 경험이 이들에게는 끔찍한 경험이 될 수도 있다는 뜻이다. ADHD가 있는 청소년들에게는 종종 행동 문제가 있고 수업을 방해한다는 꼬리표가 붙는다. 하지만 이런 꼬리표는 오해이며 아동이 자신의 지능과 능력에 대해 품은 믿음을 돌이킬 수 없이 해칠 수 있다. 그러잖아도 ADHD가 있으면 이런저런 약물 치료를 시도하는 데 따르는 기복을 감내해야 하는 데다 약 비용도 한 달에 수십만 원에 이를 정도로 부담스럽다.

ADHD인들이 겪는 문제에 대한 해결책으로 애덤이 내놓은 방법이 하나 있는데, 바로 몰입형 비디오게임이다. 잘못 읽은 것이 아니다. "당장 게임기 내려놓고 숙제하지 못해?"가 터져나오게 하는, 전 세계 부모의 공공의 적인 비디오게임은 신경예술을 염두에 두고 설계하면 훌륭한 학습 도구가 될 수 있다. 애덤이 개발한 게임 '뉴로레이서NeuroRacer'도 하루 30분만 플레이하면 아동의 주의력을 강화하는 데 도움을 준다.

애덤은 뇌 신경망이 어떻게 우리가 주의를 기울이는 능력 혹은 그러지 못하는 능력의 기저를 이루는지 연구해왔다. 그는 뇌과학을 적용하여 신경 단계에서부터 도움이 될 기기와 소프트웨어를 제작하기 위해 ADHD인의 뇌에서 어떤 현상이 일어나는지 연구를 시작했다.

주의를 기울이는 능력은 우리가 살면서 하는 모든 일에 굉장히 중요하다. 애덤은 이렇게 설명한다. "주의력이 저하되거나, 제대로 발달하지 못하거나, 살면서 전환을 너무 많이 하느라 분절되면 삶의 모든 부분이 영향을 받습니다. 가족과 교류하는 방식, 밤에 잠자리에 드는 방식, 수업을 듣고 숙제하고 다른 일들을 수행하는 방식에도 영향이 가죠."

애덤은 뇌 가소성을 어떻게 활용해 주의력 향상을 유도할지 고민했다. 가소성을 자극하는 최선의 방법이 몰입 체험이라는 것은 알고 있었지만 주의 지속 시간을 개선하는 방향으로 어떻게 설계할지 먼저 고민해야 했다. 본질적으로 학습은 움직이는 표적이다. 뇌가 새로운 신경 회로들을 생성하기 위해 변하면 그 뇌는 학습을 시작했을 때와 똑같은 상태가 아니게 된다. 그래서 애덤은 뇌의 가소성에 맞춰 적응하는 프로그램을 어떻게 만들지 고민하며 머리를 쥐어뜯었다.

5장

그러던 어느 날 공학에서 힌트를 얻은 애덤은 피드백 프로그램으로 자동 제어되는 '클로즈드 루프' 시스템을 들여다보았다. 그가 우리에게 설명하면서 든 예는 건조기였다. "클로즈드 루프 건조기는 시간을 맞춰놓고 타이머가 울리면 옷이 말랐는지 확인해야 하는 굉장히 비효율적인 방식 대신, 센서가 습기를 감지해 옷이 말랐으면 건조를 끄는 방식입니다. 그러니까 클로즈드 루프 시스템은 바꾸고 싶은 대상에 대한 정보를 수용하는 센서가 있고, 그 수용된 데이터를 기반으로 결정을 내리는 프로세서가 있는 거죠. 거기서 결과가 도출되는데, 여기서 결과란 '건조기가 얼마나 오래 작동해야 하는가?'겠죠. 제가 만들고자 한 건 환경, 자극, 어려움, 보상이 전부 사용자의 뇌를 기반으로 실시간 업데이트되는 도구였습니다."

비디오게임 디자인과 증강 현실은 역동적인 미학적 강화제다. 가상 세계, 뛰어난 미술과 그래픽 디자인, 생생한 색감과 소리, 배경 음악, 스토리텔링, 등장인물 등 성공적인 게임을 이루는 예술적 요소들은 플레이어가 게임에 푹 빠져들게 만드는 장치들이다. 서사와 이야기 속 자신의 역할에 대한 감정적 유대도 한몫한다.

애덤은 뇌의 주의 집중 능력을 지원하고 육성해줄, 미적 자극이 풍부한 클로즈드 루프 시스템 기반 비디오게임을 설계하는 작업에 착수했다. 그는 주의력 결핍 뇌와 '함께' 작동할 게임을 만들기 위해 실력 있는 게임 개발자들과 협력했다. "게임의 예술과 미학에 굉장히 역점을 두었어요." 개발은 꼬박 일 년이 걸렸고 마침내 2013년, 그는 뉴로레이서를 출시했다.

애덤이 만든 몰입형 게임은 간섭 해결, 주의 분산 저항, 과제 전환 등 인지 조절과 주의력에 근본이 되는 신경망에 일부러 문제를 던져주었다. 게임을 하면서 회로들의 구조가 재구성되는 효과를 노린 것이다. 나아가 이 이득이 게임을 플레이하는 동안만이 아니라 삶의 다른 부분으로도 전이되었으면 했다. 애덤은 이렇게 지적했다. "아이가 학교 시험 성적은 오르는데 똑같은 과제를 현실에서 수행하지 못하면 교육 시스템이 실패한 게 아닌지 의심하겠죠. 안 그렇습니까? 시험 성적을 잘 받고 대학 입시에서 우수한 성적을 거두는 것만이 목표는 아니니까요. 실제로 더 영리하고 요령 있고 지혜로워져야죠."

애덤이 만든 게임을 플레이하면 적응력 측면에 도전이 되는 여러 가지 목표가 차례로 주어진다. "과제 중 하나는 3차원 세계를 헤쳐나가는 거예요. 빙산과 폭포를 헤치면서 나아가야 하죠. 그러려면 타깃에는 반응하고 주의를 분산시키는 것들은 무시해야 해요. 최고난도의 인지 조절 테스트 같은 겁니다. 주의를 산만하게 하는 요소들이 가득한 와중에 똑같이 중요한 두 과제가 동시에 일어나거든요."

게임은 쉬운 레벨에서 시작해 플레이어의 주의력이 향상되면 난이도가 올라간다. "이 게임 설계에서 최고로 멋진 부분은 보상 시스템이라고 봐요. 각 과제를 클리어할 때마다 보상을 주는데, 한 단계를 깬 데에 대한 진짜 보상은 두 가지 수행이 모두 향상될 때만 일어나요. 그러니까 이 게임으로 훈련되는 건 두 가지 과제 간의 빠르고 효과적이고 표적화된 전환이죠. 뇌가 그 둘을 어떻게 다 해낼지 알아내게 만드는 겁니다."

애덤의 팀은 플레이어의 주의력 향상이 게임 밖에서도 이루어짐을 확인했고 이들의 연구는 《네이처》의 표지 기사로 실렸다. 애덤의 팀은 이 비디오게임을 플레이한 후에도 뇌 신경 기제들의 이로움이 유지된다는 것을 증명해 보였다.

이어서 애덤은 '아킬리'라는 회사를 설립해 한 차원 높은 미술, 음악, 스토리 라인, 그리고 플레이어에게 주어지는 더 나은 보상 주기를 녹여낸 게임을 출시했다. 이 버전은 ADHD 아동들을 대상으로 플라시보 대조군 임상 3상까지 진행해가며 여러 차례 실험을 거쳤다. 실험 대상인 아동들은 한 달 간 하루에 30분씩 일주일에 5일을 플레이했고 개발팀은 약학 용어를 빌려 이를 '1회분'이라 칭했다.

2020년에 '엔데버RX'라는 새 이름이 붙은 이 게임은 FDA의 ADHD 아동 치료용 2등급 의료 장비 승인을 받았다. 애덤은 당시 소감을 밝혔다. "비약물 ADHD 치료제로는 최초이고 진단 분류를 막론하고 어려움을 겪는 아동을 대상으로 한 디지털 치료 도구로도 최초라서 승인을 받았을 때 뛸 듯이 기뻤어요."

이제는 의사들도 그의 비디오게임을 처방한다. 애덤의 성취에서 주목할 점은 주의력 결핍 같은 학습력 차이가 뇌에서 어떤 식으로 일어나며, 예술을 융합한 경험이 이를 어떻게 해결할 수 있는지를 그가 충분히 이해하고서 개발에 반영했다는 것이다.


## 만들면서 배우기

애덤의 게임을 플레이하는 사람이나 가상현실 프로그램으로 학습하는 애리조나 주립대학교 학생들은 배우면서 가상의 물체나 아바타를 조작해볼 기회를 얻는다. 하지만 직접 하는 체험 활동이나 뭔가를 만드는 단순한 행위만으로도 얼마나 많은 학습이 이루어지는지를 간과해서는 안 된다.

아이비는 재료와 아이디어를 가지고 노는 법을 누구보다 잘 아는 사람이다. 아이비는 온 가족이 무엇인가를 만드는 집안에서 자랐다. 산업 디자이너였던 아버지는 코카콜라 병, 럭키스트라이크 담배 포장, 스튜드베이커 자동차 모델 다수를 디자인한 것으로 유명한 20세기 산업 디자인의 대가인 레이먼드 로위와 함께 일했다. 아이비는 일찍이 재료와 사물을 새로운 각도로 보는 법을 배워서인지 어려서부터 형태, 색, 재료, 촉감을 인지했고 종종 손으로 직접 이것저것 만들어보곤 했다.

아이비는 주얼리 디자인으로 업계에 발을 들였고 티타늄, 탄탈룸, 니오븀 같은 금속을 팔찌와 귀고리 재료로 융합한 최초의 디자이너였다. 그는 이 금속들이 전기를 가하면 가지각색의 멋진 색을 발한다는 것을 실험으로 알아냈다. 그렇게 각도에 따라 색이 변하는 탄탈룸으로 커프스단추와 귀고리를 제작했다. 아이비의 작품들은 현재 워싱턴 D.C.의 스미소니언 아메리칸 아트 뮤지엄을 비롯해 열 곳의 국제적인 뮤지엄에 상설 전시되어 있다. 그러나 가장 뿌듯한 건 직접 만들면서 무언가를 발견한 경험이었다. 때로 자기 손과 직감을 동원해 실컷 놀다 보면 놀라운 발견을 하게 된다. 학습은 주어지는 것을 흡수하는 것만으로 이루어지지 않는다. 직접 손을 대야 한다. 만들어봐야 안다. 학습은 경험적이다.

론 버크먼은 이 작용에 이름을 붙였다. 2021년에 출간된 그의 책 『Make to Know』를 보자(한국어판은 윌북에서 2022년에 출간된 『메이커스 랩』이다—옮긴이). 즉 '만들면서 알아가기'다. 론은 미술과 디자인 교육 분야의 세계적인 지도자이자 캘리포니아 패서디나에 있는 아트센터 디자인 대학의 명예회장이다. 론은 이렇게 이야기했다. "아마 갈릴레오가 한 말일 텐데, 인류에게 주어진 가장 멋진 경험 세 가지 중 하나가 학습 능력이라잖습니까. 맞는 말입니다. 우리가 인생에서 누리는 가장 큰 기쁨 중 하나가 학습하는 능력이니까요."

론이 예술 기반의 스튜디오 교육을 통해, 또 책을 위한 자료 조사를 통해 이해하게 된 것은 뭔가를 만드는 연습이 학습을 돕는다는 것이다. 꼭 스튜디오 아티스트여야 그 이로움을 누리는 건 아니다. 뇌와 손 간의 연결이 이루어지면 체화된 인지, 즉 앎을 뒷받침한다. 손재주와 인내심과 재료에 대한 존중을 요하는 수공예는 연결 생성에 특히 도움이 된다. 론은 이렇게 설명한다. "만들면서 알아가기는 날면서 비행기를 만드는 게 아닙니다. 다만 절제와 재능, 경험과 기술을 요하지요. 불확실성은 단어의 정의상 겁나고 불안한 상태지만 창의성이 매우 자극받는 상태이기도 한데, 그래서 그 상태에 놓이려면 상당한 용기가 필요한 것도 사실입니다. 그렇다면 우리에게 그런 용기를 주는 게 뭘까요?"

용기를 주는 건 한마디로 호기심과 노력이다. 그런 불확실성의 상태에 놓이기 위해, 더 나아가 진정으로 탐색하고 발견하기 위해 필요한 자신감과 용기, 신념과 에너지는 어떤 선입관도 없이 무언가를 만들 때 생긴다고 그는 말한다. 우리가 창조하는 것 하나하나가 새로운 질문을 낳는 것이다. "그러면 그 실천한 만들기로부터 또 다른 질문과 담론이 생겨나고요."

론은 자기 자신을 예로 든다. 그는 한때 연극에 도전했던 이야기를 웃으며 고백했다. "저는 형편없는 배우였어요. 왜냐면 등장인물이 어때야 한다는 고정관념에 사로잡혀 있었거든요. 그래서 연습 때나 무대에 설 때마다 그 인물상을 정확히 구현하지 못하면 온갖 생각에 사로잡혔고, 불안감이 치솟았고, 그럼 모든 게 엉망이 되곤 했어요. 이건 새겨두어야 할 중요한 핵심이에요. 선입관을 구현하는 데만 집착하면 순간순간을 살면서 새로운 걸 발견하고 창조하는 대신 그저 목표를 완수하는 게 전부가 돼버리죠."

나이지리아에서 진행되었고 2015년 《고등교육 연구Higher Education Studies》에 실린 한 연구는 학생들에게 직접 체험하는 프로젝트를 통해 수학과 과학 개념을 배우게 했을 때 어떤 결과가 나오는지 관찰했다. 그 결과 연구팀은 수학과 기초과학 과목에서 학생들의 수행과 참여 모두에 긍정적 변화가 일어난 걸 확인했을 뿐 아니라 교사들도 더 적극적으로 교육에 참여하는 모습을 보였다고 했다. 학생들은 점토, 돌, 물감 같은 것들로 뭔가를 만들거나 조작해 예술적인 방식으로 자신의 수학적, 과학적 기술을 보여주어 교사들에게 자신이 학습 내용을 이해했다는 걸 증명해 보였다. 서면 평가에서 낮은 점수를 받는 아이도 손으로 뭔가 만들 기회가 주어지면 학습 과목에 적성을 보였다. 연구팀은 다음과 같이 기록했다. "교사들도 이런 식의 학습 과제로 이득을 많이 보았다 고백했고, 학생들이 중요한 수학적, 과학적 지식을 제대로 습득했는지 평가할 다른 방법을 모색해보고자 하는 자극을 받기도 했다."

요즘은 주체성, 발견, 재료와 아이디어 가지고 놀기에 뿌리를 둔 체험 학습을 지향하는 움직임이 탄력을 받고 있다. 샌프란시스코에 있는 과학, 미술, 인간 지각을 테마로 한 뮤지엄인 익스플로라토리움 안에 마련된 팅커링 스튜디오는 스튜디오 측 표현을 빌리자면 방문객들에게 "이것저것 뚝딱거려보는 경험"을 제공한다. 직원들은 주어진 과학, 예술 현상 안에서 이것저것 탐색할 수 있도록 신중하게 고른 재료들로 구성된 다양한 키트를 만들었다. 음악 리듬을 만드는 키트, 애니메이션을 만드는 키트, 회로와 전기를 가지고 노는 키트도 있다. 어떤 주제를 고르든 옳은 답이나 틀린 답은 없고 오직 호기심과 만들며 배우기만 허락되는 자유로운 탐색이 펼쳐진다. 이곳에서는 손으로 만들면서 생각을 발전시키고 마분지, 나무, 움직이는 조형물, 각자의 인생 스토리에서 뽑아낸 명화 같은 것으로 개인적 의미가 담긴 공예품을 제작하면서 지식과 이해를 쌓을 수 있다.

팅커링 스튜디오를 공동 창립한 마이크 페트리치와 캐런 윌킨슨은 이 프로젝트를 전 세계로 확장하고 있다. 마이크는 이렇게 덧붙인다. "저희는 미술관, 도서관, 방과 후 프로그램처럼 저희가 있을 법한 곳에서 일하기도 하지만 교도소 재소자 가운데 공부하기를 원하는 이들이나 유아교육업계 종사자, 심지어 달라이 라마의 가르침을 받은 계세와도 작업합니다. 학습 능력을 확장코자 하는 사람이라면 누구와도 협력하죠."

수전은 만들면서 알아가기의 충실한 대변인들을 누구보다 잘 이해한다. 수전도 1990년대 초에 '호기심 주머니'라는 예술 기반의 학습 프로그램 개발사를 차린 적이 있기 때문이다. 호기심 주머니는 당시 막 관심받던 아동 발달과 학습의 인지신경과학 기반에다 감각적, 직접적 체험을 접목한 회사들 중 하나였다. 4세부터 14세까지의 아동을 타깃으로 600여 개의 활동 프로그램을 만든 호기심 주머니는 예술, 과학, 세계 문화 분야에서 촉각 체험으로 모험을 시켜주는 교보재를 제공했다. 아이들이 만화경을 조립하거나, 아메리카 원주민 전통 도자기를 빚거나, 새집과 나비 월동 상자를 직접 만들어보는 식이었다. 이 프로젝트는 호기심에 이끌린 아이들에게서 해당 관심사나 주제에 관한 한층 깊은 이해를 유도했고 가족과 친구들 간에도 매력적이고 재미난 공통 기반을 마련해주었다.

돌출성, 주의력, 유머와 놀이. 집행 기능과 만들면서 알아가기. 교실에 융합된 예술은 학습에 날개를 달아준다. 그런데 이 모든 학습이 무엇을 위한 것이냐 물으면 세상을 유영하는 어른이 될 준비를 하는 것이라 하겠다. 어릴 때 예술 활동에 참여하면 훗날 어른이 되어서도 예술 작품을 만들거나 즐기는 경향이 있다. 그러나 배경이 어떻든, 경험이 있든 없든 예술 활동을 시작하기에 늦은 때란 없다.

많은 성인이 전문가임을 자처하는 사람에게 예술과 예술 활동을 위임하고 만다. 또 바쁜 삶에서 맞닥뜨리는 수많은 것이 우리를 일상적 예술 경험으로부터 멀어지게 하기도 한다. 기능주의 심리학의 아버지 중 한 명으로 꼽히는 심리학자이자 교육 개혁가인 존 듀이는 이렇게 말했다. "예술은 작가, 화가, 음악가로 인정받는 소수의 전유물이 아니다. 누가 했든 진정한 표현이면 그것이 곧 예술이다." 아이비는 인생이 캔버스고 우리는 매일매일 거기에 그림을 그리는 거라는 말을 종종 한다. 그렇다. 예술과 아름다움은 우리를 충만하고 생생한 삶으로 안내하는 통로다.

## 비틀스로 다시 태어난 스타벅스

2008년, 스타벅스는 곤경에 빠졌다. 브랜드 충성도가 떨어지고 매장별 평균 매출도 떨어지는 와중에 사원들은 분열되어 있었다. 이들은 서로를 좀처럼 신뢰하지 못했다. 전 CEO 하워드 슐츠는 회사를 다시 일으키기 위해 은퇴를 번복하고 복귀했다. 그가 가장 먼저 실행한 대책 하나는 키스 야마시타에게 경영진 가운데 상위 스물두 명을 데리고 리더십 워크숍을 다녀오게 한 것이다.

경영 자문 회사 SY파트너스의 창립자인 키스는 애플, 이베이, IBM, 오프라 윈프리 네트워크 등 굵직한 회사에게 의뢰받아 리더십 교육을 진행한 이력이 있다. 키스는 디자인, 데이터 경제학, 조직 행동학이라는 세 가지 전공을 섭렵했는데, 직장 내 창의성을 양성하는 데 자신의 능력을 전부 쏟아붓기로 했다. 왜냐하면 그가 말한 바로는 우리 대다수가 인생의 대부분을 보내는 곳이 일터이기 때문이다. "비즈니스의 영역에서 전문 기술을 갈고닦는 데 시간을 들이는 만큼 창의적 기술을 연마하는 데도 시간을 들였으면 합니다. 전문 기술이 일이 되게 하는 기술인 건 맞습니다. 스프레드시트를 잘 다룰 수 있는지, 코딩을 할 줄 아는지, 아이디어를 명료하게 전달할 수 있는지는 전부 엄청 중요하죠. 하지만 그게 다 무엇을 위해서일까요? 정작 중요한 기발함은 창의적 기술에서 나옵니다."

키스는 어떻게 하면 스타벅스 리더들의 적극적인 참여를 끌어낼지 고민했다. "당시 스타벅스는 합리적인 부분에서 잘못된 결정을 많이 내리고 있었어요. 워크숍 내내 그것만 분석하고 앉아 있을 수도 있었겠죠. 하지만 리더들에게 필요한 건 자기에게 무엇이 정말 중요한지 파악하는 거였습니다."

여러분이 허우적대는 회사를 부활시킬 임무를 맡은 스타벅스 중역 22인 중 하나라고 상상해보자. 여러분은 미래를 결정할 중대한 회의에 소집되었다. 그런데 소환된 곳은 본부 회의실이라든가 이사실, CEO 집무실이 아닌 시애틀 중심가에 있는 낡은 로프트 빌딩이었다. 안에 들어서자 두 가지 물건이 손에 쥐어진다. 간단한 지시 사항이 적힌 카드와 아이팟 셔플이다. 그리고 이런 지시가 떨어진다. '음악을 듣고 문화적 아이콘을 이루는 요소란 뭘까 생각해보세요.'

여러분은 이어폰을 끼고 플레이리스트를 재생한다. 비틀스가 녹음한 전곡이 차례로 흘러나온다. 로프트 안쪽으로 들어가자 포스터, 사진, 다큐멘터리 등 비틀스 관련 물품으로 가득 찬 공간이 나온다. 음악을 들으며 마음껏 그 공간을 탐색할 자유가 한 시간쯤 주어진다.

얼마 후 키스의 컨설팅팀은 그들을 불러 모아 열한 명씩 두 줄로 서로 마주 앉게 했다. 키스가 웃으며 말했다. "굉장히 비좁은 2열이었어요. 심기 불편할 정도로 가까웠죠. 그런 다음 질문 하나를 던졌어요. '무엇이 비틀스를 아이콘으로 만들었을까요?'"

그러자 댐의 봇물이 터졌다. 거기 모인 22인은 비틀스와 함께 자라난 세대였던지라 저마다 비틀스 곡을 처음 들었을 때의 일화라든가 갑자기 밀려든 추억을 쏟아놓았다. "그러더니 어느 순간 더 풍성한 대화가 이어졌어요." 그들은 옥신각신했고 서로 다른 의견을 주고받았다. "누가 오노 요코처럼 불쑥 비집고 들어와 고요한 호수에 돌을 던진 거나 마찬가지였죠." 바로 그때 키스가 두 번째 질문을 던졌다. '스타벅스가 문화적 아이콘이라면 그 아이콘이 어떤 식으로 재창조되기를 바라나요?'

"그러자 진짜 감정이 드러났고, 눈물을 보이는 사람도 있었어요." 키스가 당시를 회상했다. 그것이 사흘에 걸친 워크숍의 시작이었다. 그 사흘간 스타벅스 리더들은 그들이 함께 창조하고자 하는 미래를 그린 장문의 시 형태로 사명 선언을 처음부터 새로 썼다. 그리고 그 사흘이 장장 3년에 걸친 기업의 재창조를 불러왔다. "각자의 경험에 녹아 있던 신경예술 덕분에 가능했던 겁니다. 머릿속에 재생되어 젊었을 적의 감정을 새삼스레 건드린 비틀스의 노래들이 가능하게 한 거죠."

키스는 일터에서 목격하는 더 큰 트렌드를 지적할 때 이 사례를 이용한다. "지금 비즈니스 업계의 효율 추구 움직임은 끝물에 이르렀다고 봅니다. '린 경영(생산, 관리, 판매, 물류의 전사적 과정에서 낭비 요소를 최소화하는 경영 기법—옮긴이)'이고 뭐고, 더 이상 효율화할 거리가 없어요. 우리는 단지 두뇌만 굴리는 존재가 아니라 경험을 온전히 체화하는 인간으로 살 필요가 있습니다. 그러려면 모든 감각, 삶의 모든 예술성과 예술을 끌어안아야 해요. 이유가 뭐였든 간에 우리는 효율성을 위해 삶에서 다른 모든 요소를 제거해왔어요. 이제는 즐거움과 충만한 경험을 좇는 삶, 더 의미 있는 것들이 중시되는 체화한 삶이 대세가 될 겁니다."

이런 경험이 꼭 현장과 동떨어진 데서 일어날 필요는 없다. 일터에서도 숨 가쁘게 일하다가 짬을 내 갈 수 있는 공간, 좀 더 온전히 감각을 체화하는 시간을 누릴 만한 공간을 얼마든지 마련할 수 있다. 2017년, 구글은 리더십 개발의 미래를 내다보고자 훗날 '구글 리더십 학교'라 명명된 프로그램을 발족했다. 관리자와 리더를 끌어들이고 보유하고 육성하는 것이 회사의 지속적 성장과 성공에 결정적이라는 것을 알았기 때문이다. 조직의 관리자와 리더가 새로운 기술뿐만 아니라 새로운 사고방식도 학습하는 것이, 구글식 표현에 따르면 "기술 역량과 사고 역량 모두"를 함양하는 것이 반드시 필요하다는 걸 구글이 자체적으로 실시한 조사 결과도 확인시켜 주었다.

구글 리더십 학교가 공식 출범하면서 곧 '스쿨하우스'라는 별칭이 붙은 특수 목적 기반의 물리적 학습 공간도 마련되었다. 스쿨하우스 설립 프로젝트의 수석 전략가 마야 레이존은 신경예술 원리들이 조직 리더들의 학습 강화에 어떤 힘을 발휘하는지 인지하고, 리더십 학교 내부 공간을 설계하기 위해 존스홉킨스에 있는 수전의 연구소에 조력을 요청했다.

레이존은 이렇게 설명했다. "조사 결과, 우리가 어디서 배우고 어떻게 배우느냐가 적어도 무엇을 배우느냐만큼 중요하다는 게 드러났거든요. 학습과 리더십 개발의 미래는 분명 다중적이고 경험적입니다. 스쿨하우스를 설계할 때 선택한 다중감각적 접근은 학습자의 감각을 활성화하고 학습 경험을 충분히 체화시켜 그 내용을 더 잘 이해하고 보유하게 해줍니다. 다 떠나서, 스쿨하우스는 한마디로 철저히 맞춤화된 재밌고 아름다운 공간입니다. 피드백은 거의 다 영감을 주는 내용들이었고, 수전의 연구소와 진행한 협업이 스쿨하우스의 대성공에 결정적으로 작용했다고 봅니다."

신경예술 기반의 학습이 약속하는 건 새로운 정보를 더 잘 보유하게 해준다는 것만이 아니다. 잘만 이용하면 세상을 어떻게 살아갈지, 충만하고 목적의식 있는 삶을 맛볼 역동적인 인생 양식을 어떻게 구축할지에 대한 아이디어도 한 단계 업그레이드 해준다. 그리고 이는 잘 사는 삶의 신경미학으로 연결된다.

# 잘 사는 삶

금붕어

나는 뭐다 뭐다 하는 건 나는 뭐에 불과하다는 것
그래서 나는 뭐다 하지 않기로
나를 찾지 않기로 한다

금붕어는 제 어항만큼만 자란다지
그럼 수영장에 넣으면 수영장만큼 자라겠네
방이 커야 키도 크지
얼마나 커질지 몰라도 좋은 환경이 중요한 게지

어항보다 커질 수 있다는 걸 금붕어는 알까
올림픽 수영장만 한 호수에서 자랄 수 있다는 걸 알까
평생 부딪힌 어항 벽보다 세상이 훨씬 크다는 걸 알까
나는 이 조그만 금빛 영혼이랑 다를 게 뭔가

왜냐면 나도 어항만 한 목표를 품고 어항만큼만 헤엄쳐봤으니까
내가 어찌할 수 없는 어항 벽에 평생 부딪혀왔으니까
나는 어항에만 있어봐서 어항 벽까지만 헤엄치는 걸까
내 안에 고래가 있는데 모르고 살아온 건 아닐까

일부러 혼자 있을 때 이 질문을 던져본다
우리 집 모든 방을 다 차지하도록 내 몸이 자라면
이제부터 사방으로 뻗어나간다
구석구석 채우지 않은 공간이 없도록


이제 나는 거인이다
내 정수리가 달에 닿았다
내려다본 지구가 천천히 자전한다
내려다본 지구에 수없이 많은 나라와 도시와 마을이 있다
내려다본 마을에 수많은 네모 블록과 건물이 있다
내려다본 우리 동네에 있는 우리 집 지붕을 뜯어낸다
내려다보니 소파에 앉아 시를 쓰는 내가 보인다
봐라, 나는 신경도 안 쓴다, 내려다보는 것은 나다
내가 어디에 있든 신경도 안 쓰지 않느냐
심오하지 않으냐
이제, 도로 지붕을 씌우고 땅에 닿을 때까지 나를 줄인다
내 의심 안에 무한대를 욱여넣다니 신기하지 않으냐
작디작은 조각에 온 우주를 쑤셔 넣는 것이
내 입안 한구석에 태양계를 머금고 있는 것이
말을 해서 존재감을 찾지만 내가 어떤 존재인지는 잊는 것이


평소에는 헷갈리지 유리 벽 어느 쪽에 내가 있는지
샤워하며 노래할 때면 그래미상감이지만
스포트라이트 받으면 후딱 도망이나 치지
초강력 풀로 발을 붙여놔야 내가 어떤 사람인지 겨우 이야기하지
아주 어릴 때부터 갇혀 있는 훈련을 받았어
사람들이 와줄 거라 말하는 게 내향인은 조금 마음 아파
차라리 태양과 노려보기 대결을 택하겠지만
대신 누가 이겼는지는 끝내 못 보겠지

6장

본성이네 양육이네 어차피 약육강식 인생일 뿐
경쟁에 뛰어들고, 남 밀치며 간신히 빛을 받고
나도 귀담아들으려 했지만 들리는 건 낡고 지친 내 심장 소리뿐
내 인생을 명작으로 만들라고 심장이 호통치더군
하지만 어디서 시작한담?

이 벽들은 사람을 내치고 사람을 가두지
여기까지 누구고 저기서부터 누구인지 알아두는 게 좋겠지
하지만 저만치 못 미친 걸 알았을 때 경계선은 감옥이 되지
세상에서 제일 큰 금붕어가 주둥이부터 꼬리까지 18인치라지

IN-Q*
(*미국의 시인 겸 작사가 애덤 슈말홀츠의 활동명—옮긴이)

위에 소개한 IN-Q의 시처럼 많은 사람이 각자 세상에 머무는 짧은
시간 동안 그 목적이 무얼까 고민한다. 시 경연 대회 우승자이자 저
명한 기조연설자이면서 베스트셀러 작가이기도 한 IN-Q는 우리가
스스로 하는 이야기를 바꿀 때 삶도 바뀐다고 믿는다. IN-Q는 이렇
게 말한다. "감정emotion이란 움직이는 기운energy in motion이라잖아
요. 감정을 가둬서 나를 통과해 대사되지 못하게 하면 지금 이 순간
을 사는 것도, 열정과 호기심을 펼치는 것도 가로막힙니다."

그렇다면 무엇이 막힌 것을 뚫어 잠재력을 펼치고 열정 가득
한 삶을 살게 해줄 수 있을까? 좋은 삶이란 어떤 삶일까? 이건 몇 세
기 동안 인류가 품어온 의문이다. 아리스토텔레스와 고대 그리스인
들은 풍요로운 상태를 정의 내리려 했고, 그 상태를 '에우다이모니
아'라 칭했다. 아주 대충 옮기자면 '행복'이겠다.

오늘날 잘 사는 법에 관한 연구는 르네상스기를 맞았다. 현재 급성장 중인 신경과학과 심리학의 하위 분야가 바로 잘 사는 상태에 기여하는 신경학적 기제를 파악하고 이해하고자 하는 분야다. 전 세계 연구자들이 인간의 조건에서 유익하거나 긍정적인 부분으로 꼽히는 것들을 탐구하고 있다. 아리스토텔레스 시대보다 철학적 담론의 성격은 덜하며 단 하나의 감정, 즉 행복에만 초점을 두는 경향도 덜한 이 현시대의 질문들은 테크놀로지, 여러 학제 간의 협업, 경험적 조사를 전부 동원해 번성하는 삶과 풍성하고 의미 있는 삶의 요소들을 조명하려 한다.

잘 사는 삶의 보편적 속성을 파악하기란 꽤 복잡하다. 이 분야를 선도하는 연구자 중 하나로는 전염병 학자이자 하버드대학교 인간번영연구소의 소장 타일러 밴더윌이 있다. 타일러는 2017년에 다음 다섯 가지를 잘 살고 있는지 측정하는 기본 척도로 세웠다. 첫째는 행복과 삶에 대한 만족, 둘째는 정신 건강과 신체 건강, 셋째는 의미와 목적, 넷째는 품성과 미덕, 다섯째는 친밀한 사회적 관계다. 그는 저서에 "무엇이 잘 사는 것인가 하는 개념은 여러 가지가 존재할 것이고 그 개념에 대한 견해 또한 제각각일 것"이라고 썼다. 그러고는 이렇게 덧붙였다. "하지만 내 소견은, 각각의 이해가 구체적으로 어떻게 갈리는지는 차치하더라도 대개는 잘 사는 삶이, 그 것을 어떤 방향으로 이해하건, 광의로 분류한 이 다섯 가지 삶의 영역을 잘 수행하거나 각 영역에서 괜찮은 상태로 있는 것을 요구한다는 데에는 이견이 없으리라 본다."

잘 살기란 삶을 진실하고 충만하게 사는 것을 뜻한다고 생각한다. 이미 내 곁에 있는 것들을 알아채고 감사하는 마음을 가진 채 현재를 충실히 사는 기분, 살아 있는 기분을 느끼는 것 말이다. 목적 의식과 의미, 도덕적 나침반과 미덕에 대한 감각을 가지고 살기 위해 자신을 면밀히 살피는 것, 흔히들 '마음챙김'이라 하는 것, 다른 사람들의 안녕을 챙기고 널리 미치는 이로움에 보탬이 되는 것 말이다. 잘 살아갈 때는 호기심과 창의력이 샘솟고 새로운 경험에 마음이 열리며 긍정적 마음가짐을 가지고자 의식적으로 노력한다. 또 자신의 정신적, 신체적, 사회적 건강을 보살피게 되며 이 세상에서 자신에게 주어진 시간을 소중히 여긴다.

우리는 '좋은' 삶을 완벽한 삶이라든가 모든 게 잘 풀리는 삶과 동일시할 때가 너무 많다. 하지만 '잘' 사는 삶은 그런 비현실적 기준을 잊게 한다. 왜냐하면 다들 알다시피 완벽한 사람이란 존재하지 않으며 어떤 이의 삶도 어려움 없이 마냥 순조롭지는 않기 때문이다. 오히려 이런 현실적인 접근이야말로 통찰을 얻고 성장하고 잘 살려는 일생의 여정을 두 팔 벌려 끌어안게 하는 유인책이며, 성장을 향한 헌신적 여정에 자진해서 발을 들이겠다는 선택이기도 하다.

신경생물학적 관점에서 잘 사는 건 한 가지 마음 상태를 가리키지 않는다. 그보다는 여러 심리적이고 신경적인 상태가 더불어 작용해 자기 자신, 세상 전체와 일치감을 느끼는 상태라 할 수 있다. 그간 조사한 신경과학 연구들과 면담자들의 발언에 기반해 우리는 경이로움, 호기심, 참신함, 놀람 등 여러 상태가 잘 사는 삶에 일조한다는 결론을 내렸다. 전부 우리가 자연적으로 타고나는 것들이지만 미학적 사고방식을 취하고 잘 살 수 있다는 믿음을 가지면 이번 장에서 소개할 간단한 연습을 통해 얼마든지 그런 마음을 갖추고 증진할 여력을 발견할 수 있으리라 본다.

2020년에 이루어진 한 조사에서 연구진들은 행복과 연관된 분야인 심리학, 인지신경과학, 정서신경과학, 임상심리학에서 그간 축적된 연구 결과를 샅샅이 들여다보았다. 그들이 던진 질문은 이것이었다. '신경가소성을 유발하는 두뇌 연습으로 뇌를 훈련해 잘 사는 삶에 가까워질 수 있을까?'

그들이 연구한 영역 중 하나인 '목적'을 보자. 목적은 한마디로 자기의식이다. 최근 들어 학계는 인생의 목적이 어째서 그토록 강한 영향을 미치는지 경험적 연구로 조명하기 시작했다. 인생에 목적이 있으면 만성적 스트레스의 부정적 영향이 감소하는 것으로 드러났고, 더 높은 삶의 목적을 가지면 "타액 내 코르티솔 측정치에 근거하여 노인들의 스트레스 회복 가속이 예측되기도 한다"고 연구팀은 기록했다. 목적의식을 고양하는 특정 행위를 의도적으로 삶에 포함하면 "회복탄력성을 높이고 건강한 행동을 촉진하며 유의미한 방향으로 뇌와 말초신경계에 변화를 불러온다"고도 했다.

타일러는 하버드대학교에서 진행한 연구를 바탕으로 삶이 풍요로워지게끔 뇌를 훈련하는 방법 몇 가지를 증거에 기반해 알아냈다. 그중 하나는 창의적 글쓰기다. 가장 좋은 미래의 시나리오를 상상하고 그 미래가 이미 당도한 양 자신의 삶을 서술하는 연습도 여기에 포함된다. 이런 단순한 습관이 낙관주의와 삶의 만족도를 고양한다는 것을 입증하는 소규모 연구도 여러 건 존재한다.

6장

잘 산다는 건 쓸수록 튼튼해지는 근육과 같다. 우리가 연습하는 것들이 으레 그렇듯 잘 사는 것도 습관이 된다. 다섯 번째 장에서 설명한 학습의 신경가소성 이야기를 되새겨보자. 요가 매트를 펼치거나 달리러 밖으로 나가거나 건강한 식단을 택하듯, 또는 매일 밤 일부러 일정 시간 이상 수면을 취하듯 잘 사는 삶을 만들어가는 패턴도 차차 눈에 보이기 시작할 것이다.

이번 장에서 우리는 잘 사는 삶의 근간이 되는 여섯 가지 속성을 알아보려 한다. 그 여섯 가지는 바로 호기심과 경이로움, 경외심, 풍부화한 환경, 창의성, 의식儀式, 참신함과 놀라움이다. 이 마음 상태들을 자유롭게 조합해 삶에 융합하면 풍요로운 삶에 이르는 나만의 경로를 만들 수 있다.


## 기분 좋은 호기심

볼티모어 존스홉킨스 병원의 어느 오후. 의사 열두 명, 인턴과 레지던트 몇 명이 회의실에 앉아 스크린에 뜬 이미지를 뚫어져라 쳐다보고 있다. 거실로 보이는 곳에 다인종의 여섯 인물이 둘러앉아 있는 모습을 묘사한 그림이다. 그림 속 몇 명은 노란색과 주황색의 화사한 소파에 앉아 있고 나머지는 서 있다. 청록색과 녹색이 섞인 랩 원피스를 입은 한 여성은 촘촘히 땋아 쪽진 우아한 검은 머리가 보이도록 감상자들에게 등을 돌린 구도로 앉아 있다. 회의실에 모인 이들은 그것이 나이지리아 미술가 은지데카 아쿠닐리 크로스비의 2013년 작품이라는 정보도, 아크릴, 숯, 파스텔, 색연필을 사용한

콜라주 작품이라는 정보도 듣지 못했다. 그들은 작품에 대한 어떠한 설명도 들은 바가 없었다. 들은 건 그저 그림을 한번 보라는 말이 전부였다.

　의사들과 인턴들은 최고의 명성을 자랑하는 연구 병원에서 줄곧 환자의 명운이 달린 처치가 이루어지는 긴장도 높은 환경에 처한 채 하루하루를 보낸다. 그런 상황에서는 예술 작품 감상은 고사하고 단 몇 분 쉬는 것도 사치가 되고 만다. 그런데도 그 순간의 회의실은 바늘 떨어지는 소리도 들릴 만큼 고요했다. 깊은 생각에 빠졌을 때 내려앉는 고요함이었다.

　메그 치솜이 침묵을 깼다. "이 그림 속에서 무슨 일이 일어나고 있나요?" 메그는 잘 사는 삶의 순간을 경험하게 해주려고 의사들을 한자리에 불러 모은 장본인이다. 정신과 의사인 메그는 학계에서 이름을 붙이기도 전에 벌써 잘 사는 법을 추구할 필요성을 꿰뚫어보았다. 당시 메그는 임상의로서 정신 질환자들과 약물의존 환자들을 치료하고 있었다. 10년을 일한 끝에 그는 환자들이 충만하고 활기찬 삶을 살게 하려면 중증 질환의 증상을 제거하는 것만으로는 부족하다는 결론을 내렸다. "환자들이 진정 원하는 삶을 살게 하기 위해서는 다른 측면들도 강화할 수 있도록 이끌어줘야 했어요."

　메그는 2015년에 폴 맥휴가 존스홉킨스 병원에서 추진한 '인간 번영 연구'에 합류했고, 현재는 연구 팀장을 맡고 있다. 연구의 목표는 의학 실습생들과 의사들이 잘 사는 삶을 위한 과학에 관심을 갖게 하는 것이다. 메그는 연구 프로그램을 더 잘 설계하기 위해 수많은 신경과학자와 심리학자, 기타 관련 분야 학자의 최신 연구를

6장

들여다보았다. 그중에서도 심리학자 마틴 셀리그먼의 연구를 집중적으로 분석했는데, 셀리그먼은 잘 사는 삶을 위한 긍정심리학 모델 'PERMA'를 개발한 사람이다. PERMA는 긍정적 감정positive emotion, 몰입engagement, 관계relationship, 의미meaning, 성취accomplishment의 머리글자를 딴 조어다. 이 분야를 파고든 끝에 메그는 자신이 지도하는 학생들이 한 인간으로 온전히 잘 사는 삶을 사는 게 무얼 뜻하는지 탐구하도록 이끄는 가장 효과적인 방법은 곧 '예술'이라 결론 내렸다.

다시 회의실 상황으로 돌아가보자. 이어서 메그는 의사들에게 그 그림에 대해 이야기해보라고 했다. 그러자 몇몇이 조심스레 손을 들고 자신 없게 답했고 메그는 용기를 북돋워주었다. "또 뭐가 보이나요?" 이 질문은 시각적 요소에서 근거를 찾아 그림을 해석하도록 유도했고, 그러다 보니 어느 순간 대화의 양상이 바뀌어 있었다. 이 바쁘고 야망 넘치는 사람들이 자신의 감정에 대해, 의미에 대해, 그림의 뉘앙스에 대해 열띤 토론을 시작한 것이다.

'시각적 사고 전략'이라 알려진 이 훈련은 뉴욕 현대미술관에서 30여 년 전 당시 교육부 총괄이던 필립 예나윈이 개발한 학습법이다. 필립은 자신의 교육팀이 진행하는 프로그램이 갤러리에 걸린 작품을 감상하는 관람객의 이해도를 높여주는지 평가하는 임무를 맡았다. 연구의 여러 발견 중 특히 주목할 사항은 관람객의 80퍼센트가 한 가지 압도적 감정을 공유한다는 사실이었다. 바로 호기심이었다. 관람객들은 작품이 전하려는 이야기에 흥미를 느꼈다.

호기심은 진화에 필요한 요소 중 하나로 인간의 뇌에 장착되었다. 인지신경 과학자들은 호기심이 예측 불가한 세계에서 최선의 결정을 내리기 위해 걱정 같은 다른 신경 활동들과 함께 위협 감지 체계의 일부로 1000년에 걸쳐 발달했다고 본다. 호기심 덕분에 우리 선조들은 '이 붉은 열매는 먹어도 안전할까?' '돌멩이 두 개를 맞부딪쳐 불꽃을 일으키면 어떻게 될까?' '이 나뭇조각 끝을 뾰족하게 깎으면 어떻게 될까?' 같은 의문을 품었다. 두려움을 모르는 정신세계와 물질세계의 탐험가들이 전구부터 화성 탐사선까지 온갖 문물을 인류에 안겨주는 과정에서 현대 세계를 형성한 주역은 호기심이었다고 가히 말할 수 있다.

신경생물학적으로 보았을 때 호기심이 뇌의 여러 영역을 활성화하긴 하지만, 사실 우리의 천성적 호기심을 가장 직접적으로 주관하는 부위는 해마에 있다. 탐구 끝에 답을 얻어 호기심을 충족시키면 뇌의 보상 화학물질인 도파민이 몸에 퍼지고 행복감과 만족감이 느껴진다. 그 결과 인간은 『행복은 호기심을 타고 온다』를 쓴 심리학자 토드 카시단의 말처럼 "새로운 지식과 경험을 추구하고 불확실성을 끌어안는 데서 강렬하고 장기적인 충만감을" 느낀다. 그런 점에서 "낯선 것을 피하기보다 적극적으로 탐구하기를 택하는 것이야말로 충만하고 의미 있는 삶의 비결"일 수 있겠다.

예술은 호기심을 키우기에 특히 제격인데, 왜냐하면 호기심의 본질은 우리가 품은 이해하고자 하는 욕구와 감동하고픈 욕구뿐 아니라 모호함을 편안히 받아들이고자 하는 욕구까지 전부 건드리기 때문이다. 인간은 마음에 강하게 호소하는 것을 보거나 느낄 때

6장

그 대상에 관심이 생기고 더 알고 싶어 한다. 예술 작품을 아무 판단 없이 그저 관찰하고 마음에 무엇이 떠오르는지 보는 행위는 통찰을 끌어내는 훌륭한 방법이 된다. 이렇게 예술은 호기심의 매개가, 궁극적으로는 스스로와 세상을 발견하는 매개가 된다.

호기심은 잘 사는 삶의 주춧돌이다. 호기심이 긍정적 감정을 부추겨 행복에 이르게 한다는 사실은 연구로도 밝혀졌다. 공감력을 키우고 관계를 강화하기도 하는데, 공감력이 뛰어난 사람은 타인에게 호기심이 가장 많은 타입이라는 것도 다수의 연구로 증명되었다. 그리고 호기심은 의료 서비스에 도움이 된다. 호기심 많은 의사일수록 환자의 경험에 더 열린 태도를 취하며 그에 따라 더 공감적이고 관찰력이 뛰어난 의료인이 되기 때문이다.

메그는 이렇게 말했다. "제가 예술을 이용하는 이유는 중요한 대화를 유도하는 비위협적인 방법이기 때문입니다. 예술이 성찰의 촉발제 역할을 해서 사람들이 자기만의 통찰을 얻고 남의 관점도 인정하게 되거든요. 우리 의료 문화가 잘 사는 삶에 이르는 길들을 어떻게 뒷받침하는지 돌아보게 하기도 하고요."

그날 메그가 존스홉킨스 병원에서 주도한 훈련의 핵심은 옳은 답을 찾는 게 아니라 현재를 살면서 주의를 기울이는 것이다. 호기심을 촉발하는 데는 주의 기울이기가 필수다. 주의 기울이기는 뇌가 신경학적으로 의식을 통제하고 조종하는 방법이며 주로 전두엽에서 두정엽과 소통하며 이루어진다. 뇌 활동은 어떤 생각, 감정, 지각에 주의를 기울일 때 증가하며, 바로 그럴 때 의식적 삶은 본질적으로 우리가 주의를 쏟는 그것이 된다. 이때 호기심이라는 감정 상태는 훈련으로 강화할 수 있다.

호기심의 사촌인 경이로움은 질문에 대한 답을 찾을 때뿐만 아니라 의외성에 놀랐을 때도 찾아온다. 경이로움을 창조하는 데 장인 격 인물이 있으니, 바로 바버라 그로스다. 바버라는 경이로움의 가능성을 실험하는 데 커리어를 바쳤다. 그는 2015년에 '유랑하는 경이로움 학교'라는 단체를 창설했다. 이 학교는 자연, 예술, 공동체, 놀이에 뿌리를 둔 몰입 체험을 기획하는 곳이다. 뉴멕시코 샌타페이에 있는 자신의 스튜디오에서 바버라는 이렇게 운을 뗐다. "경이로움은 어떤 사람에겐 말로 설명하기 어려울 수 있어요. 그게 뭔지 웬만큼 알고 경험도 해봤지만 설명하라면 말문이 막힌다는 점에서 사랑과 비슷하죠."

경이로움은 최고조에 이른 의식과 감정을 끌어내는 복합적인 마음 상태다. 호기심과 비슷하지만 범위가 더 포괄적이며 놀라움과 기쁨의 속성이 있다. 과학 문헌에서는 이를 세상을 이해하고자 하는 인간의 타고난 욕망이라 정의한 바 있는데, 그 욕망은 점화되기만을 기다리며 우리 내면에 끓고 있다고 했다. 그래서인지 경이로움은 종종 호기심의 씨앗이 되기도 한다.

경이로움을 연구하는 자들은 주로 아름다움이 경이로움을 촉발한다고 말한다. 신경미학은 아름다움의 신경생물학을 이해하려는 시도에서 출발했다. 유니버시티 칼리지 런던의 신경과학 교수 세미르 제키가 아름다움을 연구하기 시작한 것도 정확히 우리가 무엇을 아름답다고 느끼는지에 대한 뇌 기반의 해석을 더 잘 이해해보려는 의도에서였다. 결과적으로 세미르는 일몰처럼 아름답다

6장

고 느끼는 보편적 현상이 있다는 걸 알게 되었다. 그러나 무엇이 아름답고 무엇이 그렇지 않은지에 대한 포괄적인 정의는 내리기 어렵다. 여태까지 풀어낸 뇌에 대한 많은 사실, 그리고 앞서 설명한 디폴트 모드 네트워크 때문이다. 뇌가 아름답다고 받아들이는 것의 너무 많은 부분이 사람마다 각각 다르다. 뇌에 과연 아름다움을 처리하는 주요 부위가 있느냐 없느냐에 대해서조차도 아직 학계에서 논의가 진행 중이다.

예술은 많은 경우 아름다움과 의외성을 갖추고 있다는 점에서 경이로움의 훌륭한 촉진제다. 예를 들어 무엇인가에 충격을 받으면 그 놀라움은 비옥한 토양이 된다. 경이로움은 즉각 주의를 불러일으키며 호기심에 불을 붙이는 가장 효과적인 방법이다.

바버라에게 경이로움을 경험하는 학교를 세운다는 아이디어가 떠오른 건 죽음을 앞둔 사랑하는 사람들을 보살핀 후였다. 2021년 포브스와의 인터뷰에서 바버라는 자신의 사업을 설명하며 이렇게 말했다. "남은 시간이 제한된 사람에겐 삶이 화려한 총천연색을 띤다는 걸 깨달았어요. 이런 의문이 들었죠. 어떻게 하면 생의 마지막 순간을 맞기 전에도 그런 상태로 살 수 있을까? 어느 날 오후에 공상에 빠져 있다가 일단 '유랑하는 경이로움 학교'라고 적었는데, 순간 그게 답이다 싶었어요."

유랑하는 경이로움 학교의 목표는 사람들이 주위에 널린 마법에 눈뜨게 하는 것이다. 그는 몰입형 여행과 체험 프로그램으로 목표를 실현하고 있으며 메그처럼 불확실성의 영역에도 발을 들인다. 바버라는 이렇게 지적했다. "우리 마음은, 특히 어른의 마음은요,

불확실성을 너무나 못 견뎌 합니다. 예술은 우리가 그 불확실성의 경계에서 춤추며 창의성을 불러내고, 의식을 확장하고, 지각을 확장하고, 실컷 놀고, 더 친사회적으로 행동하게 해줍니다."

바버라와 그가 불러 모은 예술가들, 협업 연구자들로 이루어진 팀은 숨 막히게 멋진 자연 배경으로 프로그램의 문을 열고자 참가자들을 아이슬란드의 피오르로, 캐나다의 래브라도반도로, 캘리포니아의 삼나무 숲으로 데려간다. 이렇게 생생하고 온 감각을 자극하는 아름다운 자연 속에 있는 것만으로도 뇌에서는 긍정적 변화가 일어난다. 2017년에 막스플랑크 인간발달연구소의 수명심리학 센터에서 발표한 한 연구는 적외선 분광법 기술을 이용해 숲속을 걷거나 숲에 앉아 주변에 주의를 기울이는 사람들의 신경생물학적 데이터를 수집했고, 분석 결과 그 단순한 행위가 긴장을 완화한다는 것을 알아냈다. 긴장이 풀어질 때 온몸에 엔도르핀이 퍼지고 혈행이 증가하고 심박수가 낮아지는 현상은 명료한 사고를 촉진한다. 진정한 이완은 전두엽에 지극히 행복한 진정 상태의 신호를 준다는 점에서 예전부터 일종의 은은한 황홀경에 비유되었다.

한번은 바버라가 참가자들을 뉴펀들랜드 래브라도주의 포고섬에 데려갔다. 그날은 아이비도 동행했다. 포고섬은 야생의 광활한 풍광뿐 아니라 원주민들 때문에도 놀랍도록 아름다운 곳으로 꼽힌다. 바버라가 데려온 방문객들이 섬에 도착하자 눈이 튀어나오도록 화려한 의상을 입은 예술인들이 나와 그들을 맞이했다. 바버라는 이렇게 전했다. "그 모습에 참가자들은 뭔가 달라진 걸, 뭔가 다르다는 걸 알아챘어요. 이곳은 역치가 다르다는 걸 느낀 거죠."

6장

바버라의 팀은 사전에 포고섬 지역 공동체와 협력해 체험 프로그램을 준비해두었다. 테마는 그곳에서만 할 수 있는 모험을 염두에 두고 선정했다. 포고섬 방문 테마는 '서로에게, 자연에, 자기 자신에게 속하기'였다. 아이비는 그날의 체험이 모두를 일상의 루틴에서 전혀 새로운 곳으로 데려다주었다고 느꼈다.

참가자들은 섬에 도착하자마자 북태평양 외딴섬의 거친 풍광과 현지 주민 문화에 완전히 몰입했다. 헛간 파티에서 주민들과 춤추기, 요리와 공예 수업 참여하기, 전통 의상 입고 역사적인 메이데이 퍼레이드 재현하기 같은 새로운 체험은 프로그램 의도에 따라 참가자들에게 놀라움과 기쁨을 안겨주었다. 간간이 진짜 과거로 거슬러 간 듯 느껴지는 순간도 있었다. 아이비는 전기가 없던 시대에 섬에서 사는 게 어떤 건지 몸으로 느낀 순간을 분명히 기억한다. 체험 후에는 모두 자신이 지속적이고 의미 있는 방향으로 더 나은 사람이 되었다고 느꼈다. 바버라는 이렇게 표현했다. "경이로움은 엄청난 미스터리와 한판 춤을 추는 것과 같아요."

경이로움을 촉발하고 호기심을 자극하는 것이 미스터리와 낯선 것의 본질이다. 1990년대 초, 카네기멜론대학교의 조지 로웬스타인은 '호기심의 정보격차 이론'이라는 것을 내놓았다. 그는 호기심이란 우리가 아는 것과 알고 싶어 하는 것의 격차라 설명했다. 그 미스터리가 강력한 정신적 욕망으로 작용해 답을 찾아 나서게 만든다는 것이다.

《뉴런》에 게재된 학술 논문 「호기심의 심리학과 신경과학 The Psychology and Neuroscience of Curiosity」에 한 연구가 소개되었다. 우선 실험자는 fMRI에 들어간 피험자들에게 가벼운 질문을 여러 개 던진 다음, 답변의 가부는 말해주지 않았다. 그리고 이어서 다른 질문들을 던진 후에는 답을 말해주었다. 그 결과 피험자들이 즉시 답에 접근하지 못했을 때 뇌의 보상 체계가 초과 가동된다는 사실이 드러났다. 보상계는 도파민, 세로토닌, 옥시토신같이 기분이 좋아지는 뇌 화학물질을 분비해 쾌락이나 긍정적 감정을 촉발했다. 미스터리 속에 살면서 발견의 가능성을 좇는 것 자체가 보상인 것이다.

메그와 바버라는 보상 체계를 활성화하는 예술 체험을 이용해 참가자들이 예술에 관한 질문에 답하도록 혹은 새로운 장소를 발견하도록 자극한다. 경이로움과 호기심을 촉진하기 위해 꼭 뉴펀들랜드 래브라도주로 가거나 미술관을 찾거나 메그의 수업을 들을 필요는 없다. 삶의 이모저모에 미학적 사고방식을 의식적으로 적용하면 얼마든지 능동적으로 불러일으킬 수 있으니 말이다. 경이로움과 호기심은 삶의 가장 평범한 순간에 우리를 덮치기도 한다.

바버라는 이렇게 털어놓았다. "산타페의 우리 집 현관을 열고 바깥으로 한 발 내딛기만 해도 경이로움과 호기심을 경험할 수 있어요. 산책하러 나가 시인 메리 올리버가 이야기한 것, 그러니까 주의를 기울이고 깜짝 놀라기를 경험하는 게 바로 그거라고 생각해요. 까마귀들이 드넓은 하늘을 질러가는 걸 구경하고 설렁설렁 걸으며 주변에 주의를 기울이기만 해도 멋진 경험을 할 수 있어요. 감각을 통해 수용하는 아름다움, 이 만물의 실재감이 온몸을 덮치면서 나 자신보다 커다란 어떤 것에 속한 감각을 느끼거든요."

6장

## 열린 시각을 선사하는 경외감

자신보다 큰 존재에 소속된 듯한 벅찬 느낌을 받았다는 바버라의 고백은 사실 경이로움이나 호기심을 초월한 또 다른 지각 경험을 묘사한 것이다. 그것은 '경외감'이라고 하는, 독특하게 심오한 신경학적 현상이다. 경외감이라는 뇌 상태와 이것의 영향력을 더 잘 이해하기 위해 지금부터 1959년 서던캘리포니아의 어느 화창한 날로 여러분을 데려가보겠다.

소아마비 백신을 막 발견한 바이러스학자 조너스 소크와 기념비적이고 현대적인 건축물로 유명한 건축가 루이스 칸이 샌디에이고 근방 태평양을 굽어보는 어느 곳에 서 있었다. 두 사람은 과학 탐구의 미래를 펼칠 캠퍼스를 함께 구상 중이었다. 오래도록 경직된 학계에 몸담아온 소크는 학자들이 박사니 뭐니 하는 타이틀을 떼고 학제 간 융합이 활발히 이루어지는, 세계 최고의 석학들이 삶이라는 근원적 문제를 탐구할 수 있는 시설을 꿈꿨다. 소크가 칸에게 캠퍼스 설계를 의뢰한 건 과학자와 예술가 두 집단이 인간 존재라는 미스터리에 호기심과 경이로움을 가지고 의문을 품는 방식에 공통점이 많다는 생각을 둘이 똑같이 가지고 있었기 때문이었다. 소크의 요구 사항은 분명했다. 과학과 예술이 융합되는 곳, 시간의 시험을 견뎌낼 수 있는 곳, 창의성과 혁신을 촉진하는 곳을 설계해 달라는 것이었다. 소크는 피카소도 방문하고 싶어 할 곳을 지어 달라고 요청했다.

그는 영감을 주는 장소의 위력을 잘 알았다. 1950년대 초는 소아마비 바이러스가 전염병 수준으로 창궐해 매년 주로 어린아이들을 수십만 명씩 불구로 만들거나 사망케 하던 시기였다. 소크는 치료법을 찾아 피츠버그대학교 지하의 미로 같은 연구실에서 추위를 견디며 형광등 조명 아래 하루 열여섯 시간씩 일했다. 그러다 보니 지칠 대로 지쳐버려 휴가를 냈고, 몹시 절실한 휴식을 취하러 이탈리아로 떠났다.

소크가 걷던 움브리아 언덕에 있는 아주 오래된 마을들에는 공기 중에 올리브나무의 향긋한 허브 냄새가 퍼져 있었다. 그는 거기서 아시시의 성 프란체스코 대성당으로 걸음을 옮겼다. 13세기에 지어진 웅장한 프란체스코 수도원은 산 중턱에 등대처럼 우뚝 솟아 있었다. 근처 수바시오산에서 캐와 성당 벽을 올린 석재는 해의 따스함을 받으면 분홍빛을, 달의 눈부신 백광을 받으면 하얀빛을 발했다. 소크가 오크나무로 된 오래된 문을 밀고 들어가자 한낮의 열기가 서늘한 기도실의 흙내 어린 사향에 밀려 즉각 물러났다. 발밑의 돌바닥은 수천수만 순례자의 발이 닿아 반들반들 윤이 났다. 머리 위로는 아치형 천장에 그려진 감청색과 적갈색의 14세기 프레스코화가 중간문설주 달린 창들로 들어오는 빛을 반사했다. 장엄한 건물에 들어가면 흔히 그러듯 소크도 모든 감각이 활짝 열리면서 불현듯 무궁무진한 가능성이 존재하는 느낌을 받았다.

대커 켈트너는 소크의 각성을 불러온 것의 정체를 설명할 이론을 알고 있다. 소크가 느낀 것은 경외감이다. UC 버클리 캠퍼스의 심리학 교수 대커는 버클리 사회적 상호작용 연구소의 총괄을 맡고 있으며 경외감과 경이로움의 심리학 분야에서 선도적 이론가로 꼽

6장

힌다. 인간 존재의 핵심에 관한 그의 연구와 통찰은 지난 몇 년간 우리 연구의 근간이 되었다. 우리는 이 막연하고 심오한 감정을 제대로 파고들기 위해 그에게 도움을 청했다.

"경외감은 우리의 DNA에 내장되어 있습니다. 말 그대로 경외감을 느끼도록 프로그램된 거예요. 저 위를 올려다볼 때 종종 그런 느낌을 받곤 합니다. 은하수를 본다든가, 우거진 나무들 정수리를 본다든가, 무지개를 볼 때요. 자연은 그야말로 경외감의 보고인지라 인간은 태초의 그림이 동굴 벽을 장식했을 때부터 그 느낌을 건조 환경, 즉 건물부터 도시까지 인간이 만든 것이라면 모든 것에 재현하려 애써왔어요."

경외감은 말 그대로 가던 걸음을 멈추게 하며 상당한 정도의 생리학적 작용을 촉발한다. 몸이 부르르 떨리고 맥박이 빨라지기도 한다. 가슴이 뜨거워지거나 눈에 눈물이 고이는 수도 있다. 이렇게 고조된 상태가 되면 대뇌피질의 디폴트 모드 네트워크 영역이 작동을 억제하고, 그러면 우리는 분석하기를 멈추고 통제를 놓아버린다. 그러면 이 정신의 고요 속에 놀라운 일이 벌어진다. 신경전달 물질을 내보내는 문이 활짝 열리고 시냅스들이 경건 상태에 흠뻑 빠지게 되는데, 이 고양감과 희열이 고조되어 '절정 경험' 혹은 '초월'이라 불리는 상태에 이르는 것이다.

경외감은 사고방식을 자기 중심에서 공동체 중심으로 바꿔 우리를 더 친사회적으로 만들고 '모두가 나의 적' 식의 대립적 사고를 허문다. 대커는 이를 '작은 자기'라고 부른다. 이 상태는 호기심과 창의성을 키우며 우리를 더 관대하고 다정하고 공감력 높고 희망적인 사람으로 만들기도 한다. 경외감은 권능감이라는 원초적인 느낌을 깨워 행동을 취하게끔, 나아가 필요하다면 희생까지 하게끔 만든다. "아주 약간의 경외감도 초월적 경험이 되죠." 경외감은 진화론적으로 매우 중요하다는 것이 대커의 설명이다. 새로운 아이디어를 품고, 목적의식과 가능성의 감각을 가지고 앞으로 나아가게 이끌기 때문이다.

소크와 칸은 당시 그 느낌을 어떻게 명명할지 몰랐을지언정 막연한 경외감을 시각화해야 한다는 것만은 잘 알았다. 1963년에 소크생물학 연구소가 완공되었고, 소크가 진즉부터 가능하다고 굳게 믿은 것을 증명하듯 소크와 칸은 초월의 감정적 울림을 생생히 구현하는 데 성공했다. 새파란 태평양과 캘리포니아의 하늘은 건물들 못지않게 캠퍼스의 일부가 되어 단조로운 콘크리트, 유리, 석회화를 깐 뜰을 빙 둘러싼 티크재 건물들에 자연의 리듬을 조화롭게 엮는다. '생명의 운하'로 불리는 물길은 연구소 광장을 가로질러 흐르면서 언뜻 바다로 물을 쏟아내는 것처럼 보인다. 흡사 재생의 영속적 공급 같다. 캠퍼스는 자연에 완전히 노출되어 있다. 건물들은 매일 시시각각 변하는 빛과 그 빛이 드리우는 그림자로 모습을 달리한다.

일 년에 두 차례, 춘분과 추분 때면 일몰이 생명의 운하와 일직선을 이룬다. 이 사진이 바로 장관을 포착한 순간이다. 우리 둘은 다들 그러듯 영적 황홀경에 가까운 경험을 하고자 동지 때 이곳을 방문했다. 어떻게 생긴 공간인지 궁금하다면 컬러사진 F를 보자. 야외 광장에 선 우리는 이곳을 창조한 소크와 칸의 날것의 용기에 감탄하지 않을 수 없었다. 늘어선 건물들이 시선을 바다로 이끌었고

6장

우리는 더 크고 광활하고 장대한 존재의 일부가 된 기분을 느꼈다. 해가 창공을 질러 넘어가면서 운하를 금빛 물감으로 채우는 광경을 물끄러미 바라보았다. 물은 생명력으로 철썩거렸으며 일순간 건물들이 살아 있고 풍경도 숨을 쉬는 것 같았다. 자연과 건축물이 신성한 순간에 하나가 되었다.

우리 둘 다 불과 몇 분 사이에 들어왔을 때와는 다른 사람이 되어 연구소를 나섰다. 대커가 설명하고 조너스 소크가 경험한 초월을 느낀 것이다. 우리 모두 특정 환경에서 경외를 느껴보았다. 하지만 더 알고 싶었다. 예술 체험이 측정 가능한 경외감을 만들어낼 수 있을까? 경외감이 우리 안에서 잘 살게끔 만드는 변화를 불러일으킬 수 있을까?

경외감을 자아내는 예술이 우리를 어떻게 감동시키는지 더 잘 이해하고 싶다고 생각하자마자 '태양의 서커스'가 떠올랐다. 태양의 서커스 공연을 관람한 적 있는 사람이라면 코앞에서 펼쳐지는, 눈이 튀어나오도록 신기한 감각의 향연을 쉽게 회상할 수 있을 것이다. 관람객 수백만 명이 공연을 보는 동안 그들을 관통한 벅찬 느낌을 후기로 공유했다. 그런데 우리는 신경과학자 보 로토 덕분에 이런 예술 체험의 경외감 촉발을 실증적으로 관찰할 기회를 누렸다.

서커스 단원들 못지않게 유랑자의 영혼과 모험 기질을 지닌 과학자가 있다면 단연코 보일 것이다. 그의 연구는 우리가 각자 자기만의 현실을 통해 세상을 경험하는 방식을 탐구하는데, 영국과 미국에 본부를 둔 그의 신경 디자인 연구소 '부적응자들의 연구소'에는 뛰어난 연구자와 예술 하는 일탈자로 이루어진, 다양한 분야에 발을 담은 팀원들이 한데 모여 있다.

2018년, 보와 그가 이끄는 팀은 라스베이거스의 벨라지오호텔로 향했다. 1990년대부터 태양의 서커스 팀이 대표 쇼인 〈오〉를 공연해온 곳이다. 약 380리터의 물로 채운 풀이 이 범상치 않은 공연의 핵심이고, 그 풀을 중심으로 곡예사와 싱크로나이즈드 스위머 85명이 환상 세계를 훨훨 날아다니는 듯한 묘기를 선보인다. 무대에서 15미터 높이에 회전대가 설치되어 있으며 화려한 색, 의상, 조명 디자인, 그리고 인간이 펼치는 대묘기가 한데 어우러져 숨 막히게 아름다운 쇼를 선사한다.

보는 〈오〉처럼 미적으로 역동적인 것을 볼 때 인간의 뇌에서 일어나는 현상을 정량화하고자 했다. 10회 이상의 공연에 걸쳐 그의 팀은 심장 철렁한 묘기를 선보이는 퍼포머들을 감상하는 관람객 200여 명의 뇌 활동을 측정해 기록했다. 그리고 공연 전후의 행동과 인식 변화도 측정했다.

결과는 놀라웠다. 뇌 활동이 관람객 전반에 걸쳐 매우 일관될 뿐 아니라 신경생물학적 경외 상태와도 큰 상관관계를 보였다. 보의 팀은 이 자료를 토대로 인공신경망을 훈련시켜 사람들이 경외감을 느끼는 여부를 평균 정확도 76퍼센트 수준으로 판별할 수 있었다.

다른 흥미로운 결과들도 나왔다. 바로 능동적으로 경외감을 경험하는 사람은 자기조절 욕구가 덜하고, 불확실성에 대한 내성이 더 크며, 위험성에 대한 내성도 증가했다는 사실이다. 큰 호응을 얻은 2019년 테드 강연에서 보는 이렇게 설명했다. "이들은 아예 위

6장

험성을 추구하고 더 잘 감내하기도 합니다. 그리고 진짜 뜻깊은 발견은, 우리가 '당신은 경외감을 잘 느끼는 편인가요?'라고 물었을 때 사람들이 공연 관람 전보다 관람 후에 긍정 답변을 하는 경향을 더 많이 보였다는 것입니다."

부적응자들의 연구소는 태양의 서커스 공연을 관람한 이들이 공연장에 들어왔을 때의 자신과 생리학적으로 다른 사람이 되어 나갔음을 알게 되었다. 미학적 절정 체험이 그들을 변화시킨 것이다. 공연이 촉발한 경외감이라는 신경화학적 상태가 그들 자신과 세상에 대한 인식을 바꿔놓았다. 다시 말하면 경외감처럼 신경생물학적으로 풍부한 감정을 유발하는 공연을 관람하면 더 많은 긍정적 감정과 세상에 대한 긍정적 인식을 끌어낸다는 것이다. 2021년에 방송된 팟캐스트에서 보는 이렇게 말했다. "경외감을 경험하면 자기 자신과 세상 속 자신의 위치를 전과 다르게 보게 됩니다. 경외감을 느끼는 순간 우리는 다양성을 포용하고 인정하고 찬양하게 되기에 개개인 간의 차이는 중요하지 않아지죠."

이건 가볍게 넘길 이야기가 아니다. 정신의학 연구원 다이애나 포샤, 네이션 토마, 대니 융은 분노, 슬픔, 욕망 같은 감정이 그리 좋게 느껴지지 않는다 해도 진화는 부정적인 감정과 긍정적인 감정 모두가 우리에게 이롭다고 판단했다 주장한다. 모든 감정에서 무언가를 배울 수 있고 거기에 맞춰 적응할 수 있기 때문이다. 예를 들어 분노는 잘 들여다보면 우리가 무엇에 열정적인지에 대해 뜻밖의 단서를 준다.

그런데 진화는 몇몇 감정을 편애한다. 게다가 우리는 생존과 관련된 부정적 감정들을 특별 취급하는 경향이 있다. 2019년 《카운셀링 사이콜로지 쿼털리》에 실린 기사에서 그들은 다음과 같이 설명했다. "친화적이고 접근 지향적인 감정들보다 회피 지향의 부정적 감정들에 훨씬 많은 뇌 '부동산'이 할애된다." 예를 들어 나쁜 기억은 좋은 기억보다 다섯 배 빠르게 생성되며 다섯 배 오래간다는 것이다.

사실 이 현상은 모두가 경험해보았다. 어떤 상황에서든 잘 풀릴 가능성에 비해 잘못될 시나리오에 생각이 더 쏠리지 않는가. 우리는 뇌가 자연히 부정적 감정에 치우치는 경향을 염두에 두고서, 잘 사는 태도를 기르기 위해 이런 짜증 나는 인간 성향을 조정하는 팁을 알고 있는지 보에게 물었다. 그는 이렇게 답했다. "잘 사는 삶을 이야기할 때 저는 '변동'이라는 단어를 자주 입에 올립니다. 변화를 환영하겠다는 의지를 시사하잖아요. 경외감과 경이로움을 주는 예술적 순간들을 삶에 들이는 것이 그 변동을 만드는 한 방법입니다."

보는 이를 요가에 비유한다. 그는 남다른 방식으로 요가 수행을 하는 사람이다. 그저 운동만을 위해서가 아니라 정신을 단련하는 습관을 다지기 위해 매트를 펼친다. 그에게 요가는 차례차례 동작을 취하는 것 이상으로, 영적 수련에 가깝다. "요가는 오히려 매트에 있지 않을 때를 위한 수련이에요. 매트에서 배운 걸 삶의 다른 면에 적용하기 위해 하는 거죠." 예술과 미적 경험에서 맛본 경외감은 잘 사는 태도를 확장하는 연습의 일부로 얼마든지 안착시킬 수 있다.

6장

## 심리를 반영한
## 풍성한 건축 디자인

유랑하는 경이로움 학교, 소크연구소, 태양의 서커스는 전부 한 가지 핵심을 공유한다. 바로 다면적이고 몰입적인 환경이 지닌 활력이다. 예술과 미학 체험이 가능한 이 장소들은 풍부한 환경을 제공한다. 다양한 다중감각적 자극을 제공하며, 그 자극은 다시 뇌의 신경가소성을 활성화한다.

1장에서 소개한 안잔 채터지 교수는 건축이 인간의 전반적 행복에 어떤 식으로 득이 되는지 연구해왔다. 안잔은 높은 층고, 창으로 드는 자연 채광, 방의 용적 같은 특정 건축 속성들이 신경 작용과 정신 작용에 어떤 영향을 주는지에 관심을 두고 있다. 안잔은 스페인에서 fMRI 기계에 들어간 피험자들에게 200장의 인테리어 사진을 보여주며 그들의 뇌 활동을 모니터링하는 실험을 진행했다. 미국에 와서는 이 실험을 온라인으로 이어가, 피험자들에게 인테리어 사진을 제공한 뒤 아름다움과 편안함 등 열여섯 가지 심리적 매개변수에 기초해 점수를 매겨보라 했다.

그리고 2021년, 안잔은 인터뷰를 통해 이 실험으로 공간에서 느끼는 좋은 기분과 확연히 연관된 세 요소를 발견했다고 밝혔다. "방이 얼마나 정돈돼 보이느냐를 뜻하는 통일성, 방이 얼마나 흥미롭게 느껴지는가를 뜻하는 매력, 그리고 그곳에서 얼마나 마음이 편한가를 나타내는 아늑함, 이렇게 셋입니다." 건축과 디자인이 대체로 주관적임에도 불구하고 모두에게 와닿는, 안잔의 말로는 생물학적 사실에 기초한 시각적이고 공간적인 디자인 보편 원칙이 있다는 말이다.

　어떤 건축 요소는 우리가 매력이나 편안함을 느끼는 정도를 넘어 조너스 소크가 경험한 것처럼 영적 세계와 연결된 느낌을 줄 정도로 감각 경험을 고조시킨다. 미국가톨릭대학교 건축 및 계획 연구소의 훌리오 베르무데스 교수는 워싱턴 D.C.에 있는 '원죄 없이 잉태하신 성모 국립대성당' 같은 건축 디자인이 뇌의 신경학적 상태를 어떻게 바꾸는지 연구 중이다. 성모국립대성당은 종교적이고 성스러운 공간이 으레 그렇듯 하늘을 찌를 듯 높은 천장, 돔형 지붕, 우수한 채광, 웅장미를 보여준다. 인류가 남긴 위대한 건축물들을 떠올려보자. 고대 이집트 피라미드의 놀라운 대칭성, 스톤헨지의 신기한 배치, 아그라의 타지마할, 이스탄불에 있는 아흐메트 1세의 모스크, 바르셀로나에 있는 사그라다 파밀리아. 전부 그 느낌을 표현할 말을 찾지 못해 입을 다물게 하는 건축물이다.

　2021년 인터뷰에서 베르무데스는 이렇게 설명했다. "우리는 수천 년 역사에서 인간이 줄곧 가장 좋은 자원과 놀랍도록 많은 시간을 투자해 고요나 경외감 같은 영적 상태나 이해에 닿게 해줄 건축물을 설계하고 건설해왔다는 걸 알고 있습니다. 경이로움과 각성에 닿고 싶었던 거죠. 행복, 온전함, 기쁨을 경험하고 싶었던 겁니다."

　건축 비평가이자 작가인 새라 윌리엄스 골드헤이건은 건축의 미래가 신경미학이라는 새로운 지식을 장착해 인간의 감각과 행복을 더 잘 뒷받침하는 환경을 설계하는 데 있다고 본다. 새라는 저서 『공간 혁명』에서 건조 환경의 신경과학과 인지심리학을 자세히

6장

설명했다. "건축가들은 항상 설계로 경험적 효과를 내는 걸 노립니다. 그러기 위해 과거에는 주로 개인적 기억과 경험을 동원하고 거기에 어쩌면 약간의 사회학을, 때로는 역사적 관례를 듬뿍 섞는 방법을 썼죠."

그런데 지금은 다르다고 새라는 말한다. 환경 심리학과 인지과학에서 쏟아져 나오는 연구 결과가 인간이 건조 환경에서 디자인 요소를 어떻게 경험하는지에 관한 든든한 증거적 토대를 제공하고 있다는 것이다. 그리고 이렇게 덧붙인다. "높은 천장이 폭넓은 사고를 하게 뇌를 대비시킬까요? 대비시킵니다. 반들반들하고 피처럼 새빨간 표면이 스트레스 레벨을 높일까요? 높입니다. 다른 것들도 마찬가지입니다. 이러니 건축가들이 특정한 경험적 효과를 유도하기 위해 디자인적 특징을 선택하지 않을, 데이터에 기반해 결정하지 않을 이유가 있을까요?"

## 딴생각은 창의성의 근간

아마 초등학생 때쯤 학교 선생님이나 주변 어른에게서 재능이 없으면 예술가가 되지 못한다는 말을 들어본 적이 있을 것이다. 그리고 학교에서 끝없이 치르는 객관식 시험에서 정답을 맞히는 데 창의력은 별로 중요치 않다는 걸 스스로 깨달았을 것이다. 하지만 그렇지 않다. '아트투라이프Art2Life'의 창립자이자 예술가인 니콜라스 윌턴은 사람들이 자신의 창의성을 되찾게 해주는 것, 오래도록 잠들어 있을 뿐 사라지지는 않은 그 불꽃을 되찾아주는 것을 사명으로 삼았다.

캘리포니아에 사는 닉은 혼자 힘으로 성공한 화가다. 분위기 있고 풍성한 결을 지닌 그의 작품들은 시를 시각화한 것 같다는 찬사를 받았다. 그럴 만도 하다. 정밀하고 통제된 붓놀림과 즉흥적으로 폭발하는 창의성 사이에 오가는 대화를 들려주는 듯하니 말이다. 예술 창작에 대해 매우 관대한 철학을 가지고 있었던 닉은 화실을 벗어나기 위해 미술을 가르치기 시작했다. 그는 우리 둘을 포함해 전 세계에서 나이를 불문한 수천 명을 학생으로 받아들였고, 그들이 진정성과 기쁜 마음을 가지고 캔버스 앞에 서도록 용기를 불어넣어주었다. "예술 창작이란 단연코 삶 속에서 더 살아 있는 기분을 느끼기 위해 하는 겁니다. 창의적인 길이란 점차 자기 자신이 되어가는 과정이고, 그 길을 밟는 건 정말 멋진 여정이에요."

자기 안의 예술가를 받아들이는 데 가장 큰 걸림돌은 창의성을 짓밟는 내면의 비평가다. 이 비평가는 내가 뭘 하는지, 또 어디로 가는지 일일이 알아야 하고, 뭘 하든 잘하고자 하는 매우 인간적인 욕구다. 그래서 닉은 제자들에게 무엇을 경험하고 싶은지, 무엇을 말해야겠는지 잘 들여다보라고 한다. "미술 작품의 점 하나나 색깔 하나의 기운이라든가 유독 '이거다' 하고 자신에게 와닿는 걸 포착하는 법을 가르쳐요. 나에게 중요한 것이 무엇이며 내가 만드는 작품에서 그것이 어떻게 발현되는지를 알아차리라는 겁니다." 알지 못하는 대상에 마음을 열면 목표는 더 이상 만들어지는 결과물이 아니다. "작품 창작을 자기 자신이 되어가는 과정으로, 그리고 그렇게 창조하는 것들은 그저 과정이 낳은 가공물로 인식을 재고하자는 거죠." 제자들은 자녀 양육이든 일이든 정원 가꾸기든 요리하기든

6장

그의 수업을 계기로 빗장이 풀린 창의성을 삶의 다른 부분에도 발휘 중이라 전했다.

창의성은 쉽게 말해 상상으로 독창적 생각과 해법을 떠올리는 능력이다. 알려진 것, 이미 존재하는 것을 버리고 가능한 것에 기꺼이 마음을 여는 태도다. 창의적 사고를 하다 보면 주어진 정보를 새롭고 유의미한 방향으로 연결하게 된다. 그렇기에 창의적 사고가 혁신과 발명의 발상지이며, 인류의 가장 가치 있는 기술 중 하나라고 하는 것이다. 비록 인지하지는 못해도 모두 가지고 있으며 매일 사용하는 기술이다. 집에 있는 재료를 활용해 즉흥적으로 요리를 해야 할 때, 아이가 잠자리에서 이야기를 들려달라고 조를 때, 기존의 수리법을 응용해 새로운 방법으로 집을 고쳐야 할 때 창의성이 발휘된다. 창의성은 상상력을 동원해 이루어지는 즉흥적인 대처다. 우리 뇌는 이런 종류의 비약적 즉흥을 지지하도록 설계되어 있다.

마일스 데이비스의 베스트셀러 재즈 앨범 〈카인드 오브 블루〉에 1번 트랙으로 실린 그의 대표곡 〈쏘 왓〉을 들어보면 제1트럼펫 연주자가 기보에서 벗어나는 소절이 나온다. 그는 원래 가락에서 벗어나 구성진 리듬을 연주하기 시작하고, 듣는 이를 곧장 1950년대 후반 뉴욕 52번가의 담배 연기 자욱한 전설적 재즈 클럽에 데려다놓는다. 재즈는 즉흥연주가 생명이다. 연주자들은 기막히게 멋진 동시성과 지금 여기에 충실히 존재할 의지, 이 두 가지가 있어야만 가능한 음악적 대화를 주거니 받거니 한다.

2000년대 초, 찰스 림은 존스홉킨스대학교에서 청력 전문 이과 전문의로 일하고 있었다. 찰스는 귀의 구조를 이해하고 환자들의 청력 회복을 돕는 데 헌신했다. 음악도 사랑했는데, 특히 재즈 장르의 팬이었다. 그러던 어느 날 찰스는 곡을 연습한 대로 연주할 때와 즉흥으로 연주할 때 각각 뇌에서 어떤 현상이 일어나는지 궁금해졌다. 평생 악기를 다뤄온 찰스는 이 두 종류의 연주에서 일어나는 뇌 작용이 다를 것이며 각각 전혀 다른 창의적 뇌 상태를 불러올 거라는 가설을 세웠다. 연주자가 반복되는 악절을 연주하면 뇌에서 어떤 일이 일어날까? 수전의 연구팀도 그 호기심을 탐구하는 데 힘을 보태준 이들 중 하나였다.

찰스는 fMRI 기계에 연결되면서 자석에는 영향을 주지 않도록 금속 없이 플라스틱으로만 이루어진 전자 키보드를 특수 제작했다. 재즈 연주자들은 fMRI 기계 안에서 두 곡을 연주했는데, 한 곡은 연습한 대로 연주하고 다른 곡은 즉흥으로 연주했다. 스캔 결과, 두 경우 모두 뇌의 여러 영역이 연주에 동원되어 무수히 많은 신경 연결을 만들어낸다는 사실이 밝혀졌다. 찰스는 이 결과를 2008년 미국 공공과학도서관에서 발행하는 과학 저널 《PLOS ONE》에 발표했다.

연습한 대로 곡을 연주했을 때는 연주자들의 뇌에 일순간 에너지가 솟구치면서 전전두피질이 활성화되었다. 하지만 연주자들이 건반으로 즉흥 악절을 연주하자 전전두피질의 상당 부분, 정확히는 외측 전전두엽 부위들이 잠잠해졌다. 그와 동시에 내측 전전두엽 부위들의 스위치가 켜지는 것이 확인되었다. 이곳은 자기표현에 동원되는 영역이다. 이 부분이 활성화되면 그 순간 '몰입'이라는 상태를 경험하게 된다. 어떤 활동에 푹 빠지는 상태 말이다. 심리학자 미하이 칙센트미하이는 몰입을 "어떤 행위에 완전히 심취해 순

6장

전히 그 행위 자체를 즐기는 것"이라 묘사했다. 그럴 때 "자아는 물러나고 시간은 쏜살같이 흐르며 참신한 아이디어가 샘솟는다." 이런 무아지경에 빠지면 형언할 수 없는 신체적 황홀감을 느낀다. 이건 말로 표현할 수 없는 감각이다.

찰스는 그날의 실험을 설명했다. "즉흥연주는 제약이 전혀 없었습니다. 대본도 없고 정해진 규칙도 없었죠. 같은 곡을 100번 연주하면 100번 다 다를걸요. 재즈 연주로 신경과학 실험을 하고 난 후, 저희는 뇌가 즉흥적인 창의적 몰입 상태에 빠지면 정말로 변한다는 걸 알게 되었습니다."

현재 UC 샌프란시스코 캠퍼스 의대 교수로 재직 중인 찰스는 지난 몇 년간 창의성에 관한 추가 연구를 여러 건 진행하면서 래퍼, 카툰 작가, 즉흥 연기나 즉흥 코미디를 하는 배우에게서도 비슷한 뇌 반응이 일어나는 것을 확인했다. 배우나 코미디언은 무대에 서면 모든 기존 관념이 물러나는 순간을 기다렸다가 그때가 오면 의식을 흐름에 맡긴다. 신경생물학적으로나 감정적으로도 몰입 상태에 빠진다. 이런 몰입 상태는 전전두피질의 활동을 감소시키는 동시에 명상을 하거나 이완 상태가 될 때 나타나는 알파파를 증가시킨다. 즉 절정의 퍼포먼스를 가능케 하는 것이 바로 뇌의 몰입이라는 말이다.

그렇다면 창의적 아이디어는 애초에 어디서 오는 걸까? 어떤 사람이 다른 사람보다 더 창의성을 계발하고 이용하게 만드는 건 무엇일까? 펜실베이니아대학교 창의성 인지신경과학 연구소 소장 로저 비티를 사로잡은 것도 바로 이런 의문이었다. 로저는 뇌 영상 촬영과 정신 측정을 비롯해 다양한 수단을 동원하여 창의적 사고의 심리학과 신경과학을 연구한다. 목표는 사람들이 어떻게 새로운 아이디어를 떠올리고 문제를 해결하는지 알아내는 것이다.

2020년 팟캐스트에서 로저는 이 주제에 관해 이렇게 말했다. "창의성 발휘가 순전히 즉흥적 작용이라는 허황된 믿음과 반대로, 심리학과 신경과학 분야에서는 실제로 인지적 노력을 요한다는 것을 보여주는 증거가 실험을 통해 점점 쌓여가고 있습니다." 그가 설명하기를, 여기서 인지적 노력이란 기존의 정보에, 그러니까 이 일은 이렇게 진행되어야 한다는 생각에 주의를 뺏기는 것을 극복하려는 노력도 포함된다. 흔히 사용되는 창의력 테스트 문항을 보면 컵이나 스테이플러 같은 물건을 다르게 활용하는 법을 몇 가지나 떠올릴 수 있는지 묻는 내용이 나온다. 보통은 그 물건의 원래 사용법을 알고 있으면 답을 떠올리는 데 애를 먹는다.

"이런 결과에 비춰볼 때 창의적 사고는 뇌의 기억 체계와 제어 체계의 역동적 상호작용이라고 할 수 있습니다. 기억이 없으면 머리는 텅 빈 상태가 될 겁니다. 창의력을 발휘하기에 별로 좋은 상태는 아니죠. 창의력은 지식과 전문성을 요구하니까요. 또 정신적 제어 없이는 이미 아는 것에 얽매이는 걸 피하기 위해 사고를 창의적인 방향으로 유도할 수가 없습니다."

로저의 연구와 창의성을 탐구하는 다른 신경과학자들의 연구에 힘입어 창의적 사고가 디폴트 모드 네트워크와 집행 제어 네트워크의 상호작용으로 발현되는 메커니즘이 슬슬 밝혀지하고 있다.

"그 연결 덕분에 우리가 즉흥적으로 아이디어를 떠올리고 다

6장

른 한편으로는 비판적으로 그 아이디어를 평가할 수도 있는 거죠. 그뿐 아니라 뇌의 기억 체계가 어떤 식으로 그 메커니즘에 일조하는지도 알아가고 있고요. 과거를 회상할 때 작동하는 바로 그 신경 망들이 미래의 경험을 상상하게 해주고 창의적으로 생각하는 것도 가능하게 해주거든요."

예술 활동 참여는 그 체계들을 활성화하고 창의성을 촉진하는 한 방법이다. 예를 들어 당장 해야 하는 과제를 잠시 내려놓고 예술 창작에 몰입하면서 마음이 멋대로 흘러가게 놔두면 언뜻 즉흥적으로 보이는 해법들이 떠오르기도 한다. 뇌가 잠시 스위치를 끄고 몽상에 잠기게 한 덕분이다. 딴생각의 근원은 디폴트 모드 네트워크일지 모른다고들 하는데, 그렇다면 딴생각에 빠지는 것 자체가 참 매혹적이면서 중요한 신경학적 기술인 셈이다. 한마디로 뇌가 내적 상상 작용을 보호하기 위해 외부 환경을 능동적으로 처리하는 것 같은 인지 활동 일부를 스스로 방해하는 것이다. 이렇듯 딴생각하기는 창의성을 증대시키는 것으로 확인되었다.

## 반복으로 완성되는 뇌

우리는 늘 하던 대로 하는 경향이 있기에 습관을 바꾸기란 어렵다. 신경가소성의 양면성 때문이다. 평소 행하는 루틴은 신경 경로를 생성하는데, 이 신경 경로들은 다시 정신의 습관을 생성한다. 그 습관이나 루틴이 우리에게 늘 좋은 게 아니어도 그렇다. 잘 사는 삶에 다가가고 싶다면 똑같은 일을 똑같은 방식으로 해서는 불가능하다.

작가 애니 딜러드도 이렇게 쓰지 않았나. "하루를 어떻게 보내는지가 인생을 결정한다."

뇌는 하루하루의 경험들로 빚어지도록 설계되어 있다. 내가 어떤 인간인지는 감정적, 인지적, 신체적, 상황적 사건의 반복 패턴이 결정한다. 연습과 반복이 뇌를 재배선하는 것이다. 반복하는 패턴들이 뇌를 더 유연하게 만들고, 기운을 아끼게 하고, 잘 살도록 이끈다. 물론 그 말인즉슨 반복 패턴에 갇힐 수도 있다는 말이 되기도 한다.

타일러 밴더월이 하버드대학교에서 진행한 연구에서 지적했듯 잘 사는 태도를 갖는 비결 중 하나는 자신이 하고 다니는 이야기를 더 긍정적으로 바꿔 가장 좋은 버전의 자신을 상상하는 것이다. 자신이 스스로에게 날마다 들려주는 이야기는 매우 중요하다. 뇌는 이야기를 좋아하며 이야기는 자신에게 어떤 맥락을 입힐지 결정하기 때문이다.

하지만 자신의 이야기를 발굴하고 재구성하고 다시 쓰기 위해 의식 아래 도사리고 있는 것을 끄집어내기란 쉽지 않다. 알렉스 앤더슨은 스텔라애들러 연기 스튜디오의 지도자 중 한 명으로, 우리에게 그곳 학생 중 한 명인 뉴욕에 사는 한 남성의 이야기를 해주었다. 이 학생은 두 쪽짜리 독백 대사를 외우는 데 애를 먹고 있었고 매주 연습 때마다 좌절감에 고개를 절레절레 젓곤 했다.

참다못한 학생은 어느 날 연습 중에 학습 장애 때문에 대사 외우기가 힘들다는 사정을 털어놓았다. 학창 시절에 한 교사가 그의 어머니에게 아들이 지적장애가 있다고 말한 일이 있었는데, 이

6장

후로 어머니는 평생 그 이야기를 되풀이해왔다. 그래서 그도 자신을 그렇게 여기게 된 것이다.

그런데 그 학생을 잘 아는 동료 배우가 어리둥절해하더니 대뜸 말했다. "당신, 학습 장애 없는데요?" 그 순간 그의 눈에 불이 반짝 들어온 것 같았다. 누군가가 그를 다른 렌즈, 다른 이야기를 통해 봐준 것이다. 그리고 다음 주가 되자 그는 무대에서 독백 대사를 완벽하게 소화해냈다. 이 배우는 스텔라애들러 연기 스튜디오 예술 공정성 부서가 진행한 시범 프로그램 '리추얼포리턴Ritual4Return'의 참가자였다. 이 남성을 포함한 출소자들은 12주 동안 사회에 성공적으로 재진입하는 것을 목적으로 연기를 통해 새 인생의 통과의례들을 배워갔다.

교도소 복역 후 사회에 복귀하면 바깥세상은 이미 그 사람이 어떤 사람인지에 관한 이야기를 떠들어대고 있다. 그 이야기들은 내면화하면 떨쳐내기 어렵다. 스텔라애들러의 원장 톰 오펜하임은 이렇게 말했다. "평생 무감각해진 채 살다가도 누군가가 그저 무대 위의 자신을 봐주기만 하면 일순간 그게 뒤집힐 수 있어요. 배우로서의 성장과 한 인간으로서의 성장은 동의어입니다."

우리는 무대 위에 있건 아니건 매일 연기를 한다. 회사에 출근하면 직장인을 연기하고 집에 오면 부모나 배우자 역을 연기한다. 다정한 이웃이나 자원봉사자가 되기도 한다. 모든 사람은 나름의 이야기 속에 살아간다. 신경학에서는 이런 역할들을 '자기의 일인칭시점들'이라고 한다. 메릴 스트립은 연기의 본질적 가치를 두고 이렇게 말했다. "연기는 다른 사람이 되는 게 아닙니다. 분명 다른 것에서 비슷한 것을 찾아낸 다음, 거기서 자기를 찾는 겁니다."

신경학적으로 보았을 때 무대에서 연기하는 것과 어떤 역할이 되는 것은 약간 다르다. 연기는 해당 인물이 가공이건 누군가의 자전적 초상이건 의식적으로 그 인물을 체화하게 한다. 《영국 왕립학회 오픈 사이언스 저널》에 게재된 한 연구는 이런 식의 인물 체화가 조망 수용, 감정이입, 정체성 변화와 관계된 연결망들의 신경 변화를 초래한다고 밝혔다.

연구진은 이를 확인하기 위해 연기의 신경적 토대들을 들여다보고자 배우들을 fMRI 기계에 들어가게 한 후 셰익스피어 작품의 한 장면을 연기하게 했다. 그런데 등장인물에 이입하자 뇌 활동이 전반적으로 감소하며 자기 상실 상태를 나타내는 현상이 목격되었다. 어떤 역할에 이입하면 억제를 내려놓을 수 있고, 그러면 감정들을 새로운 측면에서 느낄 수 있다. 연기와 역할 놀이의 인지신경과학 토대를 세우기 위해 진행한 이 연구에서 도출된 놀라운 발견 하나는 연기를 하고 있지 않을 때도, 그저 외국 억양으로 말하는 척만 해도 뇌가 비슷하게 반응해 조망 수용의 경향을 띤다는 것이었다.

리추얼포리턴은 참가자들에게 가상의 인물을 연기하게 하고 또 무대에서 자전적 이야기를 선보이게 하여 그들이 자신에 대한 새로운 조망을 취하도록 유도한다. 알렉스는 사회복지사 자격증을 따고 스텔라애들러 스튜디오에서 일하기 전에는 조직폭력단 일원이었고 한동안은 교도소에서 복역도 했었다. 폭력단에 들어가기 위해서는 모종의 의식을 치러야 했는데, 나중에는 교도소를 들락거리다 보니 그 의식도 점점 익숙해졌다. 그는 자신의 생각을 털어놓

6장

왔다. "어느 순간 사람들이 교정 시설을 들락거리는 데 의식을 이용할 수 있다면 지위를 승격하는 데도 이용할 수 있겠다는 생각이 들었어요. 그러니까 잘만 이용하면 반대로 써먹을 수 있다는 거죠."

예술 활동 개입으로 만들어진 의식은 지속적이고 효과적인 변화를 만드는 것으로 밝혀진 바 있다. 문화에 기반한 의식은 초월적 경험이 될 수도 있다. 알렉스는 이런 의식을 자기 자신과 남들을 위해 일상에 접목하고서 그가 바라던 변화를 목격했다. 교정 시설에는 드럼 서클(모여서 즉흥적으로 드럼과 타악기를 치고 춤추는 활동—옮긴이)에서 인사를 주고받는 의식, 음악이나 음성 언어로 유대감을 쌓는 의식이 있다. 이는 교도소에서 상실되기 쉬운 사회적 호의를 재점화하고 서로 존중하며 챙겨주는 자리를 마련하는 한 방법이다. 이런 의식들은 뇌에 안정감과 통제감을 주어 스트레스를 덜어준다.

알렉스는 출소자들을 도울 수 있는 활동 위주로 예술 기반의 다른 의식들을 기획하고 있다. 그들을 몇 번이나 방치한 사회와 교류하도록, 일자리를 구하도록, 인간관계를 맺는 데서 오는 스트레스를 잘 헤쳐나가도록 돕기 위해서다. "시설을 나와서 이런 지원을 받지 못하고 도움을 줄 연줄도 없으면 잘못된 의식을 개발하게 되는 수가 있어요. 아니면 다른 사람의 의식을 그대로 모방하거나요. 그러면 많은 경우는 그대로 다시 사회의 최하층으로 떨어지는 거예요. 그럼 어느새 다시 시설에 들어가 있고요."

신경미학 연구의 진전으로 우리는 의식과 리허설이라는 예행연습의 창의적, 전환적 작용을 더 잘 이해할 수 있게 되었다. 연극 무대는 그저 퍼포먼스를 하기 위한 장치가 아니다. 다른 사람과 협력해 함께 작업하고 공동의 예술 작품을 창조하는 법을 배우는 곳이다. 연극예술학과 교수 존 러터비는 예행연습의 신경과학을 연구하기 위해 무대 위 배우들이 리허설에 어떻게 접근하는지를 들여다보는 실험을 진행했다. 그리고 실험을 마친 존은 참가자들이 열린 태도로 다른 배우들, 대본과 상호 소통할 수 있도록 비판적 목소리를 잠재우고 잡음을 제거하는 데 신경을 쓴다고 보고서에 밝혔다. "무대에서뿐만 아니라 일상에서도 우리 모두 자기 머릿속의 목소리들을 잠재우려 한 경험이 있지 않은가."

연극은 인정받고자 하고 남이 자신을 봐주었으면 하는 인간의 심오한 갈망에 응답하는 예술이다. 알렉스는 프로그램 참가자들의 변화를 이렇게 묘사한다. "때로 트라우마와 낙인이 너무 깊이 박혀서 어찌 보면 발달이 멈춰버리고 어디든 있던 곳에 마냥 머무르게 되는데, 그러다 예술이 비집고 들어오면 상상력을 점화하고 정신 작용의 역학 전체를 바꿔놓습니다. 예술이 완전히 새로운 언어로 말을 걸어 영감을 준다고 할 수 있겠죠."

우리에게 더 이상 도움되지 않는 습관을 끊어내고 도움이 될 새로운 습관으로 대체하는 열쇠는 바로 예행연습이다. 사회에 복귀하는 이들에게 곧 사회에서 겪을 일상적 활동들을 안전한 곳에서 예행할 기회를 주는 건 위험도가 낮은 상황에서 인생 연습을 해볼 기회를 주는 것과 다름없다. 게다가 연구에 따르면 예술 활동으로 의식에 참여해 감정, 상징, 지식을 살피다 보면 삶의 의미에 대한 감각과 자기 정체성 감각을 더 단단히 다질 수 있다고 한다. 이 과정에

6장

서 예술은 어느 정도 돌출성을 부여해 경험을 더 확실히 각인시키는 역할을 한다.


## 뇌는 새로운 것을 좋아한다

의식과 루틴이 중요하긴 하지만 인간의 뇌는 잘 살기 위해 참신함과 놀라움도 갈망한다. 한마디로 가끔씩 뇌가 지루해한다는 말이다. 이따금 우리에게 필요한 건 '정상' 테두리 밖으로 나가 감탄하는 것이다.

　　일상적 물건의 뜻밖의 사용처를 떠올리는 것이 창의성 테스트의 일종이라면 '미야우 울프'의 예술가들과 설계자들은 100점 만점에 120점은 받을 것이다. 이들이 뉴멕시코주 산타페이의 볼링장을 개조해 만든 방 70개짜리 몰입 아트 체험장 '영겁회귀의 집'에서는 세탁 건조기가 다른 세계로 가는 포털이고, 조명의 방은 메타버스로 가는 웜홀이고, 벽들도 터치로 조작되는 조명 벽화로 변신해 누구든 자기만의 그림을 그려볼 수 있다. 이 독창적 예술가 그룹이 탄생시킨 것은 창의성과 경이로움, 그리고 무엇보다 놀라움이라는 요소를 구현한 결과물이다. 단체 이름을 정한 방식조차 그들이 일상에 심고자 하는 참신함을 상징한다. 미야우 울프는 원년 멤버인 예술인 열댓 명이 각자 종이에 단어 두 개씩을 적은 뒤 모자에 넣은 다음 무작위로 두 개를 뽑아 정한 이름이다. 강령에서도 명시했듯 그들은 "예술, 탐색, 놀이를 통해 사람들의 삶에 창의성을 불러일으켜 상상이 우리의 세계들을 변화시키기를 희망"한다.

일단 이 단체에 참여하는 예술가들의 상상력이 엄청나다. 전부 재능과 창의력이 넘치는 예술인들이지만 2008년 무렵에는 어쩌다 보니 하나같이 제도 밖에서 창작 활동을 하고 있었다. 그런 예술가들이 모여 그들만의 프로젝트를 발족했는데, 그 첫 타자가 몰입형 아트 팝업이었고 거기서부터 차차 사업을 키워나갔다. 미야우 울프의 공동 창립자이자 전 운영 위원인 션 디 이안니가 설명했다. "그냥 친구들과 예술가들끼리 모인 집단이었는데, 몰입형 환경을 제작하는 작업을 중심으로 결집하게 된 거예요. 완전히 개방적인 마인드의 무정부주의적 예술 공동체였죠."

인간은 무엇인가를 만드는 종족이다. 뭐라도 만들지 않으면 잘 살아갈 수 없을 만큼 자기표현은 인간 본질의 매우 중요한 부분이다. 미야우 울프의 창립자들과 예술가들은 예술계가 인정하는 상업적인 사업에 초대되기를 가만히 앉아 기다리지 않았다. 대신 그들만의 시스템을 창조했다.

우리 두 사람이 감상자로서 미야우 울프에서 경험한 건 참신함과 놀라움이었다. 컬러사진 I를 보며 상상해보자. 2016년 '영겁회귀의 집'이 개장했을 때 미야우 울프의 예술가들은 연간 관람객이 12만 5000명쯤 될 것으로 예상했다. 그런데 첫 3개월 만에 그만큼의 관객이 방문했다. 저널리스트 레이철 먼로는 2019년 《뉴욕타임스 매거진》 표지 기사에서 다음과 같이 분석했다. "세상은 점점 더 뭔가를 갈구하는데, 그 대상이 마침⋯ 미야우 울프가 몇 년간 만들어온 것이었다."

연구자들은 미학의 신경학적 연구에서 때로 익숙함에 대한

6장

선호를 발견하지만 참신함에 대한 선호는 그보다 더 빈번히 본다. 예술 작품을 접했을 때 거기에 어느 정도 새로움이 가미되어 있으면 걸음을 멈추고 "오, 저거 멋진데" 하고 감탄했던 모습들을 떠올려보자.

해변을 보면 좋긴 좋다. 우리는 그것이 해변인 걸 알고, 미적으로 보기 좋다고 느낄 수 있다. 그런데 로버트 스미슨이 유타주 그레이트솔트호수의 진흙, 소금 결정, 현무암으로 제작한 460미터짜리 대지예술 조형물 '나선형 방파제' 같은 작품을 보면 뇌는 참신함에 깜짝 놀란다. 참신함이란 무엇이든 뇌에 새롭고 남다르다고 인식되는 것이다. 인간의 뇌는 참신한 자극을 향해 늘 감각의 안테나를 세우고 있다. 우리는 범상치 않은 자극에 주의를 쏟는다. 단조로운 어조로 주절주절 말하는 교수의 수업과 기운 넘치고 음량과 음조에 변화를 줘가며 강의하는 교수의 수업을 생각해보자. 이는 다른 감각들에도 똑같이 적용된다.

2012년에 이루어진 참신함에 관한 초기 연구는 어떤 대상이 참신하게 느껴질 때 도파민 분비로 해마의 작용이 활성화된다는 사실을 밝혀냈다. 구체적으로는 흑색질과 복측피개영역에서 이 작용이 일어난다. fMRI를 이용한 이 연구는 참신함이 뇌의 바로 이 부위의 활동을 유도하며, 그 결과 뇌 작용을 더욱 촉진하는 것을 확인했다.

참신함은 놀라움을 불러오는 경우가 많은데, 기존에 품고 있던 기대가 빗나갈 때 느끼는 것은 다 놀라움에 해당한다. 과학자들은 놀라움을 느끼는 이유와 놀라움이 뇌에서 어떻게 작용하는지를

1980년대 초부터 연구해왔다. 놀라움은 종종 새로운 행동을 촉발한다는 점에서 적응적인 감정으로 간주되며 기저핵 내 측좌핵이라는 영역에서 처리한다. 놀라움을 느끼면 흥분해 동공이 확장되고, 놀라움을 유발한 대상에 주의가 집중되며, 뇌는 흡수 모드가 되어 이다음에 어떻게 할지 결정하는 데 도움이 되도록 최대한 많은 정보를 받아들인다. 기분 좋은 종류의 놀라움일 때는 보상계가 작동한다. 미야우 울프를 보면 알 수 있듯 놀라는 건 기분 좋은 경험이며 우리를 신선한 쪽으로 각성시킨다.

하지만 강렬한 경외감을 일으킨다 할지라도 자꾸자꾸 보면 똑같은 생물학적 자극 버튼을 누르지 못한다. 뇌는 에너지를 아끼기 위해 변하지 않는 사건에 차차 익숙해지기 때문이다. 반복되는 사건이나 자극은 더 이상 돌출성을 띠지 않으며, 그러면 뇌는 더 이상 거기에 에너지를 소모하지 않아도 된다. 이런 습관화는 뇌에서 일어나는 학습의 일종이다. 그러면 뇌는 또 다른 생생한 것, 깜짝 놀랄 만한 새로운 경험을 찾아 주의를 기울인다. 모퉁이 너머에 뭐가 있을까? 어떤 요소가 나를 깜짝 놀라게 할까? 출근 경로를 바꾸거나 한 번도 가보지 않은 미술관에 가보거나 새로운 조리법을 시도하는 것처럼 아주 단순한 일일 수도 있다.

미야우 울프 같은 경험은 참신함과 놀라움의 폭발적 자극이다. 그들이 만든 체험장에서 나오면 호기심이 점화되어 있고, 전보다 생각이 확장되어 있으며, 예술가들이 의도한 대로 신경학적으로 자기 자신을, 어쩌면 세상까지도 변화시킬 준비가 되어 있다. 션은 이렇게 말한다. "영겁회귀의 집에는 다른 차원 여행으로 이끄는 냉장

6장

고 문 같은 포털이 아주 많아요. 하지만 최고의 포털은 아무래도 영
겁 회귀의 집 밖으로 나가는 문이죠. 바깥세상으로 연결된 문요. 그
리로 나가면 여러분은 이제 못 보던 것들을 알아챌지 몰라요. 인도
에 떨어진 쓰레기 쪼가리, 건물, 주차 미터기 같은 별거 아닌 것들을
새로운 눈으로 보게 될 거예요. 주변의 모든 걸 알아채는 거죠."

그것도 놀랍도록 신선한 방식으로 알아챌 것이다. 우리 뇌는
새로운 걸 좋아하니까.


## 예술로 하나 되는 세계

지난 몇 년에 걸쳐, 그리고 이 책을 집필하는 과정에서 우리는 운 좋
게도 미학적 사고방식을 가지고 잘 사는 삶을 영위하는 모범적인
사람을 참 많이도 만났다. 충만하게 산다는 게 무얼 의미하는지 알
고자 예술을 삶에 받아들인 사람의 예를 생각하면 즉시 떠오르는
이가 있다. 바로 프레드 존슨이다.

프레드는 여러 수식어가 붙는 사람이다. 그는 베트남전이 가
장 치열했을 때 파병된 전 해병대원이다. 널리 인정받은 뮤지션이
기도 해서 마일스 데이비스나 칙 코리아 같은 재즈의 전설들과 세
계 순회공연까지 다녔고, 찰스 림의 연구에서 실험 대상이 된 즉흥
연주의 대가 중 한 사람이었다 해도 전혀 이상하지 않을 인물이다.
듣는 이를 기분 좋게 하는 목소리를 지닌 뛰어난 가수이기도 한데
다가 무언의 몸짓으로 움직임을 표현하는 데 몹시 매력을 느껴 프
랑스의 판토마임 배우이자 연출가인 마르셀 마르소의 전통을 잇는

마임을 몇 년이나 공부하기도 했다. 프레드는 흥미를 유발하는 것들을 의도와 호기심을 가지고 탐구하기 위해 예술 활동이 가진 의식적 힘을 적극 끌어안았고, 그 과정에서 우리가 사용하는 말과 침묵의 예술로 소통하는 방식의 중요성에 눈을 떴다.

훗날 그는 서아프리카의 두 스토리텔링 마스터에게 순회하는 '졸리Diali'라는 수백 년 전통의 전승자로 간택받았다. 졸리란 어떤 장소의 구전 역사를 보전하고, 음악과 시로 사람들을 치유하는 의무를 맡은 사람이다. 프레드의 인생은 줄곧 진정한 열정을 꽃피우는 과정이자 위험을 감수하고서 새로운 것을 시도하려는 의지의 역사였다. 그는 지금도 세심하고 겸허한 자세를 유지한 채 자신의 이런저런 재능을 발굴하고 공유하고 기뻐하면서 한편으로는 남의 재능을 드높이는 삶을 살고 있다.

프레드의 출생으로 거슬러 가보자면 사실 그는 입양아였다. 입양 가정에서 자란 흑인 아이 프레드는 거의 일평생 자신이 어디서 왔는지를 모르고 살았다. "엄마가 누군지 모르는 건 인생에 막대한 영향을 끼칩니다. 남들보다 엄청 불리한 상태로 출발선에 선 셈이라고 할 수 있죠." 프레드는 아기 때 국가의 피보호자가 되었고 태어나서 5년 반 동안 입양 가정과 보육원을 전전했다. "그렇게 제 생애 가장 힘겨웠던 경험을 견디고 나자 엄청난 결과들이 기다리고 있었어요."

프레드는 잘 사는 삶의 싹을 가지고 태어났다. 그는 일찍부터 주의를 기울이는 법과 가장 힘든 상황에서도 음악을 통해 일정 수준의 창의적 호기심을 자아내는 법을 터득했다. "뇌와 신체가 발

6장

달하는 그 시기에 제가 가진 거라곤 목소리와 움직임뿐이었어요. 저는 끊임없이 소리를 내는 애였어요. 스스로를 그렇게 재웠죠. 마치 자장가처럼 제 목소리의 주파와 진동을 들으며 잠들었어요."

나이가 조금 더 들고서는 노래를 외우고 부르는 연습을 했다. "사람들이 저에게 혐오감을 느끼고 멀어지는 대신 다가오는 걸 그때 처음 경험했어요." 그렇게 타인과 연결된 순간, 프레드는 경외감을 느꼈다. 음악이 자신의 열정임을 알아본 그는 비참한 성장 환경에도 불구하고 본격적으로 음악의 길을 걷기 시작했다. 목적의식과 긍정적 마음가짐을 가지고 음악 연습과 공연을 통해 자기 자신 그리고 세상과 창의적으로 관계 맺는 기술을 쌓아갔다. "음악이 없었다면 오늘의 저는 없었을지 모릅니다."

젊은 날 베트남에 파병된 후에는 전쟁의 무자비한 잔혹성을 목격하고 생의 열정을 더 뜨겁게 불태우겠다 각오했다. 그는 자신의 재능을 이용해 남들과 연결되고 싶었고, 음악이 자신에게 그런 것처럼 남들에게도 생의 의미와 목적을 찾아주고 싶었다. 프레드는 이런 속내를 털어놓았다. "전쟁에서 돌아온 후 스스로를 되찾을 길은 남을 위해 사는 것뿐이었어요. 베트남전에 참전해 입은 도덕적 상해를 치유하는 나름의 방식이었죠. 그래서 일평생 가능한 모든 방법으로 남에게 헌신하기로 했어요. 전쟁 후 제 목소리를 되찾아야 했는데, 남을 도우면서 그렇게 한 거죠."

이후 프레드의 인생은 자신의 목소리를 이용해 삶을 치유해가는 여정이었다. 어떻게 보면 프레드는 세상의 균형을 찾아주는 과정에서 자기 안의 균형도 찾아간 것이다. 그는 플로리다 탬파베

이에 있는 스트래즈 센터의 전속 아티스트이자 지역사회 참여 전문
가로 활동하면서 정신과 신체를 재충전해줄, 끊임없이 변하는 풍부
한 환경을 찾아냈다.

　　프레드는 권리를 박탈당한 지역사회 사람들에게 손을 내밀
어 목소리를 찾게 도와주었다. 자신과 같은 재향군인들도 연극과
이야기와 음악을 통해 스스로의 이야기를 들려주도록 격려했다. 프
레드는 스트래즈 센터에서 '공동체의 목소리'를 진행하며 원주민 예
술가와 유색인 예술가를 한데 모아 각자의 예술을 보여주고 서로가
배우게 했다. 그는 라디오 인터뷰에서 이 활동의 목표가 "공동체에
서 함께 살아갈 새로운 길을 모색하도록 새로운 목소리를 입히고,
권한을 부여하고, 교육하고, 또 바라건대 영감을 주기 위해서"였음
을 밝혔다.

　　프레드는 사람들이 잘 살 수 있는 씨를 뿌리기 위해 이벤트
뿐 아니라 의식을 개발하는 데도 매우 능하다. 졸리 전통을 계승한
두 원로를 만난 것도 그런 종류의 다국적 프로젝트를 추진하는 과
정에서였고, 두 원로는 이 일을 어떻게 해나갈지에 영감을 주었다.
"그분들은 어떤 대중 회합이든 그에 앞서 음악과 음식과 노래로 일
체감과 공동 의식을 다진 뒤 공동체의 중심을 잡는 법을 가르쳐주
셨어요. 마음을 모으고 우리 존재에서 완전함을 찾는 거죠. 함께 뭘
해야 하고, 공동체를 어떻게 함께 다스리며, 어떻게 다 같이 앞으로
나아갈지 논의하며 대화를 나눌 때 우리는 이미 감각적으로 하나가
되고 더 큰 선이라는 지향점을 공유하게 되거든요. 졸리의 역할은
이야기꾼이자 치유자, 그리고 꿈을 엮는 사람입니다. 함께하면 뭐든

6장

창조할 수 있다는 걸 일깨우는 역할이지요. 함께하면 우리의 뜻을 실현할 수 있다는 것을요. 꿈꾸고 상상하고 더 높은 곳에 이르기를 염원하고 생을 찬양하는 건 매우 중요합니다."

프레드와 자주 협업한 수전은 그가 어떤 식으로 작업하는지 여러 번 목격했다. 한번은 100여 명의 신경과학자가 연구 내용을 논하는 자리에 수전이 프레드를 초대해 그날의 회합에 특유의 마법을 부려달라고 부탁했다. 그는 조용히 앉아 과학자들의 설명을 잠자코 들었다. 그러던 중 한 내과의가 트라우마 관리에 대한 구절을 읽었고 프레드는 그 순간을 회상하며 말했다. "그 의사의 말이 유독 심금을 울렸어요. 제게 삶의 예술이란 우리가 서로에게 줄 수 있는 것들의 총체에, 우리가 함께함으로써 세상에 존재를 표명할 수 있는 방편들의 총체에 진정으로 연결될 수 있도록 지금 이 순간을 사는 것을 의미합니다."

그날 프레드는 의사가 한 말을 노래로 불러도 되는지 허락을 구했고, 방금 들은 말을 색다르게 경험하고 체화하는 방법을 선보여 모두에게 경외감을 안겨주었다. 프레드는 평범하디 평범한 순간이었음에도 우리에게는 놀랍고 의미 있는 방식으로 서로와 연결될 능력이 있다는 것을 그곳에 있던 모두에게 일깨워주었다. 수전은 프레드가 노래를 마친 후 모두가 그 이야기를 새로운 각도로 이해하게 되었다고 전했다.

2018년에는 프레드 개인의 이야기가 펼쳐졌다. 프레드의 친형제들이 인터넷으로 끈질기게 조사한 끝에 마침내 그를 발견한 것이다. 재회 현장은 감동적이라는 표현만으로는 부족할 정도로 매우 각별한 순간이었다. 프레드는 이렇게 이야기했다. "뒤돌아보는 게 두려워서 평생 앞만 보고 왔더니 제가 누군지 알게 되는 궁극의 축복을 얻었어요. 가족과 연결된 다음 날 아침 잠에서 깼는데, 말 그대로 주변 시야가 몇 배 확장된 걸 느꼈어요. 이제야 비로소 모든 방향에서 다 볼 수 있게 된 거죠."

프레드는 예술을 통해 잘 사는 삶의 진수를 보여준다. 기쁨을, 때로는 고통을 느끼고 경이로움도 느끼며 살아가는 삶, 지치지 않고 마음을 열고 또 열어 꽃이 봉우리를 활짝 틔우듯 자신과 공동체를 만개시키는 삶 말이다. 프레드의 인생은 타인이 진정으로 잘 사는 태도를 기를 수 있는 활동을 중심으로 펼쳐진다. "인간성의 정수는 진정한 자신에, 우리의 연결성에 눈뜨는 겁니다. 저는 세상의 창의적인 사람들이 과거 어느 때보다 지금, 삶과 살아 있음의 아름다움, 존재함의 아름다움을 서로에게 일깨워줄 엄청난 기회를 가지고 있다고 생각합니다."

다들 알겠지만 그 씨앗은 우리 모두가 쥐고 있다. 모두 각자의 재능과 잘 사는 태도를 가꾸어갈 능력이 있다. 그 가능성에 지구의 인구 80억을 곱해보라. 우리가 공동체 안에서 예술과 문화를 가꿔나가면 어떤 일까지 이뤄낼 수 있을까?

6장

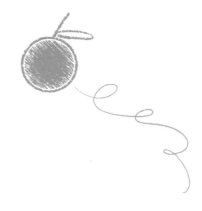

# 7장

# 예술로 하나 되기

예술의 목적은 답들에 가려져 있던
질문들을 드러내는 것이다.

제임스 볼드윈 | 작가

2020년, 코로나19가 한자리에 다 함께 모이는 인간의 능력에 갑자기 제동을 걸었을 때, 우리 둘은 모인다는 게 무엇을 의미하는지 돌아보게 되었다. 공동체란 무엇이며 연결이란 무엇인지, 그것이 뭘 의미하는지, 왜 중요한지를 다시금 생각해보았다. 우리는 지난 10년간 모임의 양상이 더 큰 이해와 의미보다는 생산과 결과물을 위해 교류하는 거래적 관계로 꾸준히, 지속적으로 옮겨가는 것을 목격하고 경험했다. 자신을 지탱해주고 용기를 주는 전환적 힘을 가진 교류에서는 점점 더 멀어지고 있는 것 같다. 그러다 보니 단단한 공동체 유대가 그 어느 때보다 중요해진 요즘이다.

따져보면 인류 초기부터 지금까지 모임의 방식은 바뀌었을지 모르나 이유는 변하지 않았다. 우리는 자기 자신보다 더 큰 무언가에 속하도록 생물학적으로 진화한 초사회적 동물이다. 인간은 서로가 필요하며 가족, 친구, 동료, 이웃과 맺는 탄탄하고 지속적인 연결 없이는, 또 평생 걸쳐 다져가는 관계들 없이는 잘 사는 삶은커녕 생존할 수조차 없다.

공동체 안에서 살아가야 한다는 인간의 유전자 깊이 자리한 생물학적 충동을 뒷받침하는 것은 자신의 생각, 아이디어, 감정을 창조적인 방식으로 공유하는 독특한 능력이다. 인간 종의 성공은 이것으로 귀결된다. '예술이 문화를 창조한다. 문화는 공동체를 창조한다. 그리고 공동체는 인간성을 창조한다.'

2억 5000만 년 넘게 이어진 진화는 인간의 사회적 발달에 유리한 방향으로 이루어졌다. 인간의 창의적 자기표현이 어떻게 공동체 창조를 부추겼는지 이해하기 위해 우리는 진화생물학자 에드워드 O. 윌슨이 타계하기 전에 그와 몇 차례 대담을 나누었다. 에드워드는 과학사에 한 획을 그은 자연 세계에 대한 연구와 통찰로 세계적인 존경을 받았다. 그는 수십 년 동안 인간 존재의 근간을 연구하면서 『통섭』『창의성의 기원』을 비롯해 수많은 저작을 발표했고, 각종 영상 매체와 텔레비전 및 라디오 프로그램에서 이에 관해 이야기했다. 우리는 에드워드가 이미 평생 숙고해온 주제, 예술과 미학적 경험이 인간 발달에 어떤 식으로 필수적인 작용을 했는지에 대해 이야기를 나누었다.

에드워드와는 아주 잠깐만 대화해도 만족을 모르는 경이감

7장

과 호기심이 전염되고 만다. 형식적인 말은 주고받지도 않았다. 그는 마치 줄곧 그 생각을 하고 있었던 양 곧바로 주제에 뛰어들었다. 에드워드는 만족스러운 대화를 나누는 걸 몹시 즐거워했는데, 우리의 대화는 예술 활동에서 생물 다양성으로, 어쩌면 외계 문명이 발견될지 모른다는 그의 믿음으로 두서없이 이어지곤 했다. 에드워드는 네 가지 설득력 있는 통찰 가운데 첫 번째로 우리 대담의 문을 열었다. "인류는 불을 피우면서 시작되었습니다. 우리가 아는 인간 삶의 형태는 번갯불 덕분에 생겨난 겁니다."

태양 표면보다 여섯 배 뜨거운 전기불꽃이 아프리카 초원의 나무와 덤불에 불을 붙였고, 초기 인류 호모 에렉투스와 호모 사피엔스가 그 마법 같은 불꽃을 손에 넣어 이리저리 옮겼다. 선사시대 인류 선조들은 들불을 통제 가능한 모닥불로 옮겨 오는 법을 터득했고, 그 불씨를 다시 움막과 야영지로 가져왔다. 이는 말할 것도 없이 초기 인류 문명의 발달에서 결정적인 순간이었다. 육류 조리가 가능해졌기 때문이다. 채집에 수렵이 추가된 건 엄청난 변화를 불러왔다. 육류 섭취는 어금니부터 소화 기관까지를 전부 개조하며 신체를 변화시켰을 뿐 아니라 정교한 의사소통과 협동 능력도 길러주었다. 그렇게 낮 동안 짐승 추적 계획부터 육아와 끼니 준비까지, 일상 속 집단의 기본적인 요구를 의논하기 위한 언어가 생겨났다.

그런데 밤에 놀라운 현상이 벌어졌다. 모닥불이 피워졌고, 나무가 타들어가며 불길을 태웠으며, 진하고 향긋한 연기가 공기 중에 퍼졌다. 따스한 노란 빛이 둘러앉은 얼굴들을 물들이고, 처음으로 어둠을 밝히면서 온기를 나눠주고, 포식 동물로부터 그들을 보호해주었다. 그러면서 둥글게 둘러앉아 깜빡이는 불길을 응시하고 교감하려는 인간의 욕구가 생겨났고 지금껏 이어져 왔다.

불이 새로운 형태의 모임을 부추기면서 낮의 실용주의는 신비롭고도 이런저런 생각을 불러일으키는 밤의 특성에 자리를 내주었다. 인간은 이야기를 지어냈다. 노래를 했고 춤을 추었다. 집단의 도덕적이고 윤리적인 가치를 전승하는 신화와 은유를 만들었다. 축하하고 애도도 했다. 다 함께 노래하고 움직이기 시작했고, 이렇게 감정과 소리를 공유한 순간들이 유대감, 집단적 초월, 함께 누리는 기쁨을 만들어냈다.

바로 여기, 모닥불 둘레에서 의미 부여와 소속됨의 중요한 일부로 인간의 창의적 표현이 생겨났다. 우리가 지금 '예술'이라 부르는 활동이 생존을 위한 진화적 우선순위로 형태를 갖추기 시작한 것이 바로 이런 배경에서였다. 예술 창작이 인류 최초의 조상들 사이에서 문화와 공동체의 가장 기본적인 바탕을 다져놓았다. 이런 초기 모임은 신경생물학적 보상 체계를 자극해 공동체의 사회적 가치라는 씨앗을 뿌리는 데 일조했다. 오늘날 과학자들은 이 형태의 사회적 연결 참여와 육성이 인지 기능을 향상시키고, 스트레스 수준을 낮추고, 우울감을 감소시킨다는 점에서 뇌를 위한 운동과 비슷하다는 것을 잘 안다. 더불어 거울 뉴런을 통해 타인에 대한 공감력과 이해력도 갖추게 해준다. 예술을 보고 감상하는 행위가 우리에게 나 자신과 세상을 가르쳐주는 것이다.

에드워드는 이 인류 초기의 예술과 문화의 태동이 본인의 연구에서뿐만 아니라 화석 발굴과 인류학 연구 결과로도, 나아가 여전히 초기 문명과 근접한 방식으로 살아가는 현존 공동체들에서도 입증된 것을 확인했다. 한 예로, 현 지브롤터와 이스라엘에서 선사 시대 거주지로 사용된 동굴들에는 두 종류의 화덕이 존재했다는 증거가 남아 있다. 하나는 주로 입구 부근이자 매일의 활동이 이루어지는 부산한 중심지인 부엌에 있었다. 다른 하나는 저 안쪽에 돌을 잘 쌓아 자연의 환풍구를 마련한 거실 비슷한 분리 공간에 배치되어 있는데, 이곳이 바로 사람들이 불 주위에 둘러앉아 사회적 활동을 하던 곳이었다.

이는 진화에 대한 또 다른 진실을 말해주는데, 에드워드는 이렇게 설명했다. "개미, 꿀벌, 말벌, 흰개미와 더불어 인간은 지구상에 단 열아홉 종만 존재하는 진眞사회성 종입니다. 바꿔 말하면 집단의 미래를 보장하기 위해 협력하는 종이라는 겁니다. 개인의 생존을 초월한 집단 선택은 우리가 오늘날까지 갈고닦은 동정심, 공감력, 협동성 같은 인간의 핵심 자질과 더불어 발달해왔습니다. 일부 구성원이 전체의 이득을 위해 희생하는 것처럼 공동체를 이루고 지탱하는 데에는 이타주의가 필수적이었죠."

늘 그런 건 아니었을지라도 역사에 걸쳐 해소되지 않은 경쟁심이 진화적 관점에서 치명적이기에 인류는 고립과 이기주의보다 공동체와 이타주의를 선택한 때가 더 많았다. 선조들은 성공적으로 협력하려면 새로운 방식으로 남에게 자신의 의도를 알려야 했고, 세세한 생각과 감정까지 전달해야 했다. 그래서 인간은 개인적, 집단적 정체성을 전달하고 표현할 더욱 정교한 기술을 발달시켰다. 흙에서 점토를 캐내 황토를 만들었고 돌을 빻아 안료를 제조해 몸에 칠했다. 색색의 깃털을 모아 장식과 제식에 사용하기도 했다. 자연에 상징과 의미를 부여해 지어낸 상상의 세계로 실제 세계를 표현하기 시작한 것이다. 강력한 사회적 기술이 유전학으로 선호되는 유전적 기질이 되었고, 미적 탁월함은 사회 정체성을 보여주는 경로가 되었다.

이는 다시 인간의 정교한 감정적 뇌 발달에 일조했는데, 에드워드가 제시한 세 번째 통찰이 바로 이것이다. "우리 조상이 복잡한 느낌을 전달하고 상대방에게서 구체적인 감정적 반응을 끌어내는 데 점점 능숙해진 걸 보면 그렇게 짜릿할 수가 없습니다."

그 예로 스토리텔링을 보자. 화자의 상상에서 탄생한 이야기는 청자를 다른 장소, 다른 시간으로 데려다 놓는 힘이 있다. 이야기는 중요한 정보와 의미를 전달한다. 이야기를 듣는 동안 뇌는 화학 물질을 분비해 해마에서 이야기를 암호화시키며 우리는 말 그대로 이야기를 몸으로 느끼게 된다. 감정적 내용이 더 강렬할수록 이야기의 기억도 단단해진다. 중요한 느낌, 생각, 감정, 공동의 지식을 전달하기 위해 인간의 머리에서 이야기를 순전히 지어내는 능력은 공통의 방식이자 미학적인 방식으로 세상을 이해하기 위해 발달시킨 능력 중 하나에 불과하다.

스토리텔링은 뇌에 강렬한 신경 반응을 촉발시켜 우리를 그 순간 나누는 생각들, 그리고 그것을 이야기하는 사람과 연결해준다. 2010년에 프린스턴대학교 연구팀은 fMRI를 이용해 이야기 화자와 청자의 뇌에 어떤 일이 일어나는지 관찰했다. 연구진은 특히 시공간적 활동, 즉 뇌의 어느 부분에서 언제 활동이 일어나는지를 중

7장

점적으로 살폈다. 우선 먼저 이야기하는 사람의 뇌에서 일어나는 활동을 매핑했다. 그런 다음 이야기를 듣는 사람의 뇌 활동에 그 지도를 얹혀보았다. 어떤 결과가 나왔을까? 놀랍게도 화자의 뇌 활동이 청자의 뇌 활동과 겹치는 결과가 확인되었다.

이 현상은 '뉴럴 커플링', 즉 '신경 결합'이라 하며, 뇌가 이야기 화자의 뇌 활동을 말 그대로 거울처럼 따라하기 때문에 '미러링'이라고도 한다. 연구팀은 뉴럴 커플링이 강력할수록 이야기에 대한 파악과 이해도 더 깊게 이루어진다는 결론을 내렸다. 뇌 활동은 이야기가 더 돌출적일수록 화자의 뇌 활동과 더 일치한다. 서사의 돌출성은 수많은 요인이 작용한 결과로 나타나는데, 여기에는 학습과 잘 사는 삶을 다룬 장에서 언급한 다양한 신경화학적 감정 반응도 포함된다. 호기심, 경외감, 놀라움, 유머, 참신함 같은 것들 말이다.

그런데 결말을 다 아는 이야기도 돌출성을 띨 수 있다. 우리 뇌는 사건 A가 일어나자 사건 B가 뒤따른다는 식으로 대강의 줄거리 정도만을 기억하지만, 훌륭한 이야기가 관련 기억을 끄집어내는 힘이 내용을 더욱 돌출적으로 만들기 때문이다. 뇌 자체가 타고난 이야기꾼이다. 뇌는 쏟아져 들어오는 자극들에 서사를 부여하려고 끊임없이 노력한다.

그 결과 뇌는 엄청나게 성장했다. 주로 전두엽에서 뇌의 크기가 엄청나게 증가했다. 조상인 선행 인류의 두개용량은 침팬지와 비슷했는데, 호모사피엔스의 뇌 질량은 진화 시간표상으로 보았을 때 빠른 속도로 세 배 이상 늘었다. 인간은 복합적인 감정과 공동의 경험을 표현하는 새로운 방법을 발명했고, 뇌는 이에 반응해 예술을 창작하는 새로운 방법을 생각해내며 변화했다.

인간은 복합적인 감정 상태와 생각을 개개인과 타인들 간의 거리를 좁히는 데 도움이 될 소통 가능한 예술 형태로 변환할 수 있게끔 진화했다. 노스웨스턴대학교 신경과학자이자 심리학자인 리사 펠드먼 배럿은 이를 아주 간결하게 잘 표현했다. "인간은 이야기를 지어낸 뒤 집단이 그것에 동의하면 그 이야기가 진짜가 되는 게 가능한 지구상 유일한 동물이다." 에드워드는 이 능력의 엄청난 진화적 가치가 "이제 상상과 창의적 사고로 새로운 미래를 창조할 수 있게 되었다는 것도 가능하다"는 데 있다는 마지막 통찰을 전했다. 우리가 지난 100만 년간 해온 것이 바로 그것 아니었던가.

## 저마다의 문화에 깃든
## 전통 예술

인류가 지구 곳곳에 터를 잡고 조상들이 영구적 야영지를 마련하면서 선사시대 인류에게 전수받은 지식을 보유한 원주민 문화가 발생하기 시작했다. 예술은 의사소통의 한 형태였고 인간은 느낌, 믿음, 관찰한 바를 표현할 수단으로 예술을 갈고닦기 시작했다. 에드워드는 우리와 나눈 대담에서 이렇게 강조했다. "뭔가를 만들고 창작하려는 욕구는 인간의 아주 근본적인 부분입니다. 다음 발달단계는 그리기, 조각하기, 도구 만들기, 창의성과 혁신과 시행착오를 거쳐 복잡한 문제 해결하기로 인간의 욕구를 확장시켰지요."

당시 여기저기서 생겨난 특징적 공동체들은 각자의 환경에서 주변 자원을 활용해 조리법을 개발하고 요리했으며 그림도 그리고 조각도 했다. 의복, 신체 예술, 개인 장신구와 문신도 만들어냈다. 도기류, 주얼리, 섬유 예술 공예도 한층 세심한 수준으로 끌어올렸으며 심지어 다양한 관점과 시점에서 복합적 구조물을 만들기 시작했다. 예를 들어 호주 원주민 예술가들은 하늘에서 내려다본 시점의 조감도를 만들었다.

동굴 벽에 상징으로 시작된 언어와 글쓰기의 출현은 인간의 창작 능력을 극적으로 발전시켰다. 그 덕에 인간은 세대 간 지식을 전수할 수 있었고 주변 다른 개체들에게서 생존법을 터득해야 했던 다른 동물에 비해 비약적 발전을 이루었다. 이는 인간에게 창의력을 발휘하는 데 필요한 시간을 마련해주었고 더 많은 행동을 적응시킬수록 더 많은 뇌세포가 필요하기에 인간의 뇌 크기 증대에도 일조했다.

원주민 문명은 사회적 가치와 믿음을 전달하기 위한 창작 행위와 새로운 창작법 시도를 거듭했는데, 흥미롭게도 세계 어느 지역에서 만들어졌느냐에 따라 창작물은 다양했지만 그 바탕에는 하나같이 남과 연결되고 소통하고 유대를 맺고자 하는 비슷한 의도가 담겨 있었다. 오늘날 90개 국가에는 서로 뚜렷이 구별되는 5000여 부족의 원주민 집단이 살고 있다. 인구수로 따지면 4억 7500만 명쯤으로, 전체 인구의 약 5퍼센트를 차지한다. 각 공동체가 고유하지만 동시에 그들이 역사적이고 동시대적으로 예술과 아름다움을 이용해 공동체를 형성한 방식에는 유사성이 있다.

몇몇 최초 공동체에서 문화를 구축하는 데 예술이 어떻게 이용되었는지에 대한 이해를 돕기 위해 서로 지구 반대편에 자리한 두 원주민 집단의 문화 지도자를 소개해보겠다. 먼저 미대륙 남서부에 있는 필립과 주디 투월렛스티와 부부의 집부터 방문해보자. 필립은 호피족(주로 애리조나주에 사는 푸에블로인디언—옮긴이) 일원이고, 주디는 3장에 등장한 시각예술가다. 우리는 뉴멕시코 갈리스테오의 적토 능선으로 둘러싸인 분지에 자리한 투월렛스티와 부부의 집에서 그들을 만났다. 지금도 그날 태양 빛으로 물들어가는 광활한 하늘을 바라보며 맡았던 공기 중의 세이지 냄새가 나는 것만 같다.

주디는 예의 따스하고 다정한 미소로 우리를 맞아주었다. 필립은 '돈트 워리 비 호피DON'T WORRY BE HOPI'라는 문구가 인쇄된 티셔츠와 청바지 차림으로 나타났는데, 알고 보니 평상시에 늘 입는 복장이란다. 80대 초반이고 결혼한 지는 30년이 넘은 두 사람은 이제 자연스레 상대방이 할 말을 대신 꺼내거나 문장을 대신 끝맺을 정도의 사이가 되었다.

집에 들어가니 하얀 점토 벽들을 장식한 호피족의 아름다운 카치나 인형들에 눈길이 갔다. 카치나 인형은 호피족 남자들이 미루나무 뿌리를 깎아 만든다. 이 인형은 '카치나'라고 하는, 호피족이 믿는 초자연적 존재나 수호신을 상징한다. 카치나는 수백 년 전 미국 남서부 지역에서 발생한 호피족 제식의 일부다. 그래서인지 방 안에 우리 넷 외에 다른 존재도 함께하는 기분이 들었다.

주디가 운을 뗐다. "예술과 삶과 정체성은 과거에도 그랬고 지금도 여전히 호피 문화에서 떼어낼 수 없는 부분이에요." 호피족

7장

은 조상이 수백 년 전 했던 방식 거의 그대로 제식을 창조하고, 거행하고, 수행하고 있다. 필립도 주디의 말을 거들었다. "이런 창의적 표현은 사회의 이상들을 강화해요. 올바르게 행동하는 게 곧 호피족의 길을 걷는 거죠."

아이비는 필립과 주디를 안 지 20년이 넘었다. 갈리스테오 지역 센터에서 열리는 연례 칠리 요리 경연에서 만나 인연이 싹튼 것이다. 2004년, 갈리스테오에 별장을 장만한 아이비는 얼른 이웃을 만나고 싶어 했다. 주민이 300명도 안 되는 이 마을에 마음을 뺏긴 아이비는 본격적인 자연을 만끽하러 거기에 간다며 농담하곤 했다.

세 사람은 만난 즉시 필립의 칠리 요리를 두고 죽이 맞아떨어졌다. 필립은 이렇게 말했다. "호피족에게 요리는 그 자체로 예술이에요." 그렇다면 필립이 칠리 요리 경연 대회에서 우승한 것도 놀랍지 않다. 그는 걸쭉한 국물에 토마토, 양파, 칠리, 몇 가지 향신료를 섞은 요리를 만들었다. "콩은 안 넣어요"라며 힘주어 덧붙인 그가 말을 이었다. "대신 호피족 문화에는 옥수수를 기반으로 한 요리가 많아요. 옥수수 얘기를 좀 해볼까요. 옥수수는 곧 삶이에요." 필립의 말에도 일리가 있다. 실제로 많은 제식이 사막 문명의 필수 주식인 옥수수를 중심으로 이루어진다. "씨앗 파종기로 어머니 대지에 깊이 구멍을 낸 다음, 거기다 조그마한 옥수수 알갱이 몇 개를 넣고 흙으로 덮어요. 그러면 씨가 발아해서 자라요. 점점 자라서 옥수수 어린이가 되죠. 그러면 양분을 줘야 해요. 옥수수는 생의 은유예요. 옥수숫대를 잘 보호해야 하죠. 때로는 소소하게 바람막이도 둘러주어야 하고 물도 주어야 해요. 까마귀나 토끼 같은 포식 동물로부터 보호도 해줘야 하고요."

호피족은 자궁부터 죽음까지 옥수수 생애에 단계별로 스무 개가 넘는 이름을 붙였다. 호피족이 이 한 가지 작물을 얼마나 잘 활용하는지는 실로 놀라울 정도다. 이래저래 변형해 다양한 요리를 뚝딱 만들어냈고 옥수수와 수분을 테마로 한 수많은 제례와 기념 의식이 생겨나기도 했다. 호피의 혼을 체화하고 자연 세계를 찬양하는 노래, 춤, 기도, 이야기가 얼마나 많은지 모른다. 여기에는 아이부터 노인까지 각자 맡을 역할이 있고 모두가 참여한다. 필립은 "호피족에게 예술은 매우 민주적인 절차"라고 했다. 호피족의 창의적 표현은 직물, 도자기, 주얼리, 조각 등 다양한 형태로 구현된다. 완성물이 무엇이든 부족의 보편적 상징들은 각각 구체적 의미를 띠는 숨은 기호를 통해 그들의 문화를 드러낸다.

그중 한 아름다운 예가 카치나 인형이다. 주디는 특징이 두드러지는 카치나 인형 두 개를 들어 보이며 말했다. "예술은 추상적이고 구체적이고 은유적이며 기호와 상징으로 가득합니다." 하나는 '경주자'라는 인형인데, 전체적으로 검은 몸에 조그맣고 동그란 눈과 입에는 빨간색 작대기가 가로질러져 있었다. 모서리가 살짝 굴곡진 사각형 머리통이 미니멀한 형태의 검은 몸뚱이 위에 얹혀 있고 두 손은 배꼽 근처에 모아져 있었다. 다른 하나는 '까마귀 엄마'라는 인형으로, 카치나들의 어머니다. 까마귀 엄마는 세밀한 장식의 드레스를 걸친 채 발목 높이의 모카신을 신고 담요 숄을 두르고 있었고 머리에 날개가 붙어 있었다. 주디와 필립은 두 인형의 역할과

7장

특징, 그리고 이 이야기를 전달하는 제례들을 설명해주었다.

그 제례에서 호피 개개인의 리듬과 노래와 움직임은 집단으로 녹아들며 미스터리, 위험, 두려움, 기쁨, 자부심, 쾌락의 서사가 반복해서 서술된다. 고대로부터 전해져온 이 경험들을 통해 인간 존재의 여정에 공통의 이해가 생겨났다. 주디는 원주민 문화란 의상과 소품이 전부인 관광 상품이 아니라고 말했다. "호피는 현대에 존재하는 고대 공동체예요." 호피족 전통은 일상 속 제의와 의미심장한 제례적 주기를 통해 세대 간에 계속 공유되며, 그러면서 삶의 교훈들도 더욱 공고해진다.

쾌락과 행복에 관한 신경생물학적 연구들은 이 같은 모임과 다 같이 만드는 움직임, 그리고 소리가 신체와 뇌에 촉발시키는 즐거움의 생물학적 상관관계를 밝혀냈다. 즐거운 순간을 경험할 때마다 도파민, 옥시토신, 세로토닌, 엔도르핀이 분비되며 그런 순간을 기대하거나 떠올릴 때도 똑같이 분비된다는 것이다. 물론 음악과 춤은 그 모든 신경전달물질의 분비를 증가시킨다.

호피족은 통합된 부족을 만들기 위해 직감적으로 옥수수와 카치나 제의를 이용해 강력한 유대감을 자아내는 화학물질을 활성화시켰다. 음악과 춤, 퍼포먼스가 가미된 공동체 활동은 뇌에서 남을 생각하는 마음과 연결감을 촉진하는데, 이때 작동하는 뇌 부위는 강한 이타주의, 기쁨, 경외감, 환희를 경험할 때 도파민, 옥시토신, 세로토닌이 분비되는 곳과 같다는 것이 증명된 바 있다.

이제 주디와 필립의 반대편에 위치한 제롬 캐바나를 만나보자. 제롬은 뉴질랜드 아오테아로아 태생의 작곡가이자 예술가이고, 마오리 전통 악기인 타옹가 푸오로 연주자다. 마오리족 선조들이 북섬의 해안과 내륙에 두루 걸쳐 살았기에 그 또한 북섬 출신이다.

제롬은 '타 모코'라는 조상 대대의 문신을 온몸에 새기고 있다. 타 모코는 그 사람의 와카파파(혈통)와 개인적 역사를 반영한다. 각각의 문신은 제롬의 가문, 그의 역할, 부족과의 관계성을 담은 독특한 상징이다. 제롬의 몸은 테 아오 마오리(마오리 세계)에서 그가 차지하는 위치에 경의를 표하는 살아 있는 예술이며, 마오리 세계는 모든 살아 있는 것과 살아 있지 않은 것의 상호 연결성과 상호 관계를 인정한다. 제롬은 이렇게 설명했다. "이 상징들은 테 아오 마오리 어디에나 있어요. 우리 부족에는 '와낭가'라는 개념이 있는데, 부러 시간과 장소를 마련해 모이는 걸 뜻합니다. 와낭가에서 이런 이야기와 제의를 공유하고 되풀이하고 이어가면서 우리 문화의 직조로 짜 넣습니다."

그는 마오리어로 이야기가 '푸라카우'라는 것을 알려주었다. 푸라카우는 '말하는 나무'라는 뜻이다. "우리가 자연과 얼마나 깊은 관계를 맺고 사는지 당장 알 수 있는 말이죠. 자연은 궁극의 현실이 잖아요. 마오리 문명과 예술 속 모든 것이 자연 세계와 균형을 이야기 하고 있어요. 모든 것이 연결되어 있고 모든 것이 중요하다는 사실을 인정하는 내용이 반영되어 있지요. 조그만 풀잎 한 장, 모래 한 알, 물 한 방울까지도 전부 다 중요해요. 저희 어르신 한 분은 늘 이렇게 말씀하세요. '너희 강에 대해 이야기하지 마. 가서 너희 강과 이야기해.'"

7장

마오리 예술은 일상에서 중한 기능을 한다. 타옹가 푸오로는 과거에도 그랬고 지금도 치유에, 메시지를 보내거나 생의 특정 단계를 기념하는 데, 그 밖에도 여러 제식에 사용된다. 타옹가 푸오로는 바람, 바다, 새 같은 자연의 소리를 연상시키는 자연의 재료들로 만들어진다.

예술 창작을 뜻하는 마오리어는 '마히 토이'인데, 서구의 예술 창작 개념과 좀 다르다. 마오리의 예술은 자연에 대한 그들 고유의 문화적 반응과 연결된 조상 대대로 이어져온 관습의 연장선이기 때문이다. "우리가 하는 건 존중의 의미에 더 가까워요. 우리 문화와 예술은 부족민들을 섬기는 방식과 관련이 있거든요."

어느 날은 제롬이 얼마 전 푸토리노 하나를 깎는 작업을 막 끝냈다고 말했다. 푸토리노는 토종 카우리소나무로 만든 목관 피리의 일종이다. 그는 갓 태어난 아기를 이 세상에 환영한다는 의미에서 부모에게 주려고 몇 시간을 공들여 푸토리노를 깎았다고 했다. "푸토리노는 세 가지 방식으로 연주할 수 있어요. 이 악기에 얽힌 우화들은 하나같이 자연, 공동체의 연결, 지혜라는 주제를 담고 있죠. 우리가 오늘날 삶을 잘 헤쳐나가라고 조상들이 전해준 이야기들이에요. 우리의 전통 관습은 서로가 연결되어 살아가게 해주는데, 이 관습은 서구식 개인주의를 배제한 연결성이에요. 한 사람 한 사람이 기여하면 모두가 한결 살기 수월해질 거라는 믿음에서 나온 거죠."

우리는 예술뿐 아니라 과학을 주제로도 제롬과 대화를 나누었다. 제롬은 과학적 발견에 관한 기사를 읽을 때 가끔씩 "오, 다른 방식으로 기록해뒀을 뿐이지 마오리족은 이미 저 지식을 가지고 있는데" 하고는 새삼 재확인한다고 했다. "다른 방식이란 바로 이야기라는 방식이죠. 예술의 방식도 있고요. 이런 일이 있을 때마다 우리 부족은 살짝 비꼬면서 한바탕 웃곤 해요. 와, 우리는 다 아는 건데. 어렸을 때 배웠잖아. 근데 저 사람들은 이제야 발견했다고?"

인류가 소통하는 형식이 끊임없이 진화하는 와중에도 예술로 가치를 전달하는 이런 원초적인 기술은 살아남는다. 우리 둘은 공동체를 꾸리려는 인간의 생물학적 본능에 뿌리를 둔 근원적 가치들이 서로 단단히 엮여 창의적 표현을 통해, 예술과 미학적 경험과 문화를 통해 연결을 다지는 모습을 보았다. 그 가치들을 소소하게라도 실행에 옮길 때 우리는 충만한 삶을 살 수 있다.

그렇게 하는 한 가지 방법은 자연 세계에 존중과 공경심을 갖는 것인데, 에드워드는 이를 '생명애'라고 부른다. 생명애는 자연과, 또 생물학적으로 다양한 다른 종과 연결되려는 인간의 욕구를 뜻한다. 자연은 원주민 문화에서도 존재의 핵심이며, 원주민들은 자연 주기에 예를 다하기 위해 제례와 의식을 만들고 때를 맞추었다.

또 다른 중요한 방법은 예술을 일상적 관행으로 만드는 것이다. 초창기 문명들에 '예술'이라는 단어가 존재하지 않았을지언정 창의적 표현은 일상과 전적으로 불가분이었다. 매일의 삶에 녹아 있었고 창작 행위를 하려는 충동은 보편적이었다. 창작 활동은 전문성, 나이, 성별과 관계 없이 모두가 참여했다는 점에서 민주적이었다. 창작자와 감상자의 구별도 없었으며 다양성과 강점은 칭송받

7장

았다. 다양한 목소리, 아이디어, 기술을 반영해 공동체의 욕구, 정체성, 성장을 만드는 능력도 바로 이 관행에서 나왔다.

　이런 예술의 일상화는 공통의 비전을 가꾸는 데 도움이 된다. 동원 사능한 모든 자원으로 신념 체계와 공동체의 원칙을 표출하고 강화하기 때문이다. 원주민 문화에서 이는 도예, 그림 그리기, 직조, 농사, 집 짓기, 공예품 제작을 뜻했고 노래, 춤추기, 신화 창조 같은 제의적 행위도 이루어졌다. 오늘날에는 의미를 만드는 데 동원 가능한 재료와 테크놀로지가 놀랍도록 다양하다. 현대의 아름다운 예로는 도심 벽화가 있다. 우리는 7장 첫 번째 페이지에 포르투갈 출신 거리 예술가 후아리우의 작품 〈아프리카의 미〉를 실었다. 후아리우는 그 그림에 대해 이렇게 말했다. "가난한 동네, 주로 흑인이 사는 지역에 그린 건데, 거기 사는 이들의 아름다움을 부각하고 생생하게 보여주는 게 목적이었습니다. 굉장히 마음 따뜻한 경험이었어요."

　예술 작품에 종교, 영성, 신처럼 더 큰 의미를 녹여내는 경우도 많다. 예술은 공동체의 삶에 생겨난 감정적 유대를 한데 뭉쳐 초월적 순간의 근간을 마련하며 문화는 집단 속 자신에 대한 인식을 형성한다. 상징, 기호, 은유는 의미를 증폭하고 종종 세대 간에 계승된다. 이런 문화적 유물은 공동체를 결속시키고 생존을 보장하는 데 보탬이 되는 가치관과 신념을 구체화하는 기능을 한다. 그리고 어쩌면 가장 중요한 사실은 노래, 이야기, 우화, 신화, 춤, 그밖에 다른 제의 형태의 창의적 표현을 수행하고 반복하는 자체가 신념과 정체성, 결합을 강화한다는 것이다.

예술로 하나 되기

## 일상에 뿌리내리는
## 예술의 형태

호피와 마오리는 강하고 생명력 있는 원주민 공동체다. 그러나 세계의 다른 많은 공동체처럼 이들도 만만치 않은 장애물과 억압을 마주하고 있다. 마리아 로사리오 잭슨은 역사적으로 주변부로 밀려난 공동체들, 강제로 주류 문화에 동화되면서 자신들의 문화가 폄하되고 지워진 이들은 '뿌리 문화'가 특히 심하게 손상되어 있다고 지적한다. 마리아는 학자이자 연구자이자 안식년을 맞은 애리조나 주립대학교 교수로, 안식년 동안은 국립예술기금 위원회의 일원으로 활동 중이다. 이력을 보면 고등교육계, 싱크 탱크, 자선사업체, 정부, 기타 이런저런 비영리 조직 등 다양한 기관에 적을 두고서 포괄적 공동체 활성화, 시스템 변화, 공동체 내 예술과 문화 육성을 연구해왔다.

　　마리아는 우리에게 필요한 건 문화적 뿌리를 치료하고 다시금 온전히 복구할 수 있는 장소와 새로운 전통을 만들 수 있는 장소라고 한다. 개인으로 또 집단으로 어떤 모습을 취하고 싶은지 고민할 수 있는 곳, 자신들의 미래를 상상할 수 있는 곳 말이다.

　　마리아는 인종주의와 사회 불평등을 포함해 30년 전 자신이 '고약한 문제들'이라 명명한 복합적이고 다면적인 여러 사안에 대한 해결책을 고민하면서 연구에 발을 들였다. 그가 해결책의 하나로 예술과 문화를 밀어붙이기 시작하자 동료들은 사회 정의와 변화에 헌신하겠다는 사람이 왜 예술에 기운을 쏟는지 이해가 안 된다고 한마디 했다. "다들 제가 헤맨다고 생각했어요. '저소득 계층, 빈곤, 불평등, 인종차별적 정책과 관행에 관심이 있다면서 왜 그런 예술이니 문화 나부랭이에 신경을 쓰는 거냐?'고 묻곤 했죠."

하지만 마리아는 억압당하는 민족이 제일 먼저 빼앗기는 것이 문학과 언어, 그리고 예술이라는 걸 잘 알았다. "개인적으로도 집단적으로도, 특히나 외부의 비판 없이 과거, 현재, 미래를 깊이 파고들 수 있는 자유는 정말 중요해요." 그렇기에 창의적 표현을 위한 기회를 더 잘 이해하고 육성하는 것, 공중 보건과 공동체의 발전, 정체성의 재탄생과 진화를 뒷받침할 예술과 문화를 한데 결합하는 특별한 장소를 마련하는 것은 마리아의 연구에서 줄곧 중요한 부분을 차지해왔다.

에드워드나 필립과 주디 부부와 마찬가지로 마리아도 예술이 세상을 이해해보려는 인간의 본능임을 잘 안다. 하지만 마리아는 이렇게 덧붙였다. "그렇지만 뭔가를 발생시키고 제작하고 세상을 이해할 장소, 나를 어떻게 드러내고 어떻게 다 같이 문제를 처리할지 고민할 장소가 없다면 다양성과 포용이 덕목으로 전시되는 곳에서 진정으로 참여하는 일은 방해받거나 아예 불가능해요." 너무 많은 공동체가 원래 살던 곳을 뺏기고 문화를 구축할 여력을 방해받은 건 역사적 사실이다.

마리아는 창의적 자신과 공동체를 온전히 회복하고 새 힘을 불어넣어 재활성화할 수 있는 곳들을 '문화 주방'이라 부르기로 했다. 우리는 마리아의 주방 은유가 무척 마음에 들었다. 집에서 부엌은 전통적으로 공동의 장소이지만 친밀한 대화를 나누는 사적 공간이 되기도 한다. 또 손님을 초대해 식탁에 앉혀 음식을 대접하는 공간이기도 하다. "문화 주방은 사람들이 모여서 뭔가를 만들 수 있는 곳, 개인과 집단의 의도와 공공의 이익을 따져 물을 수 있는 곳이죠. 거기서 이루어지는 작업은 회복시키고 영양을 주고 진화시키는, 만들고 나누는 종류의 일입니다. 예술, 문화, 창의성, 공동체 유산은 그 혼합의 아주 중요한 일부이고요." 집에서와 마찬가지로 여기서도 어떤 식으로 초대되느냐는 주인에게 달렸다. 핵심은 그곳에 모인 사람들이 자신의 길을 결정할 수 있다는 것이다.

"문화 주방은 여러 가지 형태를 띨 수 있지만 이런 질문들을 던진다는 공통점이 있습니다. 이 진화해가는 맥락에서 나는, 우리는 누구인가? 그리고 내가, 우리가 무엇을 보태고 있는가? 나의, 우리의 목소리나 몫을 더한다는 게 무엇을 의미하는가?"

그는 예술을 대하는 태도를 지적하기도 했다. "우리는 예술이나 창의적 표현을 소비할 장치로만 생각할 때가 너무 많아요. 아니면 소비를 위해 생산된 뭔가로요. 그리고 보통 인정받는 건 그 소비뿐이죠. 그건 만들기, 행하기, 가르치기, 비평하기, 온전한 인간 되기와 관계된 훨씬 큰 그림의 극히 일부에 불과한데도요. 반면에 문화 주방은 그런 참여의 스펙트럼 전체가 존재하는 곳입니다."

마리아의 문화 주방 개념을 구체화한 장소 중 하나는 시카고 남동부의 도시 몇 블록에 걸쳐 자리한 정원 겸 지역 센터 '스위트 워터'다. 맥아더 영재 펠로십의 수혜자인 이매뉴얼 프랫은 코넬대학교와 컬럼비아대학교에서 각각 도시계획과 건축 학위를 딴 후, 2014년에 스스로 '재생적 지역 개발'이라 명명한 프로젝트에 착수했다. 대학원 과정을 마친 뒤에는 시카고로 가 지역 주민이 주도하

7장

며 자연이 녹아든, 이웃과 예술인들을 위한 오아시스를 짓고자 청사진을 그렸다.

그렇게 해서 도심 한가운데 2500평 규모의 땅에 케일과 근대와 토마토와 스쿼시(호박의 일종—옮긴이)가 빼곡히 심긴 돋움판 수백 개 사이를 겨울철 냉해 방지용 나뭇조각에 덮인 사잇길들이 가로지르는 텃밭이 생겨난 것이다. 훌쩍 솟은 옥수숫대 사이로 꿀벌들이 날아다니고 자취를 감추었던 여러 종의 새들이 떼 지어 돌아와 새로 심은 과수에 둥지를 틀었다.

텃밭의 미적 구성, 색과 형태는 생명애와 자연 세계에 대한 존경과 경의를 잘 보여준다. 이매뉴얼은 이렇게 말했다. "이곳은 온갖 감각 지각을 다 갖춘 곳이에요. 치유의 정원이라는 표현이 딱 어울리죠. 흙을 파고만 있어도 행복해지잖아요."

과학자들도 흙 속 미생물을 들쑤시는 게 실제로 뇌 기능을 향상하고 기분을 좋게 한다는 것을 확인했다. 텃밭 가꾸기는 실용적인 행위인 동시에 기분을 안정시키며 행복감을 자아내는 호르몬인 세로토닌 수치를 높이는, 일종의 창의적 표현이다. 텃밭 가꾸기는 창작자와 감상자 모두에게 유익하고 훌륭한 미학적 표현의 혼종인 셈이다.

2020년에 프린스턴대학교 환경공학자들이 진행한 한 연구는 도시의 텃밭 농부 370명에게 보편적 척도를 적용해 그들의 감정적 행복을 측정했다. 행복, 인생의 가치, 그리고 이런 긍정적 감정의 절정을 경험하는 빈도를 중점적으로 추적한 연구였다. 그 결과 연구진은 집에서 텃밭을 가꾸는 것이 감정적 행복 점수를 높이는 데 크게 기여한다는 사실을 알아냈다. 특히 저소득 지역 주민에게 더 그랬다.

　　미국의 엥글우드는 한때 '시카고의 살인 수도'라 불린 곳이다. 지금도 지역 인구의 거의 절반이 빈곤선 이하의 조건에서 살아가며 판자로 문을 막은 집과 버려진 부지가 즐비하다. 이곳은 시민권 박탈과 무자비한 생활고가 덮친 후, 빨간 선 긋기(금융권의 융자 대출 거부―옮긴이)와 인종차별적 계약 조항에 두들겨 맞은 후 사회적 연결성을 잃었다. 엥글우드는 세계의 너무 많은 곳이 그랬듯 황폐화한 지역으로 낙인찍혀 외면받은 곳이다. 지겹도록 반복된 지역사회 쇠퇴의 닳고 닳은 서사다.

　　"'황폐화blight'라는 표현이 원래 '병충해blight'라는 농업 용어에서 나온 거 아세요?" 이매뉴얼이 우리에게 스위트 워터의 가상 투어를 시켜주며 말했다. "병충해가 들었다는 건 농작물이 시들고 썩어 더 이상 생명을 틔울 수 없는 상태를 말해요. 그런데 이 병충해가 들었다는 개념이 공간으로 옮겨가면 삭막한 미를 띠게 되죠. 그건 억압의 미고, 빈집과 버려진 부지의 미, 무성한 잡초와 황량함의 미예요. 이 모든 게 공동체를 야금야금 깎아 먹었어요. 그런데 이제 공동체들이 더는 용납할 수 없다고 외치고 있어요. 저희는 주민들이 거리낌 없이 찾아와 도시 안에서 다시금 인간답게 살아갈 수 있는 공간을 짓고 싶었습니다. 지금 저희는 번데기가 성충이 되는 우화의 한가운데에 있습니다. 이건 예측 불가한 과정이고, 병충해가 휩쓴 땅에서 빛이 드는 땅으로의 이행을 이해하는 과정이에요. 21세기 도시계획가라면 이 점을 진정으로 이해하고 그 가치를 인

7장

정할 줄 알아야 한다고 봅니다."

하지만 지역 재생이 공동체 스스로 해결할 기회로 제시되는 대신 외부 개발자들에게 외주로 넘겨질 때가 너무 많다. 이매뉴얼이 '쇠락/재생 이해 충돌'이라 부르는 이런 상황은 '부재의 생태계'를 만들어낸다. 스위트 워터는 버려진 2500평의 부지를 거주용 구역 내 상업 농업지로 구획하면서 이 부재의 탈바꿈에 첫발을 내디뎠다. "쉬운 일처럼 보인다면 서류 작업이 어땠는지부터 얘기해드릴게요." 이매뉴얼이 웃으며 말했다.

다음 계획은 길 건너 저당 잡힌 집 한 채를 인수해 밭작물의 병조림 작업 공간으로 변신시키는 것이었다. 이들이 건물 외벽에 그린 생동감 넘치는 벽화는 주민들의 발길을 끌었다. "이 집에 사람들이 모여들기 시작했고, 내버려두었다면 가치 절하되었을 땅에 지역사회 학교가 생겨나는 계기가 됐어요." 한 교실에서는 지역 학생들이 아쿠아포닉스(어류 양식aquaculture과 수경 재배hydroponics의 합성어. 어류 양식에서 생기는 유기물과 배설물을 수경 재배 식물의 양분으로 공급하고, 그 과정이 물을 정화하는 재배 방식—옮긴이)와 농업 강좌를 맡아 가르치고, 다른 교실에서는 요리사가 바로 앞마당에서 재배한 작물을 따와 요리 수업을 진행한다. "호박꽃이 피면 여기서 얼마나 탐스러운 홈메이드 요리가 만들어지는데요." 이매뉴얼이 뿌듯하게 말했다.

그들은 이곳을 '생각하고 실행하는 집'이라 부른다. 여기서는 마음껏 상상하고 그 내용을 구체화한다. 그런 다음 단체로 그것에 동의하면 아이디어들은 실제가 된다. 이것이야말로 리사 펠드먼 배

럿이 "인간의 미학적 독창성"이라고 부른 것의 구현이다. 그냥 상상하고 만들어낸다. 이매뉴얼이 말했다. "저희는 스스로를 해결가라 불러요. 문제에 둘러싸여 있지만 해결책을 찾아내니까요. 고민하고, 상상하고, 실행하고, 실제로 만들고, 그걸 팔고. 그게 저희 방식이에요." 이렇듯 스위트 워터는 공동체를 주조하는 데 예술, 건축, 디자인, 농업뿐 아니라 아쿠아포닉스, 목공, 도시계획까지 이용하고 있다.

텃밭 사이사이의 길을 뒤덮은 나뭇조각들은 지역 청년들이 집 짓는 법을 배우는 집터 현장 목공소에서 나온 잉여물이다. 이들은 시내 고층 빌딩 개발 현장에서 나오는 운반용 팔레트와 고급 유리 포장용 목재도 가져와 상자 텃밭, 재배판, 온실을 만들고 그네와 벤치를 만든다.

스위트 워터는 일상 속 예술도 귀히 여긴다. 푸짐한 집밥의 군침 도는 냄새와 마음 편히 모이는 자리의 아름다움이 재생적이고 미학적인 행위가 될 수 있음을 알기 때문이다. 이매뉴얼은 "다 같이 나누는 한 끼 식사의 사회적 중요성이 저평가되었다"고 힘주어 말한다. 콩 한 쪽도 나누어 먹는다는 말처럼 음식을 나누어 먹는 게 실제로 감정과 행동에 영향을 준다는 것은 다수의 연구가 증명해 보였다. 먹는 행위는 실제적 요구인 동시에 문화적 요구이기도 하다. 음식의 미학과 상차림의 아름다움, 그리고 우리 감각이 그것을 어떻게 지각하는지는 현재 한창 연구 중인 미학적 경험이다.

미각을 처리하는 주요 부위인 섬 피질은 본능적이고 감정적인 경험에도 기여한다. 함께 먹을 때 음식이 더 맛있게 느껴지는 것을 생각해보자. 예일대학교 심리학 교수 어빙 재니스도 다 함께 먹

7장

는 행위가 소통의 방식을 바꾼다는 것을 확인했다. 우리는 음식을 함께 먹을 때 더 협조적이고, 팀워크를 발현하고, 더 친밀한 관계를 맺는다.

스위트 워터에는 주민들이 뜻을 일치시켜 세운 공통의 비전도 있다. 이곳에서는 다양한 목소리와 다양한 사람이 어우러져 서로 강점을 보완한다. 어디에나 상징과 은유가 있다. 황폐한 도심을 대체한 텃밭만 봐도 그렇다. 주민에게 제공되는 수업에서만이 아니라 여기서 전달되는 메시지에서도 이들의 신념과 기술이 반복 재현된다. 스위트 워터의 표어는 '이웃이 자라는 곳'이다.

그런가 하면 스위트 워터는 내면적 삶과도 크게 연결되어 있다. 이매뉴얼은 이렇게 말했다. "미학적 변화에는 담론의 변화가 뒤따릅니다. 내적 전환이 이루어지는 거죠. 땅과 가정 안에서만이 아니라 개인적, 감정적, 영적 영역에서도요. 미학이 우리의 내면을 만들어가기 시작한다는 말입니다."

공동체에 무엇이 필요한지는 내부의 목소리를 존중하고 경청하여 공동체가 스스로 결정한다. 이매뉴얼과 스위트 워터 구성원들은 다음 사실을 본질 그대로 이해하고 있다. 공동체는 안으로부터 만들어진다는 것. 우리가 하나의 사회로서 일관되게 저지르는 실수가 있다. 바로 사람들에게 너는 누구다, 하고 주제넘게 일러주는 것이다. 하지만 도시 재생 활동가 제인 제이콥스가 저서에 썼듯 "모든 공동체는 스스로 재생할 씨앗을 품고 있다."

플로리다대학교 의학예술 센터 연구원장 질 손키는 오래전부터 예술, 건강, 보건 프로그램을 기획해왔다. 질은 뉴욕의 로리 벨

리러브 앤드 이사도라 덩컨 무용단의 수석 무용수이자 솔로이스트로 활동하다가 1994년 UF 헬스 샌즈 병원 의학예술 융합 부서의 전속 무용수가 되었다. 근무를 시작한 이래 질은 무용과 다른 창의적 예술을 병원 프로그램에 도입했고, 2년 후 의학예술 센터를 공동 창립했다.

2020년, 질은 플로리다대학교의 국립예술기금 연구소인 에피아츠 연구소를 발족해 유니버시티칼리지 런던의 데이지 팬코트 교수와 공동 운영 중이다. 에피아츠는 예술과 문화 참여가 미국의 주민 건강 결과에 미치는 효과를 이해하고자 대규모 코호트 연구를 역학적으로 분석했으며 음악 감상, 작곡, 창의적 글쓰기, 스토리텔링, 연극, 춤, 텃밭 가꾸기, 요리, 미술관 방문 같은 창의적 활동이 개인 건강과 집단 건강을 어떻게 변화시키는지 연구해왔다.

이들이 분석한 데이터는 예술 활동이 건강과 행복에 직접적인 영향을 미친다는 사실을 보여준다. 질이 설명했다. "예술을 통해 자기 초월적 순간을 경험한 사람은 관념적 경계선을 확장해 세상을 다르게 보게 됩니다. 자기 자신을 다르게 보게 되는 거죠. 그런 순간들은 유독 기억에 강하게 남습니다. 우리는 미학적 경험을 기억합니다. 돌출성을 띠거든요. 그런 경험은 감각에 지체 효과(일이 해결된 후에도 계속 영향을 주는 것—옮긴이)를 일으키고 자기효능감도 높여줍니다."

이처럼 예술, 건강, 공동체와 관련해 점점 축적되는 지식은 앞에서 언급한 '사회적 처방'이라는 전 세계적 움직임을 낳고 있다. 미국의 예를 들면 매사추세츠주의 컬처RX 사업은 전국적으로 의

7장

사, 사회복지사, 상담사, 공동체 리더가 주민들에게 예술 처방을 할 수 있도록 다리를 놓아주기 시작했다. 2020년 출범한 컬처RX는 매사추세츠주 의료계 종사자들이 환자나 고객에게 건강을 위한 처방의 일환으로 예술과 문화 체험을 연계해주도록 돕는다. 프로그램 리더들은 이렇게 설명한다. "연구에 따르면 문화에 대한 접근은 취약 계층의 참여를 이끌어낼 수 있습니다. 신체 활동을 장려하고, 스트레스와 고립 정도를 낮추고, 중독 회복 과정을 촉진할 수 있어요. 빈곤, 인종주의, 환경의 질 저하 같은 사회적 결정자를 다루는 중대한 요소가 되기도 하고요. 그것도 전통적 의료 서비스보다 훨씬 저렴한 비용으로요."

공중보건학 박사이자 존스홉킨스대학교 국제예술마인드 연구소 소장인 타샤 골든은 무엇이 효과가 있고, 어떤 부분을 개선해야 하며, 해당 프로그램을 어떻게 표준화하고 복제할지 판단하기 위해 컬처RX 사업 평가를 진행했다.

"기존의 지역사회 통합돌봄 모델을 한층 강화하면 이렇게 되겠구나 싶더라고요. 현재 대부분의 지역사회 돌봄망은 기초적 서비스는 포함하지만 행복과 사회적 연결을 위한 지지 장치는 갖추지 못하고 있어요. 그런데 예술 기반의 조직들은 보통 참여자들을 의료 서비스나 사회복지 서비스에 연계해주기 좋게끔 적재적소에 배치되어 있거든요. 그러니 돌봄 제공자에게 지역 예술 기관에 소개받을 기회를 열어준다는 점에서도 그렇고, 예술과 문화를 지역사회 돌봄에 제대로 결합한다는 점에서도 큰 가치가 있죠. 그러면 돌봄 접근성을 높이고 지역사회 보건을 강화할 수 있으니까요."

## 외로움이라는 질병

비벡 머시가 제19대 미국 공중보건위생국장으로 임명된 2014년, 그는 국민이 당면한 보건 실태를 파악하기 위해 전국을 순방했다. 외과의인 머시는 심혈관 질환, 당뇨, 전염병 수준으로 퍼진 비만 등 꾸준히 증가 추세인 신체적 질병을 목도할 거라 예상했고 실제로 그러긴 했다. 그러나 매우 현실적인 이 모든 신체 문제의 기저에는 뜻밖의 심리적 질병이 있었다. 바로 외로움이었다.

일반 가정집, 건물 뒤뜰, 교회 지하에서 주민들과 섞여 앉은 머시는 그들이 하나같이 소속감 결여에 관해 이야기하는 것을 귀 기울여 들었다. 그러다 그는 "외로움과 사회적 연결, 신체 및 감정 건강 간의 상관관계를 더 중시할 필요가 있다"는 것을 깨달았다고 자신의 저서 『우리는 다시 연결되어야 한다』에 썼다. 머시는 말한다. "우리 대부분은 부지불식간에 늘 외로운 사람들과 교류하고 있습니다." 그 순방 이후 외로움은 우리 시대 '정신 건강의 등잔 밑 위기'로 불리고 있다.

혼자 있는 것이 때로는 긍정적이고 회복에 도움이 될지 몰라도 인간은 본래 항상 혼자 있도록, 다른 사람들과 단절되었다고 느끼며 살도록 설계되지 않았다. 인간은 다른 이들의 지지를 받아야만 잘 살아갈 수 있는 사회적 동물이다. 우리 모두 때때로 외로움을 느낀다. 이 고통스럽고 보편적인 감정이 사회적 관계와 공동체가 우리의 생존을 돕고 외부의 위협을 덜어준다는 것을 상기시키기 위해 진화한 감정이기 때문이다. 동시에 뇌는 타인과의 근접성을 기

7장

대하도록 진화했다. 그렇기에 장기적 외로움은 세상을 해석하는 시각에 크나큰 영향을 준다.

외로우면 일상적 과제를 더 버겁게 받아들인다. 그런데 믿고 사랑하는 사람의 손을 잡으면 뇌가 위협을 덜 위험하다고 간주한다. 촉감은 매우 중요한 감각이다. 피부 접촉이 유발하는 안전감과 연결감은 뇌에서 위협을 감지해 스트레스 반응을 촉발하는 부분의 혈행을 감소시킨다. MIT에서 진행한 외로움 연구에서 열 시간 내리 혼자 있었던 사람은 음식을 갈망하듯 접촉을 갈망하는 것으로 드러났다.

머시는 자신의 저서에서 인간이 사회적 삶에서 연결의 필요를 느끼는 세 가지 경우를 들었다. "친밀한 외로움이나 감정적 외로움은 가까운 사람이나 친밀한 파트너가 있었으면 하는 갈망이다. 관계적, 사회적 외로움은 질 좋은 우정과 사회적 동료 의식과 지지를 향한 열망이다. 집단적 외로움은 목적의식과 관심사를 공유하는 사람들과의 네트워크나 공동체를 향한 허기다. 이 세 가지 중 어느 한 가지 관계라도 결핍되면 외로움을 느낀다. 상호 협력적인 결혼을 유지하는 사람도 만날 친구나 속할 공동체가 없으면 외로워하는 이유도 이것으로 어느 정도 설명된다."

우리 중 절반 이상이 자주 외로움을 느끼며 3분의 1 이상은 지금 현재 외롭다고 느끼고 있다. 예술과 치유 재단 설립자인 제러미 노벨은 "외로우면 무리에서 단절된 듯 느껴지고 자신이 중요하지 않은 사람, 불완전한 사람인 것처럼 느껴집니다"라고 말한다.

2016년, 제러미는 외로움이라는 심적 고통을 어떻게 예술로 경감시킬 수 있을지 알아보려고 '안 외로움 프로젝트'를 발족했다. '안 외로운 캠퍼스' 프로그램은 18세부터 24세 청년들이 성인기로 가는 위태위태한 여정을 돕는다. '안 외로운 공동체'는 무리에서 소외당한 기분을 느끼는 사람들이 자신을 지지해줄 네트워크를 찾을 수 있도록 돕고, '안 외로운 일터'는 사업체들이 업장에서 소외된 직원들을 찾아내도록 도와준다.

　나이가 들면 외로움을 느끼는 사람이 매우 많기에 '안 외로운 나이 들기'는 고립감을 덜어줄 다양한 프로그램을 제공한다. 머시가 지적했듯 삶의 한 부분에서 충족을 느끼더라도 일터나 공동체에서는 외로움을 느낄 수 있다. 그래서 이 재단은 뜨개, 양재 동호회, 댄스파티, 스토리텔링처럼 연결감을 느낄 수 있는 다양한 예술 체험을 주관해 개인적인 의미를 찾는 경험뿐 아니라 다른 사람들과 함께할 수 있는 시간도 제공한다. 참가자들은 다른 사람이 자신을 봐주고 이야기를 들어주는 느낌이 든 덕에 기분이 훨씬 나아졌다고 했다.

　이어서 제러미는 '안 외로운 영화 축제'를 만들었다. 관람객에게 배우고, 웃고, 울고, 미소 짓고, 무엇보다 남과 연결될 기회를 주자는 취지하에 엄선된 단편영화를 상영하는 축제다. 최근 출품작 중에는 한 흑인 청년이 심한 말더듬증으로 따돌림을 당하는 이야기가 있었다. 이 청년은 고립감을 느끼다가 어느 날 요요 퍼포먼스에 열광하는 작은 하위문화 집단을 만난다. 여기 나오는 요요는 우리가 흔히 상상하는 요요가 아니다. '스로잉throwing'이라고 하는 것인데, 음악, 동작, 춤, 고난도 기술이 어우러져 홀릴 정도로 아름다운

7장

예술을 만들어낸다. 태양의 서커스의 요요 버전이랄까. 제러미는 이렇게 덧붙였다. "청년은 자신이 빠져들 수 있는 예술을 발견하자 목적의식이 생겼어요. 요요 기술과 대회 우승 경력은 자기 가치를 더해줬고요. 중요한 것을 성취했다는 감각, 내가 중요한 사람이라는 감각이에요. 그는 그동안 느낀 외로움을 파악하고 창의적인 방식으로 자신을 표출할 수 있게 되었고, 그러면서 동료 스로어thrower 집단에 받아들여지고 인정받는 경험도 하게 됐답니다."


## 인간은 함께하는 존재

공동체에서 어우러지는 능력이 인간의 생존과 행복에 너무도 중요해서 UCLA 사회심리학, 신경과학 교수이자 『사회적 뇌 인류 성공의 비밀』의 저자인 매튜 리버먼은 그 이유가 뭔지 오래도록 연구해 왔다. 에드워드 베셀처럼 매튜도 인간의 디폴트 모드 네트워크를 들여다보았는데, 특히 우리의 사회적 인식과 어떤 연관이 있는지에 초점을 두었다.

뇌는 수학 문제를 풀거나 내비게이션을 따라 운전하는 등 능동적 과제 수행에 동원되기를 멈추면 곧바로 휴지 상태에 돌입한다. 그런데 아주 잠깐이라도 휴식에 들어가면 디폴트 모드 네트워크가 켜진다. 매튜가 《디 애틀랜틱》과 진행한 인터뷰에서 한 말에 따르면, 하고많은 목적 중에서도 "디폴트 모드 네트워크는 우리가 다른 이들의 마음속을 궁금해하게 이끈다. 저 사람은 어떤 생각을 하고 어떤 기분을 느끼고 어떤 목적을 가지고 있을까 생각하게 만드는 것이다." 디폴트 모드 네트워크가 특히 우리가 세상과 맺는 관계에 관여하기에 그렇다. 우리는 세상에서 어떤 위치에 있을까? 이걸 궁금히 여기게 만드는 것이다.

우리가 전전두피질에 집중된 분석적 사고에 몰입할 때 사회적 의식은 잠잠해지지만, 이 작업이 끝나면 매튜가 '사회적 뇌'라고 명명한 것이 다시 켜진다. 뇌가 휴식을 취할 때마다 디폴트 모드 네트워크가 대신 고개를 드는 것이다. 《디 애틀랜틱》과의 인터뷰에서 매튜는 이렇게 말했다. "짬이 날 때마다 뇌가 하기에 가장 좋은 건 세상을 사회적으로 바라볼 채비를 하는 것이라는 데 진화가 내기를 걸었어요." 한발 더 나아가, 이렇게 사회적 틀에서 사고할 때는 언어와 창의적 표현을 통해 생각과 아이디어를 남과 나누려는 경향이 더 강해진다. 예술 경험자로서도 창작자로서도 우리는 의미 부여가 가능하도록 복잡한 패턴, 특질, 느낌, 감정을 식별하는 고유한 능력을 가지고 있다.

매튜가 아내인 사회심리학자 나오미 I. 아이젠버거와 공동으로 진행한 연구에서 연구진은 피험자들을 fMRI 기계에 넣고 '사이버볼'이라는 게임을 하게 했다. 피험자들이 몰랐던 사실은 사이버볼이 플레이어가 소외감을 느끼도록 설계된 게임이라는 것이다. 피험자들은 다른 플레이어를 상대로 게임 속에서 가상의 공을 주고받는다 생각했지만 실제로는 플레이어가 따돌림당하게 설계한 컴퓨터 알고리즘을 상대로 게임을 했다. 인간 플레이어는 다른 플레이어들이 자기에게만 공을 안 준다고 생각하도록 유도당했다. 그리고 뇌 스캔 결과, 게임에서 따돌림당했을 때 촉발된 느낌이 신체적 부상과 맞먹

7장

을 정도의 통증 반응을 유발하는 것이 드러났다. 매트는 연구 결과를 발표하며 설명했다. "이성적으로는 배척당해도 괜찮다고 말할 수 있지만 어떤 형태로든 거부당하는 건 뇌에서 자동으로 인식되는 듯하며, 그 기제는 신체적 통증을 경험할 때와 유사해 보인다."

더 최근에는 신경과학자들이 '사회적 뇌 커넥톰(신경망 연결을 도식화한 것―옮긴이)', 즉 우리의 사회적 기술이 어떻게 뇌의 다른 부분들과 상호작용하며 존재하는지를 집중적으로 들여다보았다. 그리고 그 연구 결과를 가지고 사회적 뇌 네트워크의 신경 구조 모델을 구축했다.

2022년 캐나다, 영국, 네덜란드의 과학자들이 모인 연구팀은 예술이 정확히 어떻게 사회적 뇌의 스위치를 켜는지 들여다보았다. 그리고 이 연구 결과를 《프론티어스 인 뉴로사이언스》에 「숨은 진실: 예술은 사회적 뇌를 가동한다More Than Meets the Eye: Art Engages the Social Brain」라는 제목으로 게재했다. 기사에서 과학자들은 예술이 신경학적으로 어떻게 작동하는가에 관한 중대한 시사점을 보여주는 사회적 뇌의 신경적 기초가 존재한다고 지적했다. 이 검토 연구는 대니얼 알칼라-로페스와 그의 팀이 진행한 연구를 기반으로 논리를 발전시킨 것이다. 알칼라-로페스는 이전 연구들에서 약 4000건의 fMRI와 PET 촬영 자료, 건강한 성인 2만 2712명의 데이터를 종합해 사회적 뇌 커넥톰의 작용 범위를 파악했다.

학습하거나 사회적 기술을 사용할 때 뇌의 여러 영역에 불이 켜지는 것처럼 예술도 뇌의 여러 부위를 활성화한다. 한마디로 예술이 사회적 뇌를 가동시킨다는 사실을 과학자들이 알아낸 건데,

그들은 예술 작업에 따르는 뇌 활동이 사회적 뇌 커넥톰의 영역과 얼마나 겹치는지 보여주며 이를 설명한다.

연구진은 예술이 본질적으로 사회적 구성체이기 때문에 예술 활동은 복잡한 사회적 행동을 할 때와 똑같은 뇌 신경망을 가동시킨다고 말했다. "한 예술 작품의 의미와 경험은 언제나 사회적 맥락에서 만들어진다. 예술은 우리가 주변 세상에 대해 숙고하도록 유도하지만 특정 예술 작품이 일으키는 효과가 보편적이라고 추정할 수는 없다. 그건 감상자의 개인적 지식과 경험에, 그리고 그 사람의 사회적 환경과 문화적 환경에 심히 좌우된다." 나아가 "예술은 사회정서적 뇌의 질환들을 이해하고 진단하고 치료하는 새롭고 강력한 도구가 될 잠재성이 있다"고 그들은 결론 내렸다.

뮤지션이자 예술가인 데이비드 번의 인생은 창의적 표현을 통해 사회적 인간으로 거듭나는 과정이었다. 많은 사람이 데이비드를 놀랍도록 참신한 밴드 '토킹 헤즈'의 리더로 알고 있지만 정작 그는 자신을 록 스타로 보지 않는다. 대신 그는 예술과 음악, 협업을 이용해 창의적으로 연결되고 공동체를 구축하는 게 무엇을 의미하는지에 관심이 있다.

데이비드는 2018년에 아뷰투스 재단을 설립했다. 아뷰투스는 예술가, 과학자, 저널리스트, 교육자, 과학기술자, 그 외 여러 분야의 다양한 사람이 모여 전 세계 관객의 마음을 움직일 프로젝트를 개발하고, 또 그러기 위한 영감을 주고받는 곳이다.

"오래전에 저는 제가 그동안 얼마나 사회적으로 어색함을 느끼며 살아왔는지, 얼마나 사회적 의사소통을 어려워하는 사람인지

7장

알게 됐어요. 그런 제게 음악이 표현의 수단, 즉 사회적 표현의 방편이 됐다는 걸 깨달았죠. 저는 사교적 상황에서 일대일로 남과 소통하는 걸 무척이나 어려워하는데, 곡을 만들고 연주하고 무대에 올라가 대담한 행동을 하고, 하여간 굉장히 외향적인 사람으로 비칠 짓은 또 곧잘 하거든요. 그러다 무대에서 내려오면 바로 내향적 인간으로 돌아가고요. 그래도 온 세상에, 아니면 한 줌의 관객에게나마 나 자신을 보여줄 순간은 누린 셈이에요. '나 이런 사람이야, 나는 이런 것에 관심 있어, 나는 이런 것들에 대해 생각해, 내가 여기에 있어'라는 걸 보여주기는 한 거죠."

　　얼마 후 데이비드는 무대에서 그런 퍼포먼스를 하는 동안 모종의 현상이 일어나는 것을, 그러니까 집단 역학이라는 마법이 작용해 어떤 일이 벌어진다는 것을 알아챘다.

　　"같이 무대에 선 사람들과 일종의 공동체 의식을 느끼게 되더라고요. 평소보다 편안했어요. 함께 공연하면서 나 자신을, 그 조그만 껍질을 까고 나온 거예요. 그리고 어느 순간부터 제 음악도 그걸 반영하기 시작했고요. 음악과 공연이 더 집단 공동의 경험이 되어갔죠. 이제는 사회적인 상황을 마주해도 적당히 편안해요. 어쩌면 가만히 있었어도 결국에는 그렇게 됐을지 모르지만 제 생각에는 스스로가 공동체에 속할 방편으로 곡 쓰기와 공연하기를 택한 것 같습니다."

　　데이비드가 만든 곡들은 참 광범위하고 다양하지만 관통하는 주제는 항상 같다. 움직임과 예술과 노래로 사람들을 하나로 만들어 서로 연결된 세상을 만들자는 것이다. 그는 자신의 예술을 이용해 타인과의 관계를, 나아가 세상에서 자신이 딛고 선 자리를 이해하고자 했고, 그렇기에 남과 연결되는 이 능력이 그에게 무엇보다 중요한 문제가 되었다.

데이비드는 이 작업에 점점 과학 연구를 융합해갔다. 직접 제작하고 수상 이력도 있는 브로드웨이 쇼 〈아메리칸 유토피아〉에서 그는 뇌 모형을 손에 들고 우리 머릿속에서 제거되어가는 신경망에 대해 설명하며 이야기의 문을 연다. 그는 뇌의 작동 방식과 그것이 예술과 문화를 통해 행동에 영향을 주는 방식에 완전히 매료되었다.

수전은 2019년 뉴욕의 소극장에서 데이비드의 연극을 관람했을 때, 극의 다층적인 미학적 디테일에 깜짝 놀랐다. 귀를 기울이니 쇼가 시작되기 전 극장 안에서 새가 지저귀는 소리가 들렸다. 다음으로는 인간이 구축한 무대 위 환경, 입장하는 연기자들의 움직임, 자연의 소리가 이루는 병치가 수전의 뇌를 번쩍 깨웠다. 쇼가 끝나갈 무렵, 데이비드는 "자, 자 이제 다들 춤을 춰도 됩니다"라고 했다. 그러자 익숙한 토킹 헤즈의 곡 〈버닝 다운 더 하우스〉와 〈로드 투 노웨어〉가 흘러나오면서 데이비드와 동료 공연자들이 노래하고 춤을 췄고, 관객들도 흥분해서 다 같이 따라 추기 시작했다.

"다른 사람들과 같이 움직이면, 특히 동작 맞춰 움직이거나 다 같이 입 맞춰 노래하면 개개인 간에는 존재하지 않는 색다른 종류의 유대가 생겨납니다. 행진, 군악대, 스퀘어 댄스(네 쌍이 한 조를 이루어 사각형으로 마주 보고 시작하는 춤—옮긴이)를 떠올려보세요. 그런 자리에는 즉각적 동류의식과 강렬한 연결감이 있죠."

이는 여러 사람이 동시에 움직일 때 더 강한 사회적 유대와 더 강력한 소속감을 자아내는 현상을 말하는 것이다. 연구에 따르면 다른 사람과 동작을 맞춰 움직이면 관대함, 신뢰, 관용이 증가한다고 한다. 토론토대학교 심리학 교수이자 동조성 연구자인 로라 시렐리는 동시적이고 협응적인 움직임은 몇 배 강한 친밀감을 자아낸다고 말한다. 그 이유는 최근에야 조금씩 이해되고 있다. 《사이언티픽 아메리칸》에 실린 기사에서 시렐리는 이 현상이 "우리에게 발생하는 강력한 효과가 신경호르몬적 요인, 인지적 요인, 지각적 요인의 결합으로 일어난 결과"라고 설명한다. 그는 이렇게 덧붙였다. "이는 꽤 복잡한 상호작용이다. 게다가 증거에 따르면 인간은 인류 진화 과정에서 선택되었을지 모를 동조 편향성을 가지고 있는데, 그렇게 진화한 건 한 번에 다수의 사람과 유대를 맺는 것이 생존에 유리하기 때문이기도 하다."

극장을 나선 후 수전에게도 같은 현상이 일어났다. 수전은 친한 친구 500명과 같이 콘서트를 관람한 기분이었다. 활력이 솟았으며 행복하고 기쁘기도 했다. 이는 스토리텔링, 노래하기, 춤추기가 집단 안에서 강한 유대를 일으킬 때 생기는 현상이다. 우리를 생물학적으로, 감정적으로 변화시키는 것이다.

코로나19로 모두가 집에 갇혔을 때, 데이비드는 '사회적 거리 댄스 클럽'을 만들기로 했다. 격리가 끝나갈 무렵쯤 데이비드와 프로젝트 협력자들은 뉴욕의 '디 아머리'에 사람들을 초대해 디제이가 이끄는 나이트 파티를 개최했다. 초대받은 사람 모두가 서로와 안전하게 거리를 두고 자기만의 스포트라이트 안에서 춤을 췄고 데이비

드는 춤동작을 외쳤다. "모두가 자기만의 내적 리듬이 있고 몸이 각
자의 식대로 반응하긴 하지만, 한편으론 자동으로 주변 사람이 하는
동작에 적응하고 그걸 따라 하지 않습니까?"

데이비드는 각자 춤추는 와중에도 그 공간에 있는 사람들이
동시에 작은 공동체를 형성하는 모습을 목격했다. "다른 참가자들
과 일종의 유대를 형성하는 거죠. 별거 아닐 수도 있지만 사람들이
자신을 사회적 동물로 보기 시작한다는 점에서 초월적인 면이 있다
고 봅니다. 자기 자신과 매일의 걱정에서 벗어나고, 개인으로서의
자신을 깨고 나가 다른 사람들과 결속되는 거예요. 단 하룻밤 동안
만 그럴 수도 있고 같은 음악, 같은 무엇을 좋아한다는 사실만으로
도 그럴 수 있겠죠. 그래도 우리는 다른 사람과 교류하면서 단 하룻
밤 동안이라도 하나의 커다란 부족을 만들고 있는 거예요."

행사 하루 전 데이비드는 댄스 클럽 참가자들에게 마지막 곡
의 매우 쉬운 춤 동작을 설명하는 영상을 보내두었다. "동시에 다 함
께 움직이는 느낌을 구현할 수 있을지 보고 싶었어요. 우리는 늘 춤
을 추고 살면서 늘 움직이잖아요. 그런데 다 같이 맞춰 움직이면 엄
청난 힘이 생기거든요. 그런 건 가상으로 할 수 있는 게 아니에요."
막바지에는 모두가 울고 웃었다. 사회적 거리에도 불구하고 환희를
느끼고 결속된 것이다.

이런 창의적 경험에서 주목할 점은 각자 다른 배경의 사람들
이 노래와 움직임으로 하나가 된다는 것이다. 함께하고 더 큰 무리
에 소속되는 경험은 매우 초월적인 경험이다. "게다가 그런 순간에
는 내가 남에게 주는 것보다 더 큰 것을 얻어서 돌아오기도 합니다.

7장

복음주의 교회에서도 그런 현상이 보이고 진정한 황홀함을 경험하게 해주는 다른 많은 곳에서도 흔히 목격되죠. 파티가 끝나면 사람들은 다시 각자의 일상으로 돌아가지만 그땐 뭔가 범상치 않은 것, 한 개인인 자신을 뛰어넘는 뭔가를 맛본 뒤지요."

움직이는 행위는 자신과 타인을 연결해 일시적이지만 강한 유대를 만들며 그 장소를 떠나도 소속감은 함께한다. 쾌락적 활동을 할 때 나오는 호르몬인 엔도르핀 분비에서 오는 일종의 황홀경이다. 데이비드는 누구든 만들 수 있는 그런 불꽃이 분명 존재한다고 믿는다. 저마다의 창의성이 남들과 어울리도록 이끌어 긍정적이고 건강한 공동체를 키우는 순간을 누구든 만들어낼 수 있다고 말이다. 그래서 데이비드는 그 불꽃을 계속해서 점화한다.

그 번쩍 하는 불씨로 인간은 이 광활한 별에서 하나의 종으로 기나긴 여정을 시작했다. 온갖 불리한 조건에도 불구하고 무제한적이고 아름답고 신비로우며 때로는 웃기고 겸허하고 숭고한 방식으로 스스로를 표현하는 법을 터득해 자신들을 사회적 책임이 있는 집단으로 한데 엮여주는 기운을 다듬어갔다.

단단한 공동체를 구축하는 작업은 세계 곳곳에서, 사회 모든 층위에서 끊임없이 이루어지고 있으며 원주민 문화에서도 이어지고 있다. 가정, 학교, 직장, 이웃 간에도, 하여간 함께할 수 있는 그 어떤 곳, 아니 모든 곳에서 틈틈이 이루어지고 있다. 인터넷과 소셜 미디어가 전 세계의 가상 모닥불로 등장한 지 꽤 되긴 했지만, 제대로만 활용한다면 이 매체들은 건전한 공동체를 기하급수적으로 육성하고 지지할 역량을 가지고 있다.

2018년에 《네이처》는 한 호를 인간 협력의 과학이라는 주제에 할애했는데, 우리가 어울려 사는 데 가장 막강한 방해물은 그저 소통의 부재라고 결론 내렸다. 호모사피엔스가 진즉에 터득했고, 원주민 문화도 알고 있으며, 우리 다수가 비로소 깨닫고 있는 바는 창의적 표현과 예술이 생각의 효과적 교환과 생존 자체에 다른 무엇과도 비견할 수 없이 중요하다는 것이다.

　　창의적 표현, 예술, 미학은 전부 하나의 핵심 목적을 가진다. 바로 새로운 생각과 아이디어를 낳는 것이다. 필요한 바를 서로에게 거울로 비추어주는 것, 인류 공통의 날실과 씨실을 직조하는 것이다. 이처럼 예술은 새롭게 상상하고, 새로이 구상하고, 새삼 연결되어 더 나은 미래를 함께 창조할 힘을 준다.

7장

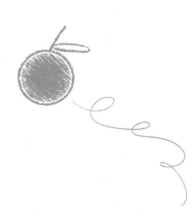

# 미래의 예술

새로운 개념으로 한번 확장된 정신은
결코 원래의 차원으로 돌아오지 않는다.

랠프 월도 에머슨 | 사상가, 에세이스트

우리 둘이 이 책의 집필을 구상하며 의견을 주고받을 무렵, 중국의
한 지질 탐험팀이 역사상 가장 오래된 것으로 추정되는 예술품을
발견했다. 광저우대학교의 데이비드 장은 탐험팀을 이끌고 중국 남
서부에 위치한 '세계의 지붕'이라 불리는 해발 4000미터 높이의
티베트고원으로 들어갔다. 거기서 그들은 표면에 장난스럽게 찍힌
손자국과 발자국을 그대로 화석화한 석회암을 발견했다. 장과 동료
학자들이 2021년 《사이언스 불레틴》에 발표한 기사에 따르면 이
자국들은 의도적이고 창의적인 형태였으며, 그 석회암은 예술적 탐
구와 놀이가 인간 역사에서 맡아온 중심적 역할이 잘 드러난 화석

이었다. 우라늄 계열 연대 측정 결과, 이 작품은 22만 6000년 전에 만들어졌다는 사실이 밝혀졌다. 인간은 최초의 예술 도구인 손과 발을 가지고 마지막 빙하시대 이래 상상력에 기반한 자취를 줄곧 남겨온 것이다.

이후 수천 년에 걸쳐 진화를 거듭한 예술은 인간 경험의 중심이 되었고, 인류 역사에 걸쳐 혁명과 문화적 변혁의 불씨가 되었다. 예술은 본질상 그것이 창조된 시대를 반영하고 그 시대에 관한 정보를 알려준다. 한마디로 예술이 시대의 동향을 담고 있다는 건데, 동시에 예술가들도 미래 예측과 사회를 향해 초동경보를 울리는 데 단단히 한몫을 해왔다.

고전고대극 속 그리스 합창단은 차차 문명사회 도덕을 대변하는 목소리로 자리 잡은 창의적인 극적 장치였다. 예술은 사회 변혁을 촉발하기도 한다. 르네상스는 강렬한 반응을 불러일으키는 음악과 시각적 스토리텔링으로 인류를 중세에서 해방시켰고, 1980년대 독일의 시민 예술가들은 베를린장벽을 정치적 항의를 담은 대담한 작품으로 바꿔놓았다. 몇 가지 예만 들어도 이 정도다.

인간이 중대한 문제에 목소리를 내고, 감정을 표출하고, 혁신을 추동하고, 창의성을 촉진하고, 윤리와 도덕 문제를 제기하고, 인류의 새 시대를 재촉할 수 있는 건 예술이 뇌와 신체에 촉발하는 작용들 때문이다. 뉴욕 현대미술관 선임 큐레이터 파올라 안토넬리는 일찍이 예술과 디자인이란 곧 "테크놀로지, 인지과학, 인류의 필요, 그리고 아름다움을 결합해 세상이 놓치고 있는 줄도 몰랐던 것을 생산하는 르네상스적 삶의 태도"라고 적확히 지적했다. 세계보건기구의 예술과 건강 사업부 총괄인 크리스토퍼 베일리는 이렇게 말했다. "예술은 우리가 느끼기는 하나 뭐라고 부를지 몰랐던 것을 가시화해 혼자가 아니라는 걸 알게 해줍니다."

예술이 인류에 끼친 지대한 영향은 반박의 여지가 없다. 인간이 생물학적으로 예술을 추구하도록 설계되었다는 과학적 증거 또한 마찬가지다. 이 책 전반에 걸쳐 우리는 그 몇 가지 기제를, 그러니까 예술과 미학이 활성화시키는 신경전달물질, 신경 회로, 신경망을 살펴보았다. 예술을 이용해 신체적, 정신적 괴로움을 덜고 더 깊이 학습하며 공동체에 활력을 불어넣는 법과 개개인이 잘 살아가는 방법도 소개했다. 예술은 생물학적 작용, 심리, 행동을 명백하고도 근원적으로 변화시키기에 지난 수천 년 동안 인류사에 굵직한 개인적, 사회적 변화를 이끌어낼 수 있었다.

우리는 복합적인 인간 언어로 소통하는 과정에서 촉각 중심의 일차적인 인간적 도구에 계속 의존하면서도 세대마다 창조적 표현을 위한 새로운 기술을 등장시켰다. 이제는 가상 세계와 증강 세계를 구축할 기술적 역량을 갖추고 있으며 전에는 결코 사용된 적 없는 방식으로 빛과 소리를 집중시킬 능력과 지식도 있다. 몇 가지 예만 들어도 이렇다. 여기에 연구와 기술의 발전까지 더해져 신체가 예술과 미학의 영향을 받아 어떻게 변하는지를 실시간으로 더 정교히 수량화할 수도 있게 되었다.

예술은 이 책에서 자세히 살펴본 바와 같이 과학이 제공하는 통찰들과 합쳐져 다시금 인류의 새 시대를 불러올 준비가 되어 있다. 신경예술의 미래는 아마도 다음번 변혁을 불러온 것을 약속한다. 이는 각자가 내면의 예술가를 포용하는 변혁, 예술 활동을 의도적이고 지속 가능한 방식으로 삶에 결합해 신체 작용, 가족과 일, 나아가 공동체의 변화를 불러올 기량을 모두가 가지고 있음을 인지하는 변혁이다.

예술과 미학에 관한 새로운 연구와 발견과 활용법은 계속 쌓여가고 있다. 이 분야 연구의 방대함은 실로 비할 데 없는 수준이며 가속할 기미도 보인다. 그 어느 때보다 정교해진 신경미학 연구 덕에 예술이 신경망과 이미 판별된 600개 넘는 메커니즘에 미치는 영향을 측정할 수 있게 되면 우리는 예술이 인간에게 어떻게 영향을 주며, 삶의 모든 면을 어떻게 더욱 이롭게 할지 지금보다 더 많이 알게 될 것이다.

데이비드 장 같은 과학자들이 인류의 예술 창작이 과거에 얼마나 광범위한 영향력을 행사했는지 연구로 밝혀내고 있듯, 현재의 신경미학 연구와 발명은 미래를 위한 씨앗을 뿌리고 있는 중이다. 이렇게 신경예술이 우리를 앞으로 나아가게 등 떠밀고 있는데, 몇 년 후 세상은 과연 어떤 모습일까?

## 감각 해석력의 미래

이 책에서 이제껏 이야기했듯 인간은 감각 자극을 통해, 느낌과 감정이 촉발한 신경호르몬의 화학적 배합물을 통해 세상을 받아들이도록 정교히 설계되어 있다. 그것들이 함께 작용하여 돌출성을 만들어내 뇌 안에서 강력한 시냅스 연접을 생성하는 것이다.

미각, 촉각, 후각, 시각, 청각은 흔히 말하는 빙산의 일각에 불과하다. 신경미학을 비롯해 다양한 분야에서 이루어진 연구들은 인간에게 실제로 몇 가지 감각이 있는가 하는 논의에 불을 붙였다. 몇몇 학자는 열기를 감지하는 온도감각, 균형에 대한 지각인 균형감각, 자기 몸이 공간에서 어떻게 움직이는가를 알아채는 고유수용감각 등 복잡한 기능적 신경망을 포함해 감각이 최대 53개까지 있다고 주장했다. 우리는 아직도 인간의 신체라는 우주를 한 겹씩 밝혀나가고 있다. 수많은 연구자가 논의해온, 최근 부상하는 분야인 복잡계 과학이 그 길을 밝혀줄 것이다. 또 예술과 미적 경험이 다중의 생물학적 체계와 뇌 영역을 동시에 가동하는 능력을 사용해 어떻게 효력을 발휘하는지도 단연코 계속 입증해나갈 것이다.

기술의 발전 덕분에 연구자들은 전에 얻지 못하던 생물학적 데이터를 입수하고 있고, 현재 개발 중인 몇몇 장치는 머잖아 다양한 감각 반응과 화학적 상태를 더 자세히 들여다보게 해줄 것이다. 기존의 웨어러블 기기로 습득 가능한 기본적 생체 지표 외에도 엔지니어들은 호르몬, 단백질 레벨, 화학적 상태를 실시간으로 분석해 장기적 스트레스 같은 문제를 감지해 조기 경고를 보낼 수 있는 웨어러블 피부 센서를 완성해가고 있다. 어떤 연구자들은 온종일 착용자에게 밀착되어 함께 움직이면서 육안으로 식별 불가능한 내재 회로를 통해 데이터 스트림을 전송하는 스마트 의류를 개발 중이기도 하다.

기술이 거듭 진화하면 신체와의 합일성과 정확도가 더 높아질 테고, 그러면 우리는 더 많은 정보를 얻어 그걸 이용할지 말지를 선택할 수 있게 될 것이다. 조앤 델루카는 이렇게 설명했다. "우리에게 주체성을 더 부여하고 건강할 삶을 살 여력을 강화해줄 개인 맞춤 레이더 시스템이라고 생각하세요." 조앤은 끊임없이 협업 요청을 받는 문화 분석가이자 미래 전략가로, 재닌 로피아노와 컨설팅 회사인 스푸트니크를 공동 창립했다. 두 사람은 25년 넘게 세계 굴지의 기업들을 상대로 미래 전망에 대한 혜안을 제공해왔다.

이들은 인간의 감각 해석력이 더 확장될 것이라고 본다. 신경예술이 흩어진 정보를 연결해 정신과 뇌와 신체의 관계에 대해 더 많은 것을 알려주고 있으며, 연구가 진전됨에 따라 삶의 다양한 선택에 도움이 될 것을 약속하고 있기 때문이다. 달리기나 걷기가 코르티솔 분비를 낮추고 세로토닌 분비를 높이는 것을 알고 운동하듯, 예술 활동 20분이 즉각적 스트레스 완화라는 이로움을 준다는 것을 이미 알 듯, 앞으로는 더 많은 연구가 특정 예술 활동이 어떤 식으로 눈에 띄는 결과를 안겨줄지 알려줄 것이다.

예술 창작은 더 필수적인 활동이 될 것이고 더 구석구석 퍼질 것이다. 사실 이미 세계적으로 증가 추세다. 2021년 《프론티어스 인 사이콜로지》에 게재된 연구는 《워싱턴 포스트》 《더 가디언》 같은 뉴스 매체가 수년간 관찰한 일화들을 토대로 내린 결론을 새삼스레 강조했다. 코로나19로 벌어진 팬데믹 상황처럼 힘든 시기에 사람들이 예술을 찾는다는 사실을 말이다. 조사팀은 영국 거주민 1만 9000명을 대상으로 데이터를 수집했고, 이들은 예술 활동이 감정을 다스리는 데 도움이 되었다고 보고했다. 확실히 뜨개질하고, 텃밭을 가꾸고, 그림을 그리고, 글을 쓰고, 악기를 연주하는 등 예술과 아름다움을 삶에 더 들이려는 사람이 세계적으로 증가하는 추세다.

"앞으로 전 생애에 걸쳐 다양한 방법으로 감각 해석력을 가르치게 될 거라고 예상합니다. 유아 발달은 예방과 보호를 위해 이 지식을 최초로 이용하는 분야가 되겠지요. 최신 과학 정보를 이용해 감각 기반의 교육과정이 부상하는 것을 보게 될 겁니다. 고등학교, 대학교, 그리고 직장에서도 감각 훈련이 확대될 것이고 의료와 재활 서비스에서도 감각 기술의 성장이 이루어지겠죠."

앞서 이야기했듯 생산적인 일꾼 이상의 존재가 되고자 하는 욕망, 감각 세계를 충분히 경험하며 살고자 하는 욕망이 점점 커지고 있다. 감각 해석력을 함양하려는 움직임은 정신과 뇌와 신체의 연결성에 대한 집단 인식을 불러와 건강과 웰니스를 증진시킬 것이다.

## 새로운 예술 기술의 등장

감각 해석력을 기르는 한 가지 방편은 증강 현실의 발전과 통합하는 것이다. 4장에서 살펴본 비디오게임 스노우월드가 화상 환자들의 통증을 덜어주고, 애리조나대학교 생물학과 학생들이 가상현실 프로그램을 이용해 몰입형 환경으로 이동한 것처럼 진짜 세계는 점점 더 그럴싸하고 자연스럽게 가상 세계와 합쳐질 것이다. 혼합 현실이 아주 흔한 일상이 되는 것이다. 휴대폰으로 찍어 SNS에 올린

셀카 사진을 조작하는 필터라든가 우리를 즉각 다른 가상 환경에 데려다주는 애플리케이션 수준의 간단한 결합은 이미 경험하고 있잖은가.

여러 세계를 융합하는 사례들은 급격히 늘어나 광범위한 결과를 낳고 있다. 존스홉킨스 의과대학 신경학과의 존 크라카우어와 오마 아메드는 '아이 엠 돌핀'이라는 몰입 체험 프로그램을 합작으로 개발했다. '아이 엠 돌핀'은 뇌졸중이나 여타 신경 질환뿐 아니라 스트레스나 번아웃의 회복도 돕기 위해 설계된, 조작 가능한 독특한 형태의 애니메이션이 장착된 비디오게임이다. 각 플레이어는 정해진 스크립트 대신 인터랙티브 시스템에 따라 새로운 움직임을 선보이는 가상의 돌고래 '밴디트'의 의도와 움직임을 조작할 수 있으며, 그 과정에서 잠재적 인지 역량과 운동 역량을 탐색하고 발견하게 된다.

'메드리듬스'라는 디지털 치료 기기는 음악의 신경학적 영향력을 이용해 다발성경화증 환자, 파킨슨병 환자, 그 외 넘어질 위험이 큰 사람이 안전히 걸을 수 있도록 돕는다. 신발에 부착된 센서들이 실시간 피드백을 제공하면 알고리즘이 착용자에게 맞춰 음악 박자를 조정해 더 나은 신체 움직임을 유도하는 것이다. 2020년, 미식품의약국은 만성 뇌졸중으로 발생한 보행 장애를 치료하는 기능을 높이 평가해 메드리듬스를 혁신 의료 기기로 선정했다.

증강 현실 기술 덕에 몰입형 스토리텔러는 우리를 이야기 속 세계로 데려갈 수 있게 되었다. 선댄스영화제도 실사 촬영 VR 영화들을 선보이기 시작했는데, 그중 하나가 2022년에 상영한 〈세계 평화 상태)다. 우리가 유엔총회에 한 국가의 대표로 참석해 연설하던 중 보안 시스템이 해킹당하고 해커와 맞닥뜨린다는 줄거리다.

　　연구자들은 동물 표본 실험으로 가상현실이 해마의 세타파를 강화한다는 사실을 밝혀냈다. 세타 진동은 학습, 기억, 공간 탐색 등 인지 기능과 연관된다. 신경물리학자 마얀크 메타는 2021년 UCLA에서 실험을 진행한 후 《사이언스 포커스》 기사를 통해 "가상현실 경험이 세타 리듬 강화에 끼친 어마어마한 영향을 확인하고 매우 놀랐다"는 견해를 밝혔다. 그는 이 새로운 기술에 어마어마한 잠재력이 있으며 우리는 완전히 새로운 영역에 발을 들인 셈이라고 전했다. ADHD나 알츠하이머 같은 질환의 특수한 치료법에 맞춰 설계된 데다 학습 강화까지 노린 가상현실 프로그램이 앞으로 더 많이 출시된다고 상상해보자. 이런 몰입 환경과 풍부화한 환경은 감각을 촉진하고 강력한 감정 반응을 일으켜 학습과 기억 효과를 끌어올린다. 메리언 다이아몬드의 연구와 이후 연구들이 계속해서 입증했듯, 우리는 감각 자극이 풍부한 환경에서 더 빨리 학습하고 정보를 더 잘 보유한다.

　　테이트브리튼 미술관은 2015년에 관외 예술가들과의 협업으로 이미지, 소리, 촉감, 냄새, 맛을 총동원해 미술관을 생생히 살아 있는 곳으로 탈바꿈시킨 '테이트 센서리움'이라는 전례 없는 전시를 기획했다. 프랜시스 베이컨의 1945년작 초상화를 볼 때 관람객들은 숯, 바다 소금, 스모키한 랍상 소우총 차의 독특한 맛이 섞인 초콜릿을 시식했다. 1961년에 존 레이섬이 캔버스에 아크릴로 그린 〈풀 스톱〉을 감상할 때는 사운드스케이프, 소리, 진동, 빛을 이용한 공중의 햅틱 장치로 움직임의 운동감각적 효과를 체험했다. 관람객들은 각 그림에 대응해 특정 소리를 들려주는 헤드폰을 제공받았고, 공중의 햅틱 피드백 장치는 음향과 시각효과를 이용해 비가 내리는 상황을 구현했다. 덕분에 관람객들은 레이섬의 그림을 온몸으로 체험할 수 있었다.

기술과 예술을 함께 이용해 감각을 동원할수록 발견의 가능성이 활짝 열려 새로운 경험을 할 수 있게 된다. 이는 새롭게 떠오르는 예술 형태로, 향후 우리 삶을 더욱 풍성하게 해줄 것을 약속한다. 그 선두에는 레픽 아나돌 같은 예술가가 있다. 혼합 매체 아티스트인 레픽은 AI와 알고리즘을 이용해 획기적인 몽환적 환경을 창조한다. 머신 러닝의 미학에 굉장히 관심이 많았던 레픽은 코드와 데이터에서 나온 차갑고 딱딱한 숫자들을 몽환적이고 감각적인 시각 언어와 결합해 방 한 개 크기의 설치 작품을 탄생시켰다. 그는 2016년, '구글 아티스트와 머신 지능 프로그램'에서 건축, 미디어 아트, 빛 연구, AI 기반 데이터 분석의 교차점에서 탄생하는 장소 특화적이고 3차원적인 역동적 조형물을 가리켜 'AI 데이터 페인팅' 'AI 데이터 조각'이라는 용어를 처음 사용한 장본인이기도 하다.

"몰입형의 다중 감각적 공간 체험이 유의미한 최첨단 데이터 시각화 테크닉과 결합하면 엄청난 치유의 힘을 발휘할 수 있다고 봅니다. 통증 관리를 위한 게임 테크놀로지와 멀티미디어 이용에 관한 의학적 연구도 활발하게 이루어지는 중이고요. 인류의 진보를 위해 다양한 형태를 취할 수 있는 머신 알고리즘은 무한한 창의적 잠재성을 띤 분야입니다. 저희는 진행하는 작업의 행복 효과를 조사하기 위해 2020년부터 UCLA 신경과학 연구팀과 협업하고 있습니다. 또 하버드대학교, UCLA 과학자들과 협업해 그들의 연구에 장기적으로 도움이 되도록 데이터 시각화를 더 효과적으로 실현할 툴도 개발하는 중이고요."

2018년에 선보인 설치미술 〈멜팅 메모리즈〉를 위해 레픽은 UC 샌프란시스코의 뉴로스코프 연구소가 보유한 뇌전도 검사 기계 등 다양한 도구를 동원해 인지 조절의 신경학적 메커니즘에 관한 데이터를 수집했다. 그런 다음 그 자료를 토대로 인간 뇌파 활동 변화에 연동되어 움직이는 다차원 예술 작품을 설계했다. 벽 한 면을 다 채운 작품 앞에 선 관람자는 백사장 같은 세계가 춤추며 가상의 풍경으로, 또 요동치는 덩어리로 모양을 바꾸는 모습을 지켜본다. 각기 다른 데이터 세트를 나타내는 색깔들이 파란색, 분홍색, 보라색으로 차례차례 바뀌며 튀어나와 물마루를 이루었다가 스러진다. 우주의 초신성 같은 이미지다. 우리 둘도 처음 그 장면을 보고 할 말을 잃었을 정도로 마음을 파고드는 작품이다. 레픽의 작품은 기반이 된 데이터처럼 세포 수준에서 보는 이를 건드리는 듯하다.

레픽의 혁신적 작품은 이 책의 원서 표지, 340쪽 사진, 컬러사진 G로 실렸다. 원서 표지 이미지는 레픽 아나돌의 전시 〈공간의 감각: 인간 커넥톰〉에서 선보인 AI 데이터 조형물이다. 이 전시는 2021년 베니스 건축 비엔날레에서 생명체의 비가시적 건축 양식과 관련된 연결성과 구조를 주제로 열렸다. 레픽 아나돌 스튜디오는 뇌 회로의 패턴을 발견하고 향후 발달 양상을 상상하는 머신러닝 알고리즘을 훈련하기 위해 UCLA의 인간 커넥톰 프로젝트 기획 책임자 테일러 쿤 박사와 협업을 진행했다. 이들은 신생아부터 90대 이상의 노인까지 다양한 연령대를 상대로 뇌 구조 영상, 확산 텐서 영상, fMRI 등 대략 70테라바이트 분량의 멀티모달 MRI 데이터를 취합 분석했다. 이 획기적인 접근법으로 레픽의 스튜디오는 완전히 몰입 가능한 3D 증강 뇌 구조 모델을 구현할 수 있었다.

테이트브리튼 미술관에서 사용한 햅틱 장치나 레픽이 사용한 기술에 담긴 연산 기능은 예술이 데이터와 만난 미래를 상징적으로 보여준다. 최고 수준의 테크놀로지와 최고 수준의 예술적 태도가 결합해 풍성하고 도발적인 이미지가 탄생한 것이다. 하이피델리티 홀로그래픽 3-D 모델과 상호작용할 날도 머지않았다. 이런 디지털 강화 기술은 우리의 감각을 더욱 풍성히 체현해줄 잠재력을 가지고 있다. 재닌은 이렇게 설명했다. "우리가 창조하고 받아들이는 새로운 미학적 경험들은 다중 감각적 트리거를 통해 우리가 더 인간답게 느끼도록 해줄 겁니다. 기술로 구현된 예술은 감각 경험이 발현되는 방식을 메타버스 안으로 옮겨줄 수도 있죠. 예술은 그저 보는 것에 그치지 않을 거예요. 예술이 곧 우리가 될 겁니다. 또 우리도 예술의 일부가 되고요. 우리의 감각 경험, 우리가 공간에서 어떻게 느끼는가는 이제 예술을 통한 물리적 탐험이 될 겁니다."

학제 간 제휴 예술공동사업체 '팀랩'은 자연 세계를 생생히 재현해낸 관람객 주도의 예술 체험 전시 〈팀랩 보더리스teamLab

*Borderless* )를 도쿄에서 개최했다. 컬러사진 H를 참고하자. 팀랩은 빛, 소리, 시각 효과를 융합해 관람객이 작품의 일부가 된 느낌을 받는 효과를 노렸다. 보통의 시공간 지각을 초월하는 듯한 전시다. 관람객은 전시 공간을 천천히 돌아다니면서 터치로 환경을 조작할 수 있고, 디지털 꽃이 활짝 피었다가 시들고 다시 피는 것도 볼 수 있다. 우리는 종종 스스로를 주변과, 또 자연과 분리된 개인으로 생각하지만 이 충격적인 쌍방향 교감 전시는 예술과 관람객 사이의 경계를 무너뜨려 주위 환경을 본능적으로 받아들이게 한다. 예술가, 프로그래머, 엔지니어, CG 애니메이터, 수학자, 건축가로 구성된 팀랩은 앞으로 분야 간 경계를 허무는 짜릿한 협업이 어떤 식으로 이루어질지 맛보기로 보여준다.

또 예술가들은 어떤 종류의 표면이든 인터랙티브 이미지와 디스플레이를 투사하는 식으로, 빛을 이용해 공공 예술을 새로운 차원에서 선보이고 있다. 이미 세계 곳곳의 대도시에서는 조형물, 고층빌딩, 미술관, 공공기관 건물에 프로젝션 매핑(대상의 표면에 빛으로 영상을 투사하는 기술—옮긴이)이 구현된 모습이 자주 보인다. 이렇듯 일상적 공간이 변모하고 있고, 공동체가 익숙한 환경과 상호작용해 놀라움과 즐거움을 자아내는 방식도 변하고 있다.

혼합 매체 역시 기존의 엔터테인먼트 영역을 벗어나 훈련, 교육, 보건 분야로 영향력을 확장하고 있다. 2022년 사우스 바이 사우스웨스트(텍사스 오스틴에서 매년 열리는 영화, 미디어, 음악 축제 및 회의—옮긴이)에서는 '파라다이스'라는 AI 기반 몰입 체험 프로그램이 소개되었다. 이 프로그램은 커플들이 공감에 기반한 관계를 쌓도록 유도하면서 데이트 폭력 문제도 다루기 위해 가정 내 지원 시스템으로 제작되었다. 크리에이터인 가보 아로라는 수상 이력이 있는 영화감독이자, 존스홉킨스 크리거 예술·과학대학의 필름예술 및 미디어 연구 대학원 과정 내 '몰입형 스토리텔링과 이머징 테크놀로지 연구소'의 창립자 겸 소장이기도 하다. 가보는 영국의 오디오 프로그램 제작사인 다크필드 라디오, 존스홉킨스 간호대학과 블룸버그 보건대학원 교수인 낸시 글래스와 협업해 이 프로그램을 기획했다. 이들의 협업으로 탄생한 것이 바로 게임 같은 AI 인터랙티브 기능과 서라운드 사운드를 사용하는 30분짜리 청각 기반 몰입형 시어터 프로그램에 최신 가정 폭력 대응 전략과 해법을 결합시킨 파라다이스다.

"제가 경력을 쌓은 건 영화판이었지만 몰입 테크놀로지를 처음 접했을 때, 그것이 기존의 미디어는 좀처럼 자아내지 못하는 감정적 반향을 일으킨다는 걸 알게 됐어요. 이제는 그걸 입증하는 연구도 있고요. 제가 선보인 것과 같은 몰입형 체험 프로그램은 다른 어떤 미디어도 해내지 못하는 방식으로 마음을 울리고 생각을 바꿔놓습니다. 파라다이스는 더 많은 AI 테크놀로지와 서사형 스토리텔링이 출시되기를 재촉합니다. 정신건강과 트라우마 측면에서 어떻게 하면 이 예술 형식이 우리를 더 나아지게 할 수 있을지 묻죠. 이런 작업은 새로운 기술이 우리를 컨트롤하면 어쩌나 두려워하는 대신 그것이 우리를 위해 뭘 해줄 수 있는지 묻도록 유도합니다."

## 나만의 맞춤형 예술

세상 누구도 예술과 미학에 남과 똑같이 반응하지 않는다는 사실은 과학이 증명해 보였다. 이 과학적 데이터는 교육과 의료 서비스부터 보건, 지역공동체 개발까지 범분야에서 개인별 예술 활동, 체험, 개입의 기반을 깔고 있다.

창의적 예술 요법 전문가, 외과의, 심리학자, 사회복지사, 돌봄 서비스 종사자가 예술 활동을 질병 예방, 증상 완화, 행복 관리의 방편으로 제시하면서 우리는 이미 사회적 처방과 개인 맞춤 의료가 증가하는 현실을 목격하고 있다. 향후 몇 년간 인간 고유의 생체 활동에 대해 더 많은 것이 밝혀질 테고, 이 연구는 삶의 모든 측면을 더 세세히 밝혀내고, 개별 맞춤화하고, 강화하는 데 이용될 것이다.

우리는 미학적 경험의 맞춤형 마이크로도싱(약물을 극미량씩 투여해 부작용은 줄이고 효과는 최대화하는 용법—옮긴이)이 증가하는 모습을 보게 될 것이다. 의료 서비스에서는 이런 현상의 신호가 이미 목격되고 있다. 특정 향을 사용해 스트레스를 경감하고, 빛을 정밀 조정해 두통을 완화하고, 맞춤형 플레이리스트를 제공해 불안을 낮추는 것도 다 여기에 해당한다. 지금 이 순간에도 병원들은 더 낫고 더 빠른 치료를 위해 디지털 증강 시설로 환자가 선호하는 색, 음악, 향, 온도, 질감을 맞춤 제공하는 병실을 기획하고 있다. 교육기관도 이러한 혼합 현실 장치를 도입해 학습력에 차이를 보이는 아이들이 다이내믹한 맞춤형 시뮬레이션을 통해 수업에 참여하도록 이끌 수 있다.

뮤지션과 퍼포머도 예술 활동의 신체적, 정신적, 감정적 이득을 쉬운 언어로 옮겨 새로운 형태의 지역사회 서비스와 개인 건강 서비스를 창출하고 있다. 그런 예술인 중 하나가 세계적인 소프라노 가수 르네 플레밍이다. 전 세계 수백만 명이 르네의 예술과 건강 프로그램을 반복 시청했다. 르네는 보험업계에서 그런 프로그램이 진정 효과가 있다는 증거가 점점 쌓이는 것을 보며 확신을 가졌고 개인 맞춤 예술 기반의 치료, 예방, 웰니스 프로그램이 의료 시스템에 융합되리라 믿게 되었다.

르네의 예술 처방 대변자 활동과 자선 활동은 공연 부담으로 신체적 통증을 겪은 경험에서 나온 것이었다. 지난 10년간 그는 다양한 이해 당사자를 한데 모아 전 세계 예술 및 보건 증진 운동의 성장에 동력을 제공해왔다. 또 국립보건원과 국립예술기금의 '사운드 헬스' 협업을 진두지휘했고, 수전이 공동 감독을 맡은 '뉴로아츠 블루프린트' 사업도 공동 의장 자격으로 이끌어가고 있다.

그뿐만 아니라 세계 순회공연에 그치지 않고 관객들에게 '뮤직 앤드 마인드'라는 웹 세미나도 제공하고 있다. 이 세미나에서 르네는 음악, 신경과학, 의료 서비스의 교차 영역에서 일하는 연구자, 의사, 창의적 예술요법 치료사, 기타 전문가를 소개한다. 팬데믹 기간 동안 르네는 이 프로그램을 가상 세계로 옮겨가 열아홉 개의 에피소드로 구성된 '뮤직 앤드 마인드 라이브' 시리즈를 런칭했다.

르네는 일련의 개인 맞춤형 예술 및 의료 프로그램과 협업 프로젝트도 적극 개발해왔다. 케네디센터, 구글 아트 앤드 컬쳐, 마운트시나이 베스 이스라엘 병원과 협업해 만든 '힐링 브레스Healing

Breath'도 그중 하나다. 이 강좌는 다양한 장르에서 활약하는 음악 치료사, 배우, 가수를 십여 명 초빙해 일반 대중을 대상으로 호흡법을 가르치고 폐 건강의 중요성을 환기한다. 크리스틴 체노웨스, 바네사 윌리엄스, 안젤리크 키드조, 오드라 맥도널드, 켈리 오하라, 데니스 그레이브스, 로렌스 브라운리를 비롯한 수많은 아티스트가 참여해 자신만의 보컬 트레이닝 팁과 비결을 공유했다.

"가수나 배우는 다 오래도록 발성 훈련에 써온 믿을 만한 호흡법을 알고 있어요. 저는 그 호흡법을 코로나19, 만성폐쇄성 폐질환, 기타 심신쇠약성 폐질환으로 장기간 고생하는 전 세계 사람들에게 알려줘서 도움을 주고 싶었어요."

과학 소설처럼 들릴지도 모르지만 근미래를 향해 가는 맞춤형 미학적 체험의 또 다른 사례는 캘리포니아 칼즈배드의 신경 음향 연구 센터 창립자 겸 소장 제프 톰슨의 아이디어에서 나왔다. 제프는 소리 진동을 건강과 행복을 위한 개입의 도구로 이용한다. 그는 아침에 일어나 비타민을 먹는 대신 각자의 몸에 정확히 필요한 진동을 정밀 측정하여 그 사람만을 위한 합성 사운드가 대사를 조정하고 만성질환 예방까지 도와줄 미래를 그린다.

## 여러 분야와 융합되는 예술

이미 전 세계 수백만 명이 건강과 웰니스를 위해 예술과 미학을 자원으로 활용하고 있다. 신경예술이 잠재력을 최대한 펼치고 모두에게 접근 가능해지려면 지속 가능성과 충분한 지원을 갖추는 게 필수적이다. 그러려면 학제 간 연구, 참여자들의 다양성을 고려한 훈련과 교육, 새로운 공공 정책과 민간 정책, 그리고 지원금까지 전부 증대되어야 한다. 더불어 이 작업에 대해 어떻게 논의하고, 삶에 예술과 미학을 어떻게 들여올지에 대해 학계 내에서는 물론이고 일반 대중과도 정확하고 지속적인 소통이 이루어져야 한다.

좋은 소식은 이미 예술과 미학과 관련해 세계 곳곳에서 주도적 움직임이 거세게 일고 있다는 것이다. 공중 보건과 교육부터 비즈니스와 테크놀로지에 이르기까지 모든 분야가 예술을 융합하고 있다. 의료 분야에서 예술은 환자와 서비스 제공자를 돕는 데 필수 요소로 고려되고 있다. 영국에서는 '의료-예술 연계 프로그램 스케일업: 시행과 유효성 연구SHAPER'라는 업계 최초의 연구가 한창 진행 중이다. SHAPER는 국가 의료 체계 내 정신 건강 치료 프로그램에 예술을 통합하기 위한 세계 최대 규모의 시도로 꼽힌다. 이 복합적이고 다층적인 연구는 환자에게 제공되는, 가령 산후 우울증을 앓는 산모를 위한 노래 교실 같은 예술 프로그램의 임상 효과뿐 아니라 해당 프로그램이 공공 의료 체계 안에 얼마나 성공적으로 안착했는지도 평가한다.

건축과 디자인은 상업 프로젝트는 물론이고 지자체의 행정용, 주거용 프로젝트에도 정보와 통찰을 제공하기 위해 신경예술을 동원하고 있는 또 하나의 영역이다. 오늘날 가장 잘나가는 설계 사무소와 건축가들은 신경예술이 반영된 디자인을 사용하며, 점점 많은 학교에서 신경건축학 수업과 자격증 과정을 제공하고 있다.

예술을 진흥하는 기관들도 프로젝트 대상과 콘텐츠를 확장하고 있다. 이제 미술관과 박물관은 더 이상 스스로를 유물 저장고로만 보지 않고, 관람객이 예술과 미학과 교류하며 건강과 행복을 증진할 수 있는 상호교감적 공간으로도 생각한다. 뮤지엄들이 프로그램을 지역사회로 가져가는 새로운 방식들만 봐도 그렇다.

한 예로 뉴욕의 루빈뮤지엄은 2021년에 '만다라 랩'이라는 감각 자극 인터랙티브 전시실을 열어 상설 운영하고 있다. 이곳은 자기인식과 공감을 강조하는 불교 원리를 테마로 큐레이션한 전시 공간이다. 향의 방에 들어가면 갖가지 냄새를 맡아볼 수 있다. 명상 호흡을 위해 마련된 알코브에는 팔든 와인레브의 조형물 작품이 설치되어 있는데, 관람객이 조절하는 호흡의 박자에 맞춰 조형물의 조명이 맥동한다. 징이 설치된 공간에 가면 나무망치로 여덟 개 중 원하는 징을 때려 공명하는 진동을 낼 수 있다. 루빈뮤지엄의 부관장 요리트 브리츠기는 《아키텍추럴 다이제스트》와의 인터뷰에서 이렇게 말했다. "만다라 랩이 도시 최초의 치유 공간 역할을 하고, 나아가 통찰과 행복의 원천이 되기를 바랍니다." 루빈뮤지엄은 추후 만다라 랩 전시를 다른 지역으로 확대해갈 계획이다.

이 분야의 성장에 결정적 역할을 하는 건 바로 증거에 기반한 사업을 실행하고 예술과 미학의 확장된 역할을 공고히 하는 수천 개의 조직이다. 여기에는 지자체, 주 정부와 연방 정부부터 각종 전문 단체, 대변 단체, 지역 예술 단체와 문화 기관, 대학 등이 포함된다.

신경예술을 주류로 진입시킨 중대한 한 걸음은 2021년 '뉴로아츠 블루프린트'의 발족이었다. IAM 연구소의 수전, 아스펜연구소의 부회장이자 동 기관 '건강, 의료 및 사회 프로그램'의 사무장인

루스 캐츠가 공동 감독을 맡은 5년짜리 사업이다. 사업 목표는 예술 활동을 의료와 공공 보건의 주류로 편입시키는 것이었다. 르네 플레밍과 마운트시나이 아이칸 의과대학 신경과학 교수 에릭 네슬러가 공동 위원장을 맡고 아이비를 포함해 다양한 국적의 25인을 자문 위원단으로 둔 블루프린트는 신경예술 분야가 연구를 강화하고, 건강과 행복을 증진하는 예술 활동을 존중하고 지지하며, 해당 분야의 교육과 직업 경로를 확장하고, 지속 가능한 기금 지원과 효과적 정책을 적극 요구하고, 이 분야를 발전시킬 역량과 리더십과 소통 전략을 구축할 방편을 추려 제시했다. 루스는 이렇게 설명했다. "세계적으로 이 분야를 단단히 구축하려는 거대한 동력이 존재합니다. 행복을 성취하는 건 예술이자 과학인데, 신경예술이 그 둘 사이의 교량이 되어주거든요."

블루프린트의 비전은 놀라운 미래를 약속한다. 하지만 기다릴 필요는 없다. 이 책에서 보았듯 예술 활동과 미학적 경험은 언제 어디서든 가능하니 말이다. 리드베이 에델코르트는 세계에서 가장 유명한 트렌드 예측 전문가다. 사회 문화적 트렌드의 진화를 연구하는 리드베이는 미학과 예술이 이미 우리 삶에 점점 더 융합되고 있음을 상기시킨다. "미학이 더 친밀하고 개인적인 양상을 띠면서 사소하지만 소중한 것들이 가장 의미 있는 것이 되어가고 있어요. 이를테면 단편적인 것들을 모아 하나를 완성하는 방식이랄까요. 예를 들어 사람들이 요즘에는 꽃 가게에서 여러 종류의 꽃을 몇 송이씩 사 자기만의 다발을 만들잖아요." 이렇듯 단순한 예술과 미학적 활동은 즉각적이고 비용도 감당 가능한 수준이며 접근도 쉽다.

결론

'들어가며'에 언급한 만화경 비유처럼 각자 의식의 구경을 살짝만 기울여도 전혀 새로운 경험을 하게 되고, 그걸 계기로 더 미학적인 사고방식을 가지게 된다. 그렇게 되면 호기심과 제한 없는 탐구, 감각적 자각, 창의적 표현이 삶의 토대가 될 것이다.

## 내 삶의 큐레이터 되기

그렇다면 미학적 사고방식을 가지고 산다는 건 실제로 무엇을 의미할까? 이 책에 등장한 과학자, 예술인, 예술계 종사자가 보여준 것을 삶에 적용하면 어떻게 될까? 어느 날 이 책에 제시된 과학과 예술적 실천이 결실을 맺어 예술과 미학이 여러분의 삶에 자연스럽게 융합되었다고 상상해보자. 하루의 시작에 딱 알맞은 감각을 선택하는 것이 새로운 아침 루틴이 될지 모른다.

냄새는 감정을 최대 75퍼센트까지 좌우하기에 일단 나를 잠에서 깨울 가장 좋아하는 향을 골라둔다. 침대 옆 꽃이 풍성히 꽂힌 화병, 부엌 테이블에 올려둔 허브 화분, 취향에 맞춰 블렌딩한 커피나 아로마 티. 여기에 더해 햇빛을 가장한 24도 정도의 청백색 전구 조명을 작동시켜 몸의 하루 주기 리듬에 기상 신호를 준다.

샤워하며 물줄기를 맞는 동안 뇌리에서 떠나지 않는 노래를 흥얼거리다 보면 복잡한 신경망으로 연결된 뇌의 여러 영역에 스위치가 켜진다. 콧노래를 흥얼대는 것도 쾌락 행위가 된다. 미주신경을 활성화하고 부교감 신경계 작용을 촉진해 기분이 좋아지기 때문이다. 곧 우리 뇌도 노래를 흥얼거리고 엔도르핀이 분비되면서 기분이 좋아지기 시작한다. 게다가 따끈한 물이 수조 개의 피부 세포를 적시자 차분한 느낌이 전신에 퍼지면서 신경계를 활성화시키고, 균형 감각을 향상시키고, 신체를 경계 태세에 맞춰 하루를 시작할 인지적 상태를 불러온다.

모두가 자기 삶의 큐레이터이기에 각자의 집에 자신의 미적 감각이 반영된 풍부화한 환경을 조성해놓는다. 나만의 미적 3요소가 만들어내는 고유한 조화는 자신이 잘 알기에 유행보다는 각자의 취향이 우선시된다. 이는 직접 살아낸 경험에서 디폴트 모드 네트워크가 각자에게 중요한 의미를 도출해두었기에 가능한 일이다. 손수 창작한 예술이든 수집한 예술이든 일상에 들여온 예술은 우리의 사고를 발전시키고 삶을 풍성하게 가꾸어준다.

우리에게는 운동이나 명상 루틴만큼 중요한 매일의 예술 활동이 있다. 이제 여러분도 이해하겠지만 예술은 단순한 취미 이상이다. 자신과의 대화이며, 정신과 신체와 영을 연결하고 건강과 웰니스를 지탱하는 방편이기도 하다. 너무 힘들고 스트레스를 받은 날에 단 20분만 스케치나 낙서에 시간을 투자해도 코르티솔 수치가 내려간다. 또 어떤 날은 점토로 뭔가를 빚거나 뜨개질을 하거나 텃밭에서 흙을 주무르는 등 꼭 손을 써야만 머릿속이 잠잠해지고 몰입 상태에 빠질 수 있다. 점토, 털실, 흙을 손으로 만지는 감각은 피부와 신경 말단을 자극해 신체 내 감각수용기의 스위치를 켠다. 그러면 감각 운동 경로들 덕분에 즉시 주의가 집중되고 반짝 깨어나며 감각에 더 열린 상태가 된다. 이때 예술 활동의 결과물은 중요치 않다. 예술 활동은 하나의 과정이며, 능동적으로 존재하고 세상을 알아가는 방식이니 말이다.

하루를 열심히 살다가 두통이 오면 한바탕 춤추거나 몸을 움직여 가라앉힌다. 불안감이 솟으면 C음과 G음에 맞춘 소리굽쇠로 싸우거나 도망치거나 얼어붙기 반응을 달래고 이완을 유도하는 음파를 느낀다.

오늘은 시간을 내 자연을 탐험해보자. 떠오르는 해, 나뭇가지에 앉은 붉은 홍관조, 머리카락을 건드리는 바람, 수선화의 노란 상큼함. 이 모든 것이 걸음을 붙들고 자연의 경이로움에 흠뻑 취하게 한다. 자연의 리듬과 새삼 연결되는 시간은 우리를 지탱하고 계속 살아가게 해주며, 이제 우리는 이런 단순한 일상의 미학적 순간들이 도파민이나 세로토닌처럼 뇌 속에 이미 있는 신경화학 물질을 활성화한다는 걸 전보다 더 의식하고 있다. 자연 세계의 아름다움은 소소한 방식으로 의욕을 되살리고 우리를 회복시킨다.

공간은 생각하고 느끼는 방식을 바꿔놓기에 일터에 풍부화한 환경을 조성해두면 더 큰 성공과 만족을 얻을 수 있는 조건이 마련되는 셈이다. 미학적 사고방식을 일터에 적용하면 효율성이 유일한 목표가 아니라는 걸 알게 된다. 소속감, 협동, 창의성, 소통, 주의 집중, 창의적인 문제 해결 등 더 중요한 것은 얼마든지 있다.

저녁에는 친구들과 라이브 음악을 듣거나 춤이나 연극 공연을 관람하거나 근처 전시회를 보러 간다. 다 같이 모여 다양한 예술을 체험하고 즐기니 기분이 좋겠지만, 그게 다가 아니다. 그 과정에서 우리는 균형 잡힌 시각과 공감력을 기르고, 새로운 느낌과 아이디어에 매료되고, 잘 사는 삶의 조건들을 강화한다.

가족 안에서도 함께하는 관계에 더 주의를 기울인다. 자녀, 손자, 조카들에게 참여형 예술 활동과 미학적 체험을 장려하는 것도 좋다. 유년기에 그런 경험을 하면 삶에 필수적인 집행 기능이 발달해 자기 감정을 탐색하고 표현할 줄 알게 되며 정체성과 주도성도 길러진다. 뇌가 거의 광속으로 새로운 신경 경로들을 생성하기 때문이다.

남을 보살피는 역할을 맡고 있다면 신체와 정신 건강을 회복할 새로운 습관 같은 예술 활동 덕분에 자신을 보살필 추가적 도구가 생겼을 것이다. 덤으로 나만의 예술적, 미학적 연장 상자도 아주 든든해진다. 알츠하이머에 걸린 이의 기억 회복을 돕기 위해 장기기억 창고에 놀랍도록 잘 보존된 익숙한 노래로 채운 플레이리스트를 만든다든가, 창의적으로 나이 드는 방법의 일환으로 인지력 쇠퇴를 늦추기 위해 그림을 그리고 콜라주를 만든다든가, 파킨슨병 같은 신경퇴행성 질환의 증상을 완화하기 위해 다 함께 춤을 춘다든가, 말이 떠오르지 않을 때 그림을 그려 생각과 아이디어를 전달해 뇌의 브로카영역을 재개하는 것이 다 그 연장에 해당한다.

감당하기 어려운 느낌, 힘겨운 상황, 트라우마적 사건을 맞닥뜨렸을 때는 감정을 닫아버리는 대신 이런 어려움은 누구에게나 닥치며 예술과 아름다움이 잘 헤쳐가게 도와줄 것임을 떠올리자. 글쓰기라는 표현 도구는 취약하거나 불확실한 느낌을 해소하도록 도와주며 그림 그리기는 신경가소성을 말 그대로 번쩍 켜지게 하는 이 감정들을 어떻게든 표출할 경로를 찾아준다.

하루의 끝에는 식사 준비라는 의도적 예술이 있다. 직접 작곡했건 아니면 감상하는 쪽이건 마음을 어루만지는 음악도 풍성히 준비되어 있다. 일몰이나 월출을 물끄러미 바라볼 수도 있다. 잠자리에 들 준비가 되었다면 촉감 좋은 옷으로 갈아입고 이내 자연의 소리를 들으며 스르르 잠이 든다. 11도 정도의 따스한 빛을 발하는 침대 옆 램프는 하루가 끝났음을 환기시키고, 낮아진 방 온도가 멜라토닌 분비를 촉진해 하루 주기 리듬을 유도한다.

예술은 그 무엇과도 다른 방식으로 우리를 변화시킨다. 병을 떨쳐내고, 건강을 되찾게 해주고, 스트레스 상태에서 차분해지게 하거나 슬픔에 빠졌다가도 기쁘게 해줄 수 있으며, 나아가 인생을 활짝 꽃피우게 해준다. 생리학적 작용 자체를 바꿔 철저히 변화된 상태로 이끌어주는 것이다.

예술과 예술가들은 언제나 가장 고차원적 형태의 희망을 제공했고, 이제는 과학마저 즉각 적용 가능한 새로운 지식을 제공하고 있다. 뇌파가 시시각각 다른 리듬의 전기 에너지로 진동하듯, 소리와 색이 진동하며 몸을 관통하듯, 각자가 미학적 삶을 위해 내린 선택들이 한 사람 한 사람의 고유성을 부양하고 지지한다.

이제 준비되었는가? 세상이, 그리고 세상의 아름다움이 당신을 기다리고 있다.